鼎城

水利紀实

DING CHENG SHUI LI JI SHI

中共常德市鼎城区委党史办
常德市鼎城区水利局
编

方志出版社
Publishing House of Local Records

图书在版编目（CIP）数据

鼎城水利纪实 / 中共常德市鼎城区委党史办，常德市鼎城区水利局编. -- 北京：方志出版社，2017.12
ISBN 978-7-5144-2838-4

Ⅰ. ①鼎… Ⅱ. ①中… ②常… Ⅲ. ①水利工程—建设—概况—常德 Ⅳ. ①TV

中国版本图书馆CIP数据核字(2017)第315322号

鼎城水利纪实

编　　者：中共常德市鼎城区委党史办　常德市鼎城区水利局
责任编辑：罗　滔
出 版 人：冀祥德
出 版 者：方志出版社
地址　北京市朝阳区潘家园东里9号（国家方志馆4层）
邮编　100021
网址　http://www.fzph.org
发　　行：方志出版社图书经销中心
电话（010）67110500
经　　销：各地新华书店
印　　刷：常德市湘北彩印厂　　0736-7187272
开　　本：787×1092　　1/16
印　　张：22.5
字　　数：349千字
版　　次：2017年12月第1版　2017年12月第1次印刷
印　　数：0001～1200册

ISBN 978-7-5144-2838-4　　**定价：**180.00元

《鼎城水利纪实》编委会

《鼎城水利纪实》编辑部

序

■ 杨 易

水是生命之源，生产之要，生态之基。鼎城的发展史某种程度上说就是一部治水史、兴水史、活水史。水兴则区兴，水安则区安，水活则区强。鼎城最大的区情是水情，最大的忧患是水患。兴利除害，治水安邦，是鼎城促发展惠民生永恒的主旋律。《鼎城水利纪实》真实地记录了鼎城人与水的故事，真实地记载了鼎城抗灾水利、生态水利、民生水利的演变过程，真实地重现了鼎城治水、兴水、活水的历史画卷。

鼎城地处洞庭湖西滨，纳沅澧二水，依雪峰、武陵山余脉，2344平方千米境内分布湖区平原、丘陵岗地、河流湖泊。在三湘大地境内没有其他一个区县同时兼得如此山水优势，也没有其他一个区县同时被水灾、渍灾、山洪、干旱多重夹击。历史上曾经的洪涝溃垸和干旱山洪等大灾大乱，给鼎城人民留下太多的痛苦记忆，《鼎城水利纪实》向我们诉说着过去的无奈和辛酸。

鼎城现代水利史是一部与天斗、与地斗的抗争史，是一部全民总动员、人海水利会战可歌可泣的英雄史。中华人民共和国成立后，为治理水患，增强抗灾保收能力，鼎城拉开了兴修水利的大幕。在《鼎城水利纪实》中，鼎城前辈领导和老水利人的回忆文章，给我们重现了1954年荆江分洪、首度治理西洞庭湖工程的情景；重现了1958年修建“枉水三库”、根治渐水17.8万人水利大会战的场景；重现了20世纪70年代红旗猎猎热火朝天你追我赶治理冲天、柳叶湖的图景……是那个年代鼎城先辈们的努力奉献付出，奠定了鼎城水利的基础，成就了鼎城现代水利的伟业。

1996年、1998年，鼎城连续两次经受历史最高洪的严峻考验，大水压境，众志成城。指挥者危难决策，抢险大军日夜死保，《鼎城水利纪实》历史地记述了“那年七月好大水”惊心动魄的一幕一幕，讲述了抗击高洪化险为夷的日日夜夜……

进入21世纪后，国家经济发展，人民生活康乐，新时期的水利建设得到了前所未有的重视和发展，鼎城水利得到了前所未有的大投入、大建设。从《鼎城水利纪实》的记述中，我们看到了一线大堤加高加固、水库大坝加固除险、灌区灌渠硬化疏浚、机电排灌设施扩容更新、农村实现安全饮水。同时，水利建设新理念开始影响经济发展和人民生活，从求“生存”到求“生态”、从求“温饱”到求“环保”，生态水利、民生水利、活水、亲水、乐水成为一种新的经济发展模式和一种新的生活方式。鼎城新农村建设、乡村山水生态旅游、水体生态农业综合开发、江南城区河湖连通与水系治理工程、休闲健身相结合的沅江风光带建设等等。《鼎城水利纪实》通过大场景、小侧面、多角度，用图文并茂印证、记录、解读鼎城现代水利、生态水利走向的每一步足迹。

今天，鼎城已吹响“抢抓新机遇，建设新江南”的进军号角，《鼎城水利纪实》的历史记录和叙说告诉我们：区域经济发展要遵循“因水而兴，因水而生”的科学发展观，要坚持以水惠民、持续发展，要承接历史继往开来，开启现代水利新篇章。“风雨多经人不老，关山初度路尤长”。我们要在新的历史起点、新的水利发展时期，奋力推进水利改革发展新跨越，为鼎城经济发展提供更加坚实的水利支撑和保障，让鼎城江河更加安澜，山川更加秀美，人民更加安康！

（作者系中共常德市鼎城区委书记）

目　录 CONTENTS

◆ **综述** 王成猛 / 001

◆ **水之殇**

组图 008

常德县历史上的水灾 源自《常德县志》/ 015

常德县历史上的旱灾 源自《常德县志》/ 020

1980 年大汛 源自《常德县志》/ 022

1988 年郑家湾溃垸纪事 源自《鼎城区志》/ 023

1996 年抗击沅水高洪 源自《鼎城区志》/ 025

重旱抗旱记 源自《鼎城区志》/ 028

鼎城区水资源保护调研报告 鼎城区人大常委会水资源保护课题组 / 030

加强水资源保护刻不容缓 鼎城区政协办公室 / 038

1954 年常德县抗洪救灾情况的回忆 王文范 / 044

忆 1954 年洞庭湖洪灾和抗灾救灾 罗丕显 / 051

心的合龙

——1988 年八官垸郑家湾抗洪堵口纪实 皇甫泽华 / 055

忆 1991 年冲柳堤垸的防汛 甘翊初 / 060

忆'96 防汛抢险战斗在鼎城 韩林安 / 064

那年七月好大水 徐政国 / 066

'96 河洑抗洪记 许中诚 / 071

'96 高洪抢险日记 杨 斌 / 074

'2014 抗洪抢险记 张自军 / 078

'2014 善卷垸处置"7·18"特大管涌群

姚 瑶 帅泽鹏 焦 阳 李 白 / 085

'2017 抗击高洪进行时

杨 斌 江一舟 武大为 魏仙耘 吕 俊 刘忠祥 等 / 087

◆ 水之治

组图 100
常德县解放初期治理西洞庭湖工程 魏呈贵 / 129
一项经得起历史检验的工程
——枉水、渐水治理的回忆 张传德 / 131
回忆 1958 年渐水治理工程 胡昌明 / 136
1958 年修建超美水库的回忆 盛仲成 / 138
水利建设大会战的片断记忆 李华章 / 144
我所经历的常德县水利建设 周炳川 / 153
难忘茅坪大会战 王　政 / 159
众志成城治枉水 余昭绪 / 166
群众利益无小事
——忆 1973 年沧山水库扩建工程 郑景阳　刘胜玉 / 177
建好大电排　确保大丰收 林敬初 / 184
水政执法第一剑 孙启林 / 188
我修苏家吉大电排 徐政国 / 197

鼎城水利纪实

水利建设和防汛抢险二三事　何福珍 / 210

退田还湖　源自《鼎城区志》/ 212

苏家吉—打造湖南“第一闸”　罗远文　唐　静　罗明福 / 213

未雨绸缪治山河

——2001 年鼎城水利建设纪实　李跃进 / 219

把住命脉展风流

——鼎城“1163”水利工程百日会战纪实

吴　政　罗远文　罗明福　陈寒辉 / 224

办好天大的事

——从农村水厂建设看鼎城的执行力　罗远文　黄媛媛　罗明福 / 231

为了天大的事

——从水源保护看鼎城的凝聚力　罗远文　黄媛媛　罗明福 / 236

管好天大的事

——从水厂经营管理看鼎城的创新力　罗远文　黄媛媛　罗明福 / 240

水往高处走

——鼎城区电力排灌系统改造纪实　皮烈宏　张三忠　宋占飞 / 244

为了大地的丰收

——鼎城区小型水库除险加固工程纪实　　杨开河　皮烈宏　陈云峰 / 251

全面实行河长制　　吴　政 / 258

◆ 水之韵

组图　　262

水是生态文明之基　　王孝忠 / 269

梦中挖塘泥（外一篇）　　王孝忠 / 270

沅江风光带的水利畅想　　王成猛　曾世平 / 274

沅江风光带赋（一）　　皮立戈 / 280

沅江风光带赋（二）　　张天夫 / 281

高水赋　　萧磬昉 / 282

高低两水随愿走　　李汇明 / 286

回望枉水

——写在枉水灌区工程兴建50年和枉水灌区管理局组建之际　　刘忠祥 / 292

鹰湖四十年祭

——写在鼎城区生态水利建设时代　　熊先道 / 296

关于综合开发利用枉水水资源的思考与建议 徐政国 刘忠祥 / 299

常年坚持营建命脉工程

——鼎城水利建设调查 中共鼎城区委办公室 / 305

水的往事(二则) 牛 言 / 309

洞庭湖——母亲湖 麻建明 / 313

湖之恋 娄文娟 / 317

江南外滩夏夜小记 刘本猛 / 319

◆ 附录

水利概况 罗明福 / 321

水库除险加固纪实 余昭绪 / 335

鼎城区区管河流河长名单 345

鼎城区区管湖泊、水库河长名单 346

后 记 347

综　述

■ 王成猛

鼎城区地处西洞庭湖畔，有一半面积在湖区。境内水多，有跨境而过的沅水、澧水，有山丘区的枉水、渐水，有湖区垸内的高水、低水以及诸多内湖小河。这些水往往在丰水期和枯水期形成水患，造成水灾和旱灾。据统计，在民国时期的37年间，全境共发生特大水灾13次，平均2.8年1次；新中国成立后发生过4次(特)大水灾和1次大旱灾。水旱灾害给人民的生命财产带来了巨大的损失，给人民的生活带来了无尽的苦难，广大劳苦大众生活在水深火热之中。新中国成立后，水旱灾害依然困扰着鼎城人民，1980年、1988年八官垸高水河大堤两次溃决，给人民生命财产造成重大损失。1995年、1996年、1998年沅水连续高洪袭来，严重威胁着人们的生命财产安全。因此，鼎城人民与水旱灾害的斗争从来就没有停止过。鼎城人民在区(县)委的坚强领导下，发挥冲天的社会主义干劲，筑垸堤，修水库，开河渠，建电排，谱写了一曲曲惊天动地的水利赞歌。

战洞庭：南洞庭湖、西洞庭湖

共产党领导鼎城人民治水是在推翻国民党统治后，1949年8月建立执政的中共常德县委后开始的。1949—1953年的每个冬季，全县组织8.5万个劳动力修并堤垸，将113个小垸合并为26垸。1952年夏，组织4000民工参与荆江分洪工程建设。是年12月，又组织5000民工，分3个大队，与汉寿县组成“常汉总队”，参加治理南洞庭湖工程。修筑土方40万立方米，完成沅江县高积湖堵口、修堤和赛渡口开挖等工程。

1954年湖区大水灾之后，中央及湖南省委下大决心对洞庭湖进行治理。同年9

月，省里就下达了治湖的任务。11 月，常德县动员民工 8.5 万人，干部 2000 人组成 3 个总队，出色地完成了省治理西洞庭湖指挥部分配的建闸、堵口、筑堤任务。一总队第四大队被省治湖指挥部命名为“钢铁英雄大队”。这次治湖使县境内的沅、澧两水彻底分流到目平湖会合，将 26 垸并为 6 大垸（即民主阳城垸、八官崇孝垸、冲柳内垸、善卷垸、三合垸〈2008 年划归德山经济开发区〉、护城丹洲垸〈1995 年 9 月划归武陵区〉），防洪大堤由 623 公里缩短至 127.4 公里（沅、澧两水临洪堤线），增设西洞庭、贺家山、西湖 3 个农场。这次治湖确定了常德县的堤垸格局，增加了耕地面积，缩短了防洪堤线，为以后沅澧两水临洪大堤没有再溃决奠定了坚实的基础。

1954 年治湖后，县内各垸陆续或连续采取加高培厚、帷幕灌浆、填塘固基、块石保脚、吹填压浸、混凝土护坡、翻修穿堤建筑等措施对临洪大堤进行全面维护加固。大堤变得更高更厚更牢，防洪保安能力大为增强。民主阳城垸堤顶高程从上游至下游为 43.20—41.10 米，面宽 10 米；八官崇孝垸堤顶高程为 42—39 米，堤面宽 8 米；善卷垸堤顶高程为 45.90—44.20 米，面宽 8 米；三合垸堤顶高程 42.70 米，面宽 6 米。民主阳城垸达到了抗御 100 年一遇的防洪标准，其他各垸均达到或超过抗御 50 年一遇的抗洪标准。

为了减轻洪水对大堤的挤压和冲刷，1971 年、1979 年、1980 年冬，由常德地区组织常德、汉寿两县三次开挖金石河，分泄沅水洪流。1979 年和 1980 年间，先后将澧水洪道中的林家滩、麻河、光明 3 处矮围巴垸刨毁。从 1981 年起，每年夏初扫除沿河阻水芦、柳 1.7 万亩，改善洪道行洪条件。

治“两水”：枉水、渐水

1958 年夏，山丘区连续暴发两次山洪，人民群众急切盼望对枉水、渐水流域进行治理。1958年10月,县委召开扩大会议,作出了治理枉水和渐水的决定。11月,县水利工程指挥部调集17.8万民工、干部,组成10个兵团,会战两水。其中,7个兵团战枉水,3个兵团斗渐水。渐水设立分指挥部。

在枉水上游修建超美(逆江坪)、五溪、跃进(港二口)、沧山四座中型水库,并凿隧道、挖渠道让四库水连通;在枉水下游开挖金刚、二里岗河,使枉水经茅湾砖场船闸直入沅水。在渐水上游修建五里溪中型水库,下游开挖新(渐)河17.3公里,撇渐水至河洑(建闸)出沅水。1959年秋冬,再调集16.5万民工续修两水、五库及新修金陵中型水库和60多座小型水库。之后相继修建了一些渠道、涵闸、隧道、渡槽等配套设施。枉、渐水各自形成了一套长藤结瓜式的完整水利系统,起到了截流防洪、蓄水灌溉、分流防涝的三大作用。为提高超美水库水的利用率,1971年又修超美高干渠5.1公里,引超美水库水注入五溪水库和跃进水库。枉、渐水治理后,增加蓄水能力1.2亿立方米,撇掉766平方公里山水,使两水流域30余万亩农田解除了洪涝和干旱的威胁。

"两水"治理工程是在大跃进的背景下,在一无资金二无物质三无技术的条件下,本县独立完成的真正符合"多、快、好、省"要求的人间奇迹。枉水工程被评为全国优秀样板工程,受到了中华人民共和国国务院嘉奖。其选址、设计、施工、质量、复合效益、水资源综合利用模式堪称典范。"两水"工程的策划者和指挥者,时任常德县县委第一书记李新革同志做出了不可替代的贡献,在鼎城区人民的心目中树起了一座"水利英雄"的丰碑。

修"三湖":冲天湖、柳叶湖、肖家湖

1954年治湖之后,冲柳垸内湖面由15万亩减少到7万亩,造成内渍严重。治"三湖"(冲天湖、柳叶湖、肖家湖),就是要解决冲柳垸和三合垸内渍的问题。1973年冬,县

委号召全县人民打治理“三湖”总体战。治“三湖”总体战分为冲天湖、柳叶湖治理和肖家湖治理。

冲天湖、柳叶湖治理方案是县委书记雷恭政等沿湖勘查后选定的“挤出苏家吉”方案。即开挖八宝湖到苏家吉的撇洪主河，并围山开挖撇洪支河，沿撇洪河岸安装电力排灌设施，将上游山水和各垸渍水分别截、排入主河，然后经苏家吉闸挤（排）出沅水。同时在土硝湖北岸建闸以节制高（撇洪河）、低（土硝湖、柳叶湖、沾天湖和马家吉河）两水。工程从1973年冬开工，到1978年春基本建成。每年（秋）冬都调集数万民工，最多的一年（1974年）调集了11.7万人。共开挖撇洪主、支河11条（101.3公里），建电力排灌站15处，涵闸26处，桥梁13座及99处渡槽、潜管等。此工程实行山、水、田、林、路综合治理，使沿湖10万亩低田、偏坡田得到保收，并扩大耕地1.9万亩，新辟桔园1万余亩，结合取土、卸土，造田3100亩，修筑公路58公里，修建渔塘219亩，并巩固了血防灭螺成果，建成了冲天湖、柳叶湖垸。

1973年冬至1974年春，由县调集黄土店等三个区的民工25000人开挖石门桥撇洪河，对肖家湖进行治理。工程建成后，使三合垸内沿肖家湖1万余亩低田得以保收，并扩大耕地4000亩，使垸内3万余亩农田减轻渍水威胁。

建电排：小电排、中电排、大电排

全区第一个农用电力排灌站——芷湾老八台（8×75千瓦）于1958年春建成并投入运行。1959—1961年又建成邱家硚等9处电排。1963—1966年间，按照省里部署，开展以湖区为重点的大规模电力排灌站建设（习惯称“电排歼灭战”），相继建成电排站66处。1973—1980年间，在发展小型电排的同时，建成了沙河口等5处大、中型电排。1983—1985年，又利用商品粮基地建设投资，兴建小型提灌站38处，以改善偏僻、分散高田灌溉条件。

沙河口大电排于 1975 年建成，是全区最早建成的大电排，装有 4 台单机容量各 800 千瓦的机组，排渍面积达 23 万亩，抗旱面积达 5 万亩。1977 年建成谈家河，1993 年建成小河口，2003 年建成苏家吉大电排。装机容量一个比一个大。最晚建成的苏家吉电排站装机容量达 6400 千瓦，是沙河口的两倍，彻底解决了高水防汛压力过大和冲柳垸、八官垸汛期排渍难的问题。

从 1958 年起，全区相继建成电力排灌站 435 处，其中，大型电排站 4 处（八官崇孝垸 3 处、民主阳城垸 1 处）、中型电排站 6 处、小型电排站 425 处（其中 189 处在山丘区），装机总容量 66845 千瓦。

有了电排巨大的排灌能力保障，湖区纷纷排湖垦田。全县内湖面积由 1965 年前的 30 万亩减少到 1982 年的 10 万亩，致使湖区调蓄水的能力急剧萎缩，防洪排涝任务增大。

新水利：安全水利、民生水利、生态水利

进入 1980 年代，全县水利工作以新增工程数量向发挥工程效益转变，水利建设以对现有工程除险加固、配套为主。1988 年 9 月，高水郑家湾段决口。是年冬，全区调集 3 万民工加固八官垸冲柳高水河堤，次年冬续修完工。1995 年加固善卷垸沅水大堤 12 公里，冲柳高水河堤 45.2 公里。1996 年投入 4380 万元加固善卷垸沅水大堤 16.73 公里，1997 年 12 月完成。

1998 年 10 月，鼎城区委、区政府出台了《关于加快我区水利建设步伐的决定》。由于社会经济制度和形势发生了深刻的变化，水利建设方式以一平二调、人海战术为主转向国家财政投入和公司化施工为主。大力建设安全水利、民生水利、生态水利。

从2000年起，利用国家洞庭湖二期治理项目，吹填八官垸大堤5.3公里，退田还湖2万亩。2000年启动苏家吉电力排洪站建设工程。对全区所有电排站进行了一次全面的维修改造，疏浚沟渠1600公里，对山丘区100多座小型水库进行了除险加固。

2010年以来，全区重点对善卷垸进行水利综合治理。从沅水桃花源大桥到茅湾段改土堤为砼堤近10公里，大堤内外全线新修或加固压浸平台，所有穿堤工程除险去病，土堤高喷灌浆，防汛公路拉通，总投入过8亿元，使善卷垸达到了抗御100年一遇的防洪标准。

新千年以来，水环境问题日益突出。工业废水、生活污水、农业药水把水变成了水溶液。农民住在水中无水可吃。2005年鼎城区将农村饮水安全作为解决民生问题的"一号工程"来推进。2008年开始实行水源地保护制度。到2015年底，全区完成投资4.97亿元，建成集中供水工程83处，其中千吨万人水厂23处，受益人口44.05万人，同时为56个行政村建成分散供水工程7455处，真正实现了全区72.49万农村人口饮水安全全覆盖。

2017年实行河长制。河长对所辖河流（河段）、湖泊、水库的水质负有重大责任。要保护水资源、防治水污染、改善水环境、修复水生态、强化水管理、弘扬水文化，推进生态文明建设。

（作者系区水利局局长）

水之殇

（一）

《易》称“天以一生水，故气微于北方而为物之先也；《玄中记》曰：天下之多者水也，浮天载地，高下无不至，万物无不润”。而水能载舟，亦能覆舟，覆舟的苦难刻骨铭心，不堪回首。

（二）

洪魔肆虐，浊浪滚滚。为保家护园，为降龙伏魔，那一幕幕场景感天动地，那一幅幅画面彪柄史册。

美国人记录的20世纪30年代的常德城水灾

1954年，常德遭受百年未遇的大水灾，溃垸19个，受灾耕地61万余亩，灾民27万多人。县委积极组织全县干群抗灾自救度难关

冲柳高水张家嘴溃决：1980年8月6日20点45分，八官崇孝垸冲柳高水张家嘴决口溃垸。垸内牛鼻滩区所属4个公社33个大队的322个生产队的12万亩农田被淹，倒塌房屋1500余栋。图为被淹校舍

冲柳高水张家嘴溃决：1980年8月冲柳高水张家嘴堵口现场

冲柳高水郑家湾溃决：1988年9月4日，冲柳高水郑家湾溃垸后，大水淹没了居民区

2012 年鼎城水灾大片农作物被淹

2013 年 9 月受强台风影响，草坪镇连续降雨 295 毫米，造成罕见重大水灾。图为转移受困学生场景

2013 年夏旱连秋旱，鱼塘干裂

2014 年受强台风影响，农作物受损情景

1972年夏秋间，全县出动13万人抗击百日大旱。此为万余劳力在蒿子港拦截澧水引水灌溉

2013年大旱：烈日炎炎，斗姆湖镇村民在沅水茅坪河段安装潜水泵抗旱

2013年大旱：为缓解斗姆湖和许家桥两个乡镇的严重旱情，鼎城区疏挖枉水河道千余米，围堰直径达30米，利用24台潜水泵，每日从沅水提取22万立方米，通过金刚闸输送到受旱农田

1996 年 7 月，
雨，沅水高洪，全
干群共战胜大小
险情 1400 余起，取
了 96 抗洪的决定
胜利。图为区委书
曹儒国（中）、区长
承保（左）向市委
记吴定宪（右）汇
险情时场景

1996 年 7 月 20 日，国务院总理李鹏、副总理姜春云率水利部、民政部、计委及中国人民解放军等部门负责人，乘专机来常德视察沅水抗洪救灾情况

1996年夏汛，广州军区副参谋长宋文汉少将、后勤部副部长袁源少将、省军区司令员庞为强少将在市委常委莫道宏（右三）、市人大常委会副主任张先春（右二）及鼎城区委书记曹儒国（右一）陪同下，慰问战斗在枉水险堤的解放军指战员和武警官兵

1998年9月，国务院副总理李岚清视察常德

2014 年 7 月 18 日凌晨 2 时，沅水善卷垸红云街道西站社区发生溃垸性特大险情，数千名干部群众和解放军官兵奋战在抗洪一线

武警战士赶赴抢险现场

防汛物资迅速到位

2014 年 7 月 18 日上午，省委副书记孙金龙、副省长张硕甫深入鼎城，督导防汛抗灾工作

2014 年 7 月 18 日，市委书记王群现场查看险情

2014 年 7 月 18 日，区委副书记、区长杨易现场指挥抢险

常德县历史上的水灾

■ 源自《常德县志》

据地方志记载，自清顺治十二年(1655)至 1987 年的 332 年间，有记载的水灾 63 次，平均 5.3 年一次。其中清顺治十二年至宣统三年(1911)，发生水灾 43 次，平均 5.9 年一次。民国元年至民国 38 年(1912—1949)，发生水灾 13 次，平均 2.8 年一次。1950—1987 年，发生水灾 7 次，平均 5.4 年一次。

大水灾年份：

清顺治十二年，大水。

清顺治十五年，大水，槐花堤决。

清康熙二年(1663)，大水围堤决，民溺死者甚众。

清康熙六年，县南大水，林木民房受损。

清康熙四十七年夏，水灾。

清康熙五十五年夏，水灾。

清雍正四年(1726)，夏，水灾。

清雍正五年夏，水灾。

清乾隆十二年(1747)，大水，冲塌民屯田地。

清乾隆十四年水灾。

清乾隆二十五年，水灾。

清乾隆二十六年，水灾。

清乾隆三十一年，大水各处堤决。

清乾隆三十四年正月至五月，霭雨，水涨决堤。

清乾隆五十一年，大水，决姚家、王家、黄花等障。

清乾隆五十二年，水灾。

清乾隆五十四年，大水。

清乾隆五十七年，大水。

清嘉庆十一年（1806），大水，四月，河水涨至2丈余，兼之狂风浪涌，溃浸文子障等14障垸。

清嘉庆十二年三月，大水。

嘉庆十八年（1813），六月初四、五、六等日大雨，上游水发，建瓴而下，致冲龙里5村、芦洲、姚家、文子、木瓜、远德、黄溪、驮古、老堤、万金、易家12堤障，溃堤840余丈，淹没粮田30.5万亩，坍塌瓦、草房共2540间。

清嘉庆二十一年大水西堤决。

清道光十一年（1831），大水，城东、西堤俱决，漂没民居不可胜计。五月大雨水涨，五溪合注武陵，溢南岸堤村野，十三日决北岸堤，自河洑以东至城西，决者数十处。而城东一里处同时亦决，覆舟拔屋。迭压以下，环西北城房屋被毁。

清道光十三年，大水。

清道光十四年，大水。

清道光十七至二十四年，递有水患。

清道光二十八年，六月大水，西堤决，漂没民庐无数。

清道光二十九年，三至五月大雨，水暴涨，官私堤垸尽决，漂没民居无数，大饥大疫，死亡相继，民户多绝。

清咸丰元年（1851），

水灾严重。

清咸丰十年九月，大水。

清咸丰十一年五月，大水。

清同治九年(1870)七月，连日大雨，日涨水数尺，受灾严重。

清光绪三十二年（1906），自夏及秋，霪雨，大水，大饥，民多流徙。

清宣统元年(1909)，大水，大饥。

清宣统二年，六月中旬，连日暴雨，大水成灾，冲毁村庄，倒塌房屋甚多，淹死人口3万余人，近城数十里，堤垸凡十余，仅一连八障尚存，余则尽成泽国，漂没人畜、庐墓无计，城内亦为积潦所浸，深之灭顶，浅之没膝，灾后病疫，死亡枕籍，日百数十起。

清宣统三年，春夏间大雨大水，风急浪高，城乡皆遭巨灾，县城几遭淹没，堤垸冲塌，船只沉没400余号，呼号乞命之声，彻夜不绝。

民国6年(1917)，7月霪雨水涨，后河各垸尽成泽国。

民国7年秋季，苦雨兼旬，多数堤垸溃溃成灾。

民国11年，7月暴雨，门板洲等垸倒溃，城门水封，各乡堤障十溃八九，淹死数百人。

民国20年，6月，大雨兼旬，山洪暴发，7月又连月霪雨，延至8月，沅水漫溢，县境141垸溃决120垸，倒塌屋宇1042栋，灾民死亡2936人，牲畜、农具、什物损失约1200万银圆。

民国21年，入夏以来，沅水泛滥，淹没禾稼，毁坏庐舍甚多。

民国22年，6月15—19日大雨倾盆，河水陡涨，城廓居民被淹过半，74垸溃决，淹禾稼16.8万亩，损失稻谷61万担。

民国24年6月下旬，霪雨连绵，沅、澧水迅涨，县境溃27垸，淹田40万亩，灾民

47.2 万人，淹死 732 人，房屋、器具、牲畜及其它损失 109.8 万银圆。

民国 25 年，暴雨大水，淹没 9.67 万户，灾民 50.3 万人，死亡 736 人，民大饥，流徙者 4.79 万户。

民国 26 年，8 —9 月，大雨兼旬，沅、澧水同时陡涨，湖区受灾严重。

民国 34 年，大水。

民国 36 年，春夏间，霪雨兼旬，八官障等湖区渍涝成灾。

民国 37 年，5 月，暴雨大水，县境 29 乡，溃决 20 乡，淹田 53 万亩，灾民 30 万聚集县城。

民国 38 年，6 月上旬，连日暴雨，山洪暴发，河水猛涨，小垸溃决，大垸受渍，损失严重。

1950 年，7 月 19—30 日，湖区大雨，澧水猛涨，一、四区渍涝成灾，长安垸溃决。

1954 年，县境遭受百年未有的特大水灾。6 月、7 月两月，降雨 39 天，沅、澧水同时暴涨，湖区人民日夜奋战，抢险 53 天，终因水溢堤顶，全县有八官崇孝、民主阳城等 20 个堤垸溃决，淹田 70.1 万余亩，损失粮食 1 亿多公斤，受灾 56 个乡，25.1 万余人，淹死 31 人，冲毁房屋 2.3 万多间，冲走粮食 68.5 万公斤，损失惨重。

1958 年，5 月 1 —23 日降雨 351 毫米，河湖水位猛涨，渍淹 23 万多亩，12 万多亩早中稻损失严重。山丘区暴发两次山洪，第一次 5 月上中旬，受灾 28 个乡，冲垮水库 2 座、山塘 82 口、河坝 81 座，压毁稻田 7 万余亩；第二次 7 月 16—18 日，暴雨集中在枉水上游，黄土店、沧山、钱家坪、唐家铺等地受灾，冲压早中稻 7.59 万余亩，冲毁房屋 254 栋、家具 1.6 万多件、农具 2200 多件，冲毁山塘 344 口、河坝 811 处、淹死 12 人。

1969 年，6 月下旬至 7 月中旬 25 天内下 6 次暴雨，降雨量 726 毫米。沅、澧水和内湖水猛涨，溃决外绿、芦洲、五福、柳叶湖、万金障、茅坪、团洲湖等垸，淹田 27.9 万亩，毁屋 1500 余间，死 2 人。山洪暴发 3 次。

1973 年，5 、6 月间连降暴雨，山洪暴发，渍水严重。5 月 17 日洞泉观水库垮坝，1200 余亩禾苗被冲，倒房 19 间。全县冲垮山塘 18 座，溃决小垸 2 座（新瑰、南阳垸），渍淹耕地 18 万亩。

1980年，8月降暴雨，山洪暴发，河湖水位猛涨，冲柳内湖水位达35.07米，高洪持续1个多月，8月6日八官崇孝垸溃决，受灾4.2万人，淹田10.8万亩，倒屋4200多间，死4人，伤7人，损失财物1300余万元。全县共受灾农田60余万亩，其中失收或基本失收27.7万亩，减产粮食1亿多公斤，棉花2万余担。冲垮塘坝26座，渠道2.2万多米。倒房1.05万多间，死9人，损失折款3500多万元。

1983年，7月6日—8月3日，全县降雨1852毫米，7月8日下午4时到8时丹洲公社降雨170毫米，内湖水位急剧上升，渍淹农田28万余亩，倒房775栋，垮塘206处、大小河坝381座、渠道606处、渡槽22座，冲毁冲坏硆涵537处、桥梁334座，损失惨重。

常德县历史上的旱灾

■ 源自《常德县志》

从清顺治九年（1652）志至 1987 年，335 年间，有记载 的旱灾 24 次，平均 13.9 年一次。其中清顺治九年至宣统三年，记载发生旱灾 14 次，平均 18.5 年一次。民国元年至民国 38 年，（1912—1949），记载发生旱灾 4 次，平均 9.5 年一次。1950—1987 年，发生旱灾 6 次，平均 6.3 年一次。

大旱灾年份和灾情如下：

清顺治九年，大旱。

清康熙十八年（1679），旱灾。

清康熙四十三年，秋，旱灾。

清雍正七年（1729），秋，旱灾。

清乾隆四年(1739),旱灾。

清乾隆十一年,旱灾。

清乾隆三十四年,六月至九月大旱,陂塘皆涸。

清乾隆四十三年,大旱,冬饥。

清乾隆五十年,大旱。

清嘉庆七年(1802),秋,旱。

清嘉庆十三年,大饥大旱,斗米钱八百。

清嘉庆十六年,旱。

清道光十五年(1835),大旱。

清咸丰六年(1556),旱。

民国14年(1925),大旱,溪河断流,湖底干涸。

民国15年,干旱时间长,田园龟裂,颗粒无收,灾民塞途,饿俘遍野。

民国23年,大旱,田禾干枯,赤地千里,哀鸿遍野,收成仅有十分之三,受灾人数为12.1万人。

民国34年春夏之交,久晴不雨,稻禾歉收。

1956年,6月后,180余天未下透雨,受旱面积46万多亩。

1959年,夏秋大旱,全县受旱稻田80余万亩,其中失收10万余亩。

1960年,秋旱,全县受旱稻田17万余亩。

1961年,6—8月未下透雨,全县受旱农田53万余亩,其中死禾9万多亩。

1963年,春夏间持续干旱80天左右,谢家铺、唐家铺、丁家港、许家桥、长岭岗等公社百日未雨,全县受旱农田33万余亩,失收3万多亩。

1972年,大旱120天,库塘干涸,溪河断流,159个生产队人畜饮水困难。全县受旱田地120余万亩,成灾面积67万亩,损失粮食1.2亿公斤。

1980年大汛

■ 源自《常德县志》

1980年8月，大雨兼旬，沅、澧两水和冲柳内湖水位同时猛涨，沅水南砖水位高达39.54米，澧水沙河口水位达38.21米，冲柳高河水位达36.08米。县境湖区外洪内涝，冲柳内垸部分防洪堤段湖水超过堤顶；山丘区山洪迭发，大部蓄水工程满溢。为战胜洪水，全县各级党政领导带领干部、群众奋力抗洪抢险，共出动13万多劳力，1800余名干部，连续奋战40多天，加修子堤30.3千米，打抱围61处，筑土垡、岩垡217个，并适时将土硝、马虹两垸破口蓄洪。最终除八官崇孝垸张家嘴堤段因沙质重，防守不严，遭受内溃外，其他堤垸及水库工程均安全度过了汛期。

8月6日张家嘴决堤后，县长万祖钧立即赶赴现场指挥抢险救灾，迅速从县直机关抽调200余名干部，从各区组织6000多民工，调集60多条船只、210多台车辆和大批物资，不分昼夜抢险堵口。8月20日堵口竣工，随即开动7800多千瓦的电排设备排水。至9月中旬排干积水，恢复生产。

1988年郑家湾溃垸纪事

■ 源自《鼎城区志》

鼎城区地处洞庭湖滨，区境的东北部原为八百里浩瀚洞庭湖区，地势低洼，不少乡村系围湖造田而成。区境除沅水横贯中部、澧水绕北注、入洞庭外，还有68条大小河流纵横交叉，85个大小湖泊遍布各处，若遇连日暴雨，沅、澧二水陡涨，湖区堤垸渍涝成灾，山区水库塘坝告急，防汛抗洪便成了全区干部群众压倒一切的紧急任务。鼎城最大的忧患是水患，最大的区情是水情。

1988年气候反常，全区春旱连夏旱，至8月中旬，一场历史上少见的百日大旱给鼎城区的农业生产造成了重大损失。祸不单行，从8月25日起，全区连降暴雨；28日，内外河水同时猛涨；29日，沅水苏家吉水位达3608米，高于八官崇孝垸内高水河水位106米，苏家吉关闸，防汛形势严竣。9月2—3日，当地平均降雨448毫米，山洪下泻，沿河电排站纷纷向高水河排水，使高水河水位迅速上涨至36.62米。9月4日上午10点，韩公渡郑家湾一农民路过高水河堤脚一杂草丛生的水沟时，发现一指头粗的沙眼鼓出浑水，当即告知巡堤民工。当班民工（6点至10点）本应有三人，但有两人已离开岗位，等待交班的一个民工知情后，前去看了一下，说是去拿工具便离开了现场。当防汛指挥所工作人员闻讯赶到这里时，情况已十分危急，漏眼扩大，形成水柱喷出，大堤外坡险段处已出现不稳定漩流。这时，准备用来压浸的沙砾等抢险器材尚未运到，修防会职工袁先友听说后，急忙把自已的棉被抱去堵水洞，然而，只有他一个人下水，棉被压不下去。由于耽误的时间太长，堤脚的土开始松动，漏洞无法堵住。压力很大的漏水带走堤身泥土，使堤面很快下降1米左右。接着又采用沉船堵口的办法，但也没有成功。紧急之中，民工们把停在附近的一辆汽车推下水去，洪水象脱疆的野马，瞬间把所堵之物全部冲走。10点40分，轰隆一声巨响，高水郑家湾堤段溃决，落差5.6米的洪水怒吼着直扑垸内，十几万亩农田顿时成为一片汪洋。

区委、区政府等五大家领导立即赶赴现场，指挥抢险救灾。全区派出13名区级领导、260名区直机关干部参与抢险斗争。5日，成立堵口、抗灾指挥部，由区委书记、区长分别担任政委和指挥长，决定兵分三路投入救灾和堵口。一路负责抗灾救灾，将垸区划分为安全区与淹没区，安全区抢修子堤防守，尽量减少淹涝面积；另一路负责组织力量调运救灾物资；还有一路负责组织工程技术人员现场勘察，研究落实堵口方案。根据决口跨度大、积水深、流速快和垸内地势高等特点，区委、区政府制订了“先筑围堰、后堵大口，流水堵小口，平水堵大口”的堵口方案，并于当日开始修筑围堰。广州军区舟桥部队派出两个连的官兵奔赴郑家湾帮助堵口，他们顶风冒雨，战斗几个通宵搭起了两座长达270多米的浮桥，一桥跨高水河，直通对岸，一桥跨决口两岸，使堵口人员畅通无阻。交通部门先后征调汽车500多辆、船只300多艘抢运救灾物资和堵口块石。9月14日，全区8000多名精壮劳力在区委、区政府统一指挥下，分别由各办事处主任和乡镇长带队赶往决口现场，参加堵口复堤的战斗。民工分成4班24小时轮流作业。堵口现场人声鼎沸，机器轰鸣，夜晚工地周围几百米以内灯火通明，人来车往，川流不息。15日10时，挡水围堰合围，16日14时20分大堤堵口合拢止水。通过六个昼夜的紧张战斗，19日20时堵口复堤任务全部完成。20日10时，市防汛指挥部批准谈家河电排开机抢排洪涝渍水。整个堵口工程共耗用块石5500立方米、麻袋11万条、草袋7000条、楠竹1.2万根、木材400立方米、钢材100吨、柴油100吨、竹踩板1万块，土石方6万立方米，总计500余万元。

郑家湾溃垸后，垸内韩公渡、牛鼻滩、断港头和芦山4个乡镇的37个村、417个组、10760户、42437人遭受洪涝灾害，淹没晚稻田及其他农作物面积共114万亩、鱼池17500亩、房舍5961户；倒塌各类房屋8200间；冲走粮食260万公斤；冲毁各种水利设施722处。直接经济损失达5800多万元。但没有出现一例死伤，也未出现疫病、饥荒等情况，灾区群众不久就重建了家园、恢复了生产。

1996 年抗击沅水高洪

■ 源自《鼎城区志》

1989—1995 年，区境虽未发生重大水灾，但防汛抢险时有发生。1991 年 7 月上、中旬，全区连降暴雨，境内平均降雨 258.6 毫米，沅水水位达 40.33 米，超危险水位。善卷垸红云大堤内坡近脚还发生数处翻沙鼓水和跌窝等大险。区防汛指挥部政委、指挥长迅疾赶往现场，并调集 600 多名干部、1000 余民工采取围堰水压的办法减轻鼓水压力，同时抢运砂石填压跌窝，使险情得以消除。自 1991 年冬开始，区政府及水利部门每年都要处理一批在大水时期暴露出的险点险段及水利设施隐患，清除行洪障碍，加高培厚防洪大堤，封闭大堤近脚水井，为抗击可能到来的特大洪水作好充分准备。尤其是 1995 年采取的加修善卷垸 12 千米一线大堤、冲柳高水河 4.52 千米二线堤灌浆防渗等措施，对战胜 19 %年特大洪水起到了至关重要的作用。

1996 年 7 月 13—15 日，连续三天沅水上游普降大到暴雨。16 日，五强溪水库泄洪量高达 29100 立方米 / 秒。13—19 日，区境平均降雨 223 毫米，特别是蒿子港、中河口、黄珠洲、黑山嘴等乡镇 7 月 14 日 4 个小时降雨达 224 毫米。一时间，沅水和澧水流域洪水高涨，河湖库塘水位猛升，加之长江汛期，洞庭湖水位居高不下，沅澧洪水下泄受阻，水位不断攀升，汛情十分紧急。13 日后的 8 天内，沅水出现 3 次洪峰，南碚、建设碚、芷湾最高水位分别达 42.49 米、42.17 米和 4 0.57 米，均超过历史最高水位 2 米以上。澧水沙河口水位达 38.66 米，超历史最高水位 0.36 米。8 天之内，冲柳高低水均超 1980 年 、1988 年两次溃垸水位。全区境内洪水肆虐、内忧外患，形成了险情、灾情不断的严峻局面。15 日 19 时，斗姆湖镇南阳子垸漫溃，至 16 日早晨，八官崇孝垸的毛坪、大尾洲、梅家切三个巴耳垸先后漫溃或破堤行洪，共淹没面积 9400 多亩。其他湖区各垸因洪水不能外排而被迫大面积受渍，低洼之处更是一片泽国，仅农作物绝收面积便达 10 万亩以上。被淹房屋 2300 多栋，其中倒塌 886 间。工业企业有锅厂、机械厂等被淹，工农业经济损失达 8 亿元。面对肆虐的洪水，区防汛指挥部指挥全区 10 万多抗洪人员沉着应战，使全区 140 多处大小险情特别是 8 处溃垸性险情均化险为夷。

7 月 16 日，当沅水第一次洪峰来临之际，根据水情预报，善卷垸、三合垸 44.50 千米临洪大堤将有近 20 千米堤段堤顶高程低于洪峰水位 1—1.5 米左右，两大堤垸即将面临漫溃的灭顶之灾。区防汛指挥部在危急关头，发出“水涨堤涨，人在堤在，死保大堤”的命令，3 个小时之内紧急动员全区 20 多个乡镇 5 万多名干部群众迅速集结善卷垸临洪大堤，短短半天时间里抗洪抢险人员用编织袋装土，在开始漫水的大堤上垒筑一条长 18 千米、高 1.5 米的白色挡水子堤，将汹涌的洪水挡在堤外。

7 月 16 日 19 时， 善卷垸西线大堤区氮肥厂堤段的子堤突然被撕开了 10 多米宽的口子，紧急关头，现场指挥的区委常委何富珍等人奋不顾身跳人水中，几十名抢险突击队员也一齐跳人急流，他们手挽着手，用身体挡住洪水。缺口继续扩大，投入缺口的土包和推去堵口的两台汽车眨眼被冲走，形势十分危急。1000 多名奋勇战斗的抢险队员仍在迅速抢筑第二道防线，17 日 7 时，二线截流成功。但洪水继续疯涨，老堤滑坡，第二道防线又被撕开。关键时刻，紧急增援的长沙炮兵学院官兵赶到。100 多吨磷肥、大米、玉米、钢材，190 多立方米砂卵石、木材，6 万多条麻袋、编织袋、几十根电杆倾注缺口，附近的工人农民也用麻袋装上自家的稻谷、抱着床上的棉絮、背上建房用的木材、砖块直奔缺口投入抢险战斗。缺口终于堵住。

7月17日傍晚，善卷垸东线大堤两水夹一堤的康家嘴80多米长的堤段从内平台以下大面积滑坡，沅水卷着浊浪冲击大堤，大堤随时有崩溃的危险。赶到现场的区委书记曹儒国等领导与区水利局工程技术人员曾益安迅速制定抢险方案。干部、群众和解放军指战员2000多人投入抢险战斗，抢险队伍分成三部分：武陵镇民工开沟导渗，区直机关干部背麻袋加高子堤，其他乡镇民工和解放军官兵递抛块石，压脚稳堤。通过10多个小时的奋战，在第二次洪峰到来之前缓解了险情。

19日18点，险情突然恶化，滑坡向上游延伸了12米，且滑坡更大，错距垂直高度达1.2米以上，大堤决口在即，情况万分火急。市、区两级防汛指挥部闻汛后迅速派来10名水利专家现场"会诊"，综合大家的意见提出"步步为营"的办法，在堤坡上挖一个窝、倒一袋卵石，变被动压力为主动压力，达到挤压堤身、防止堤坡继续下滑的目的，在滑体下方继续抛石稳住滑体。500多名民工被调到已开始滑坡的上游挖坑填石，民工们克服滑土松湿下陷、极度疲劳等困难，每隔一米挖一个坑，坑里填上块石或卵石，水从石缝里浸出来，有效地控制了滑坡，保住了大堤。

19日19时许，善卷垸猪尾巴堤段出现贯穿性管涌，碗口粗的水柱直喷1米多高，外坡迎水面出现盆口大的漩涡。不一会儿，孔中涌出大量泥浆，堤顶出现长8米、宽2米的跌窝。而这时恶浪汹涌，江水又在猛涨，如不及时控制住险情，大堤一旦溃决，沅水将荡涤善卷垸，改道直扑德山。整个善卷垸将成为一片汪洋，其后果不堪设想。万分危急之时，守堤的长茅岭乡党委副书记袁万国、水利局干部王宏尧与民工莫国祥、徐文新、董永富等10多人飞决地从附近的船上拖下油布，跳人水中压住漩涡。随即，守坝的负责人指挥1000多名干部群众排成两列队伍，从大堤两头源源不断地把一包包大米、一块块石头、一袋袋砂卵投向出险处。经过近6个小时的激战，共投入大米、玉米70多吨，块石和砂卵5000多立方米。管涌终于消除，溃垸性的大险被制服了。

7月20日14时，沅水第三次洪峰顺利通过区境，洪水随后慢慢退却。在这场历史上罕见的特大洪灾面前，鼎城4个临洪大垸、1个内垸终于安全度汛。

重旱抗旱记

■ 源自《鼎城区志》

题记：区境内一般年景均为前涝后旱，即4月至7月少晴多雨，8至次年3月少雨多晴。春夏雨量多则涝，秋冬雨水少则旱。

1988年气候反常：先旱后涝，5月至8月中旬，连续百日大旱，天气燥热，气温最高达38℃—40℃，沅、澧两水均为冬枯水位。5月的民主垸、八官垸29座灌溉闸中有25座搁浅，山丘区七座中型水库有两座仅存底水，176座小型水库有91座干

涸，万口堰塘枯竭，沧水断流，斗姆湖的火田坪地赤草枯。全区有70余万亩农田受旱，其中开拆38万亩，过白达10万亩以上。在大旱之际，区委、区政府组织全区人民抗旱保苗，出动劳力25万余人，抽调干部1100人，下到乡镇村组和农民一道疏通灌溉渠道3100条，在溪港拦河筑坝1500处，安装各种临时抽水机械1128台(套)，加上原有的动力设备，总装机容量35200多千瓦。还抽调2艘挖泥船，装上抽水机提取沅水灌溉斗姆湖一带严重受旱的农田。经奋力抗救，早稻获得较好收成，晚稻亦适时栽插。

1990年8—9月降雨极少，其中9月降雨仅187毫米，10月又少雨，形成严重秋旱，有20多个乡镇抗旱半个月。

1992年，区境全年少雨干旱。是年6月，部分山丘区人畜饮水困难。

1995年，前洪后旱，7—9月持续70多天未下透雨，其中40天无雨，给晚稻生产带来较大威胁。经努力抗旱，灾害损失降到最低程度。

2003年7月下旬开始，区境久旱不雨，且又持续高温，湖区气温在35℃—38℃之间徘徊，山丘区白天气温最高达39℃—41℃。所有中小型水库蓄水量不到常年蓄水的三分之二，18700口堰塘干涸。全区共有10万亩农田受旱，其中脱水面积2.8万亩，开裂8000亩，过白4600亩，无人畜饮水的村民小组达1000个以上，旱情十分严重。全区各级组织发动群众积极抗旱，采取拦坝堵水，机械提水、车辆送水等办法尽力减轻农作物受灾程度和保证人畜饮水。其中双桥坪镇由于改革用水制度，加强灌溉管理，在大旱之年做到水库堰塘常年有水供应，迎来了一个丰收年。

鼎城区水资源保护调研报告

■ 鼎城区人大常委会水资源保护课题组

2015年,区人大常委会"水"课题调研组组织区水利局、区农业局、区城管执法局、区环保局、区畜牧局、区疾控中心、区自来水公司有关人员,对全区水资源保护及安全饮水工作进行了广泛深入地调研。通过召开会议、群众座谈、实地查看等多种形式,获得了大量第一手资料。相关情况如下:

一、鼎城区水资源的基本情况和特点

水资源总量极为丰富　我区多年平均水资源总量为269087万立方米,其中地表水可利用总量195245万立方米,地下水可利用总量73842万立方米,人均可利用水资源总量均为3.6万立方米。境内除沅、澧水外,另有大小河流69条、中小型水库171座。

水资源分布很不平衡　鼎城是典型的丘陵与平湖区共存的地形地貌,区内水资源分布呈两极状态。后河牛鼻滩、韩公渡、十美堂等不到10个乡镇(场),拥有全区约60%的水资源,而前河及太阳山两侧20多个乡镇只拥有全区约40%水资源总量。特别是太阳山两侧双桥坪、大龙站、长岭岗及周家店镇内原瓦屋垱乡部分地区水资源拥有量较少,极易遭受干旱威胁。

水体污染导致水质变脏、变差　区内个别水库、河流不但不能饮用,甚至不能灌溉,水源保护、恢复水质刻不容缓。

二、鼎城区水资源保护存在的主要问题

(一)水资源污染现象触目惊心

农业面源污染:一是农药、化肥过度使用。据区农业局2012年年报显示,当年全区共使用化肥20.2万吨,农药1455吨,农膜501.5吨。其中,按播种面积计算,每公顷化

肥使用量达 907.5 公斤，是国际标准安全线的 4 倍。目前，我区化肥、农药平均利用率仅 30%，大部分流失到水体之中。二是畜禽、养殖污染严重。2013 年年底，我区共有各类畜禽规模养殖户 860 户，年产畜禽粪尿 100 万吨以上。由于人们对畜禽养殖环保意识差，畜禽粪便随意堆放、污水随意排放，能够做到环保处理、达标排放的凤毛麟角，往往极易污染水源。座落在德山经开区金陵水库边上的唐家铺乡金泉河牧业公司，其养殖排放对金陵水库严重污染，水体颜色变黑、气味变臭，引发库区群众不断上访，甚至上网发贴"人不如猪"，造成极坏的负面影响。三是水产品养殖污染。今年 4 月下旬，市水环境监测中心对我区纳入水源保护的 74 座中小水库、4 条河道及冲天湖的水质进行了抽样检测。共有 6 座小一型水库、1 座小二型水库水质不达标，其中许家桥的南北堰水库、草坪的易家冲水库、石板滩的大溪水库为重度污染，其原因就是养殖合同解除不彻底，仍在进行投肥养鱼。此外，我区虽然从 2009 年起严格按照市政府文件规定实行珍珠限养政策，但随着近年来珍珠市场行情看涨，珍珠养殖面积仍保持在 8 万亩左右，对大小湖泊、水库水质造成极大污染。如牛鼻滩镇现有珍珠养殖面积 11000 多亩，每年使用 1100 吨鸡粪投肥，水质被严重污染，离湖 500 米仍能闻到臭味熏天。韩公渡

镇有藕农为提高产量,在某湖泊内年使用剧毒农药呋喃丹 50 吨,农药残留严重超标,既使湖内水体遭受毁灭性损害,又极大危害人民群众身体健康。

工矿企业排放污染:随着我区招商引资力度不断加大 ,区内工业企业越来越多,工矿企业排放污染也随之加剧。仅以灌溪高新区为例。目前,高新区内有大小企业 68 家,规模以上企业 21 家,产值过亿元企业 6 家,中等以上物流公司 10 家。再加上高新区内灌溪、石板滩镇内大小企业,该区域共有 1000 多家企业。由于污水处理厂等环卫设施配备不到位,这 1000 多家企业每天所产生的工业废水直接排放至建河。在灌溪镇调研时我们了解到,在该镇岗西片的企业如特力液压、南方水泥、中联重科等,其工业废水经由建河排至沅江,其排放点位于常德城区自来水厂沅江取水点的上游。岗东片企业如长岭机械、天泽建材则由建河抽排至沾天湖,进而影响柳叶湖水质。在石板滩镇共有 5 家煤矿开采并产生污染,有 6 个行政村近万人口的饮用水和 6000 多亩农田受到煤矿废水不同程序的污染。特别是该镇大溪冲水库被污染后鱼虾绝迹,不仅不能饮用,甚至不能灌溉农田。大溪冲村竹业组农户曹剑辛在外打工回来以后不了解水库已被污染,用水库水灌溉自家 5.2 亩稻田,结果秧苗在“两叶一心”时全部死亡,后由镇企业办向其赔偿 1500 元钱才了事。

生活垃圾污染:生活垃圾对我区地表水水体的污染也不容忽视。近些年来,随着商品过度包装,垃圾产生总量不断增多。据环卫部门测算,城镇人口人均每天产生垃圾 1 千克左右,农村人口约 0.5 千克左右。鼎城近 80 万总人口中。农村人口约 60 万,每天可产生垃圾 300 吨。而广大农民群众千百年来的卫生习惯并不好,生活垃圾随意乱倒乱扔在沟渠、堰塘、水库,屡见不鲜。每到下雨沟渠、堰塘涨水或灌溉期间,到处可见水面漂浮垃圾,水体污染进一步加剧,水质进一步变脏、变差。各乡镇集镇墟场垃圾则采取建简易垃圾填埋场的方式把垃圾填埋。这么多年堆积如山的垃圾经雨水浸泡和冲刷后,其中有毒有害物质和重金属部分渗透到土壤中,其造成的土壤污染难以治理,不可逆转。部分随雨水进入沟港堰塘,造成水体污染。虽然自 2012 年起市里启动了农村环境卫生三年集中整治行动,目前农村环境卫生状况极大好转,群众卫生习惯也逐步改善,但多年来乱扔垃圾造成的污染短期内难以消除。

当前,所有这些污染源交叉作用,直接导致了两个结果。一是我区土壤酸化且重金属含量偏高。2011年,区农业局在全区耕地抽取土壤样点252个进行检验。结果表明,我区土壤重金属污染和酸化情况均较为严重。如酸碱度的检测结果:酸性土壤比例86.5%。强酸性(ph4.5–5.5)和极强酸性(ph小于4.5)土样有180个,占比71.4%。而当年发生的"镉大米"事件更无可辩驳的说明了土壤重金属含量高。二是水体富营养化。肥料流失、人畜粪便排放、生活垃圾降解释放营养元素进入水体,促进水中植物和藻类疯长,使水体通气不良,溶解氧下降,导致水生动物死亡。而这些水生植物和藻类死亡以后,又进一步污染水体,形成恶性循环,使水体变得臭味大、颜色黑、细菌多。现在鼎城的平湖区和部分山丘区,除灌溉季节外,基本上看不到水体清澈的沟渠和堰塘、湖泊。

(二)水资源开发利用混乱无序

我区虽然水资源总量较为丰富,但依然存在着工程性缺水和水质性缺水等问题,在水资源的开发利用上,并不能随心所欲、大手大脚。随着社会经济的快速发展,一些单位和个人受经济利益的驱使擅自打井行为无处不在。如在建中的鼎城善卷医院、已建成的鼎城妇幼保健院综合大楼、常德水产大市场、工业园的鼎盛水厂、南方水泥矿区矿坑疏干排水等,这些单位和企业擅自开采地下水都造成了不同程度的生态危害和社会影响。特别是南方水泥矿区矿坑疏干排水导致地下水过度开采,已经引起雷公庙、蔡家岗、石板滩等乡镇地下水位不同程度的下降。据了解,该厂矿区矿坑每天有6台大功率抽水机同时排水,每天抽水达5万—7万立方米,而这些水全部白白浪费了。据水利局水改办的同志介绍,这些被白白浪费的地下水,可解决50万人的供水问题。由于地下水的过度开采,造成了雷公庙镇地面沉降、塌陷、地

下水位下降等一系列地质灾害事故。2013年国庆节，尹家坪村檀木组农户杨爱华责任田约15平方米地面突然塌陷7—8米；2014年7月14日，黄潭村祖谷堰组一农田约20平方米面积发生塌陷，深不见底。2013年，邻近雷公庙镇的蔡家岗镇芭蕉堰村建水厂，打井402米深仍然取不出地下水。这些现象，据专家分析都或多或少与南方水泥厂过度抽排地下水有关。这一问题得不到妥善解决，将危及子孙后代。

（三）水资源保护意识极为欠缺

部分责任乡镇领导对水源保护工作不重视：目前，全区仍有9座小一型水库周边存在污染源。分别是双桥坪镇的群力、横冲水库，雷公庙镇的龙门水库，丁家港乡的双冲水库，许家桥乡的马江嘴水库，唐家铺乡的杉木水库，谢家铺镇的平湖水库，石板滩镇的大溪水库（矿业污染）、鸽子湾（工业污染）水库。有15座小二型水库周边有养殖场，4座小一型水库周边有工业污染。按照年初签订的责任状，这都是必须予以坚决取缔的，但由于各有关乡镇重视不够，行动迟缓，效果不佳。群众水源保护意识淡薄：很多群众不知水源保护为何物，用后的农药瓶等有毒有害垃圾随意丢弃在沟港堰塘；在堰塘、水库周边乱建养殖场，丝毫不考虑会否污染水源且不听劝阻，凡此种种不一而足。企事业单位缺乏社会责任感：往往以本单位利益为重，不知道自我约束，不注意社会影响，不维护社会公益，起了很坏的带头示范作用。

（四）水资源执法管理很不协调

水资源执法、管理、保护虽然是由区水利局牵头，但往往涉及多个部门，如国土、环保、能源、畜牧等。雷公庙镇龙门水库东边邻近双桥坪镇刘家桥村，该村有一村民在水库边上建了一座养鸡场。区水利局接到举报后前往查处，却发现该村民有建房许可证、养殖许可证，可谓“手续齐全”，最后只能不了了之。如果各有关部门不能统一协调，相互配合支持，类似现象还会再次发生，结果是这里还没处理完毕，那里又出现了问题，相关职能部门也只能疲于应付。

三、鼎城区水资源保护所做工作

虽然我区水资源保护现状不容乐观，但近年来有关部门克服困难积极作为，还是做了大量工作，全区水体污染、水质恶化的势头得到控制，水资源保护工作走上正轨。

加强了组织领导　区农村工作领导小组按照水源保护工作要求出台了《鼎城区农村饮用水水源保护工作方案与考核细则》，区政府出台了《鼎城区农村饮用水水源管理办法》、《鼎城区水资源管理三条红线指标体系建立方案》，成立了由区政府领导挂帅，有关部门“一把手”为成员的领导小组，制定了工作目标和步骤，明确了各部门的职责，水源保护各乡镇政府、中型水库管理单位分别与区政府签订了水源保护责任状，把水资源管理与保护纳入了乡镇（场）和有关部门的绩效考核。

加大了宣传力度　近年水利部门以“世界水日”“中国水周”的水法宣传活动为载体，利用新闻媒体、网络活动宣传，结合我区水资源现状，进村入户宣传我区水资源管理法规，增强了全区干部群众保护水资源的意识，提高了水资源管理保护监督的积极性。

开展了功能区划　水功能区域是水资源保护工作的法律依据和技术支撑。2013年我区完成了小（1）型以上水库、5000亩以上湖泊、集雨面积500平方千米以上河流及入城河流的水域功能区域编制。

实施了取水许可　一是执行取水许可制度。按照《中华人民共和国行政许可法》的有关规定时间办理，并及时录入全国取水许可台账信息系统。二是严格水资源费征收。严格按照确定的征收范围和征收标准，坚持依法征收，将水资源费有偿制度落到实处。三是严格实施建设项目水资源论证。对新建、改建、扩建的建设项目一律按法定程序进行水资源论证，保护取水许可科学依据。截止到2014年7月份，我区累计颁发取水许可32家，年许可取水量1490.26万立方米，其中进行了水资源论证的有3家。

加强了水源保护　一是重点排查。对全区171座小型水库及区域内河流湖泊水环境现状进行摸底调查，真实掌握水源地周边环境实质情况，特别对已纳入水源保护范围的水源地实行重点排查，做到有的放矢。二是设立警示标示牌。已纳入水源保护范围的水库、河流及湖泊水源保护地均设立了“四禁”警示牌（即禁止用化肥养殖鱼类、珍珠；禁止建设向水体排放污染物的建设项目；禁止设立剧毒物的仓库；禁止排放污水、倾倒垃圾及其它废弃物），并向社会公布了监督举报电话。三是强力解除投肥养殖合同。对于存在污染源及投肥行为的水源保护地，按照属地管理、分级负责的原则交办整改任务，明确解除养殖合同的时间节点，落实污染源整治措施，对不履责和不按要求落实整改的由区督查室组织督查落实并进行通报。四是开展水质监测工作。农村重点保护水源的水质监测工作由区水源保护办公室与各相关责任单位配合市水环境监测中心组织实施，中型水库与入城河流年监测频次为 2 次，小型水库年监测频次为 3 次，已纳入安全饮水工程的水库年监测频次为 4 次，区水源保护办公室负责及时通报全区水质监测结果。

四、鼎城区水资源保护管理的对策和建议

进一步强化有关单位职责，切实发挥人大监督作用　区人大农工委要结合各相关责任单位在年初经济工作会上所签订的水资源保护责任状，定期组织人大代表视察调研，对那些水源保护不力、因利益关系解除水库养殖承包合同不彻底、畏难水库周边拆违的乡镇(场)政府严格问责，强化监督。对工作不力、造成重大水体污染事故且严重威胁人民群众身体健康的，要督促区人民政府责令乡镇政府及时整改到位，并追究行政一把手责任。

进一步广泛深入的宣传发动，树立全民节水、惜水意识　保护水资源，区、乡(镇)

人民政府和相关职能部门当然责无旁贷,但社会各界群众也有义务贡献力量。只有全社会行动起来才能真正取得效果。因此必须利用各种形势、各个平台来大张旗鼓的宣传、发动,让最广大人民群众充分认识水资源破坏、污染所带来的严重后果,从而把爱水、节水、惜水变成每一个人的自觉行动。

进一步整合各职能部门资源,做到建章立制严格执法 建议由区政府协调,或委托区人大常委会农工委牵头成立由农村部、水利局、畜牧局、农业局、环保局、国土局、疾控中心、能源办等单位相关人员组成的水资源执法、管理、保护协调机构。可每两个月定期召开一次联席会议,整合各部门单位的力量与资源,针对存在的问题进行专项调研、安排,做到及时发现问题、及时解决问题,避免出现推诿扯皮、互相拆台的现象。

进一步加强饮用水水源保护力度,确保人民群众饮水安全 对凡属饮用水源保护地的所有水库、湖泊务必强力解除投肥养殖合同,周边工矿企业坚决关停并转,杜绝看面子、讲人情的现象。区人大常委会农工委要对此项工作重点关注,积极参与水质检测,确保农村安全饮水工作这一市政府第一号民生工程、市人大第一号议案在我区顺利推进。

进一步完善水功能区划编制工作,合理开发利用水资源 在已完成的水功能区域编制工作的基础上,要继续开展我区小二型水库、5000亩以下湖泊、集雨面积500平方千米以下河流的水域功能区划编制工作。

(课题调研组成员:唐少华、王成猛等)

加强水资源保护刻不容缓

■ 鼎城区政协办公室

近年来，随着农牧业发展和产业结构调整，畜禽养殖已成为水库、河流、湖泊的主要污染源。规范养殖业发展、注重水资源保护、加强污染治理，事关全区养殖业可持续科学发展和社会和谐稳定，也是摆在我们面前亟待解决且刻不容缓的问题。围绕这一课题，我们组织部分政协常委深入到唐家铺、丁家港、许家桥、石公桥、牛鼻滩、韩公渡等乡镇以及相关主管部门进行了专题调研。

鼎城区养殖业水源污染防治取得的成效

近年来，区委、区政府高度重视养殖业污染防治工作，成立了专门的工作领导小组，制订了实施方案，明确了具体的工作任务。各相关职能部门积极作为，采取了一系列防治措施。比如，加大了相关法规、政策宣传力度，增强了全社会污染防治与水资源保护意识；加强了新建养殖场审批力度，开展了养殖污染治理试点示范，2013 年完成了 4 家养殖场的退养任务；充分利用国家扶持畜牧业发展的各类资金，投入 400 余万元对 21 家生猪规模养殖场实施了粪污处理设施项目建设；对全区 171 座小型水库及河流湖泊水环境现状进行了摸底调查，强力推进了投肥养殖水库的合同解除工作；各乡镇切实履行属地管理职责，配合相关主管部门认真抓好了珍珠限养、治污项目建设、日常监管等各项工作。特别是牛鼻滩等乡镇，在承包合同未到期的情况下，主动与珍珠养殖户沟通协商，为压减珍珠养殖面积做了大量的工作，取得了明显成效。通过各级各部门的高度重视与努力，目前全区养殖业水资源污染总体处于可控状态。

鼎城区养殖业水源污染现状及原因

在调研过程中，我们走访了多家养殖企业，现场查看了排污处理设施以及受到污染的水库、河流、沟港渠道，所见所闻令人触目惊心，特别是基层与群众的一些心声让我们始终坐立不安、心急如焚。

广大群众“怨声载道” 有一首打油诗对水资源的变化这样说到：“50年代淘米洗菜，60年代洗衣灌溉，70年代水质变坏，80年代鱼虾绝代，90年代身心受害”，虽有夸张之嫌，但也形象直观。据初步统计，目前全区共有生猪、家禽、牛羊等各类规模养殖户860户，年产畜禽粪尿100万吨以上。绝大部分中小型规模的养殖场没有环保设施，未经畜牧、国土等部门审批备案，畜禽粪便随意堆放、污水直排。如丁家港小Ⅰ型双冲水库上游一家养鸡场粪便漏天堆放，在雨水的冲刷下直接流入水库，水体发黑发臭，严重威胁着丁家港、许家桥以及桃源县部分村组近2万人的饮水安全；许家桥阳光五牧奶牛养殖场，所产生的粪尿以及污水直接排入沟渠，造成水体富营养化并产生多种有害物质，下游的中堰、民族以及斗姆湖街道部分村组深受其害，农业灌溉遭受较大影响。诸如此类的问题普遍存在于全区水库、河流、湖泊周边的各类畜禽养殖场。此外，水面

投肥养鱼屡禁不绝、珍珠养殖面积反弹，后河片部分地方甚至达到了有水皆污的程度，给广大群众赖以生存的水环境造成极其严重的破坏。如韩公渡镇墟场水厂是该镇墟场及周边各村近1.5万人安全饮水的重要保证，前些年主要取用地下水，后经相关部门多次检测，重金属锰严重超标，地下水不能作为取水源，在没有办法的情况下，只能把高水作为取水点。但是，由于高水是后河片大部分乡镇排渍的主要渠道，珍珠养殖、群众生活污水均排入高水，加上河道拦网投肥养鱼，目前水体变黑，水质严重破坏，也不是理想的生活用水取水源。附近的群众翘首相望，希望政府和相关部门能够尽快解决这一问题。对于这些现象，群众怨声载道、投诉不断，如不引起高度重视，尽快采取有效措施加以整治，极有可能引发严重的社会矛盾，产生新的不稳定因素，造成群体性事件或更加严重的后果。

基层组织“束手无策” 根据国务院出台的《畜禽规模养殖污染防治条例》以及市、区有关文件规定，乡镇承担协助主管部门做好本行政区域内的畜禽养殖污染防治工作。根据我们调研的情况来看，乡镇、村组等基层组织虽对养殖污染深恶痛绝，但对如何治理往往感到有心无力。分析原因，主要表现在以下几个方面：一是养殖户思想认识不到位。目前，大部分畜禽养殖企业和养殖户污染防治的主体意识和责任意识不强，主动治理和配合治理的积极性不高，普遍采取观望态度，导致乡镇基层组织工作难以推进，影响了治理进度。二是治污资金没有保障。从污染防治方法来看，要想达到真正的效果，无论是通过沼气池处理、生物发酵还是将畜禽粪尿加工成有机肥，前期投资均较大，后期维护管理费用较高，对于小型的养殖场来说无力承受。企业治污主体作用没有发挥，治污资金投入严重不足，加上政府引导资金不多，乡镇、村级组织根本没有能力彻底解决污染问题。三是缺乏污染治理法理依据。养殖业污染治理是一项系统工程，而乡镇、村组在污染治理过程中缺乏法理依据，没有相应的行政处罚和执法权限，权责不对等，导致污染治理力度不够、措施不硬，污染问题出现反复的现象十分突出。

职能部门“力不从心” 为规范畜禽规模养殖，国家、省、市、区相继出台了一系列法规和地方性政策。但是，由于从选址建场、企业登记、生产、到粪污处理与利用的过程，涉及到农业、畜牧、环保、水利等多个部门管理，责、权、利不明确，部门之间缺乏沟通、相互推诿，责任不落实，监管不到位。特别是在养殖场建设初期，乡镇、村级组织没有完全落实“把好第一道关”的责任，情况掌握不准、信息反馈不及时。在利益的驱动下，部分小型畜禽养殖场随意选址、未批先建，没有配套建设污染防治设施。在这种“源头放任、末端治理”的情况下，相关主管部门由于执法人员不够、执法力度不强等原因，治理难度相当大。2013 年 1 月，市政府下发了《关于加强畜禽养殖污染防治促进畜牧业发展的意见》，要求 2015 年年底前，禁养区内畜禽养殖场和养殖小区全面退出，但市、区都没有制定具体的实施细则以及退养补偿奖励办法，职能部门在操作过程中面临阻力较大，退养工作推进缓慢。例如，位于重点水源保护区金陵水库库区内的金泉何牧业有限公司，市政府虽已下达了限期关停整改意见，但作为一家年产值上千万元的规模养殖企业，如不制定具体可行的关停意见，要采取强制手段关停或搬迁困难较大。

几点建议

提高思想认识　全区各级各部门要切实增强紧迫感和责任感，从建设生态文明的高度，深刻认识加强养殖业污染综合防治和水资源保护的重要意义，把此项工作作为当前一项重要的民生工程来抓，统筹解决好养殖业发展与污染防治的矛盾。要以贯彻执行国务院《畜禽规模养殖污染防治条例》为重点，严格落实《2013—2015 年鼎城区畜禽养殖污染治理实施方案》确定的目标任务。要充分发挥舆论导向作用，加大对绿色环保畜禽养殖的宣传，对水资源造成破坏并产生较大影

响的养殖企业要公开曝光，引导广大养殖户和群众不断提升环保意识。

强化工作职责　要进一步健全和完善组织领导体系，建议明确一名区级领导专门负责养殖业水源污染防治工作，并设立专门的日常协调机构，统筹负责工作的组织、协调、考核、奖惩。要切实强化环保、畜牧、水利等部门的监管主体职责，其他相关部门搞好配合，在目前可控的条件下尽快妥善解决养殖业水源污染问题。要根据中央简政放权的改革精神，逐步探讨下放部分养殖污染防治行政管理与执法权，进一步强化乡镇、村组基层组织的责任。要将养殖业水污染防治纳入农村环境综合整治的重要内容，与各乡镇、职能部门的绩效考核挂钩，并建立严格的责任追究制度，确保各项工作任务的落实。

严格市场准入　建议按照“因地制宜、生态优先、可持续发展”的原则，将畜牧业养殖用地纳入全区城乡土地利用总体规划，科学编制全区、各乡镇以及水库、河流、湖泊周边等重点部位的养殖业发展规划，科学划定禁养区、限养区和适养区。对于新建养殖场，乡镇、村要及时掌握情况，充分发挥“把好第一关”的重要作用；规划、国土、建设、林业等职能部门要提前介入，对选址不当、不符合用地规划以及其它法律法规规定的坚决不予审批；环保主管部门要严格执行环境影响评价和“三同时”制度，通过环评和审批意见提出针对性的污染防治措施和总量控制指标，从源头控制新增污染源。畜牧部门在审核动物防疫条件时，要严格审查相应的环保条件，对环保验收不合格的养殖场，不得发放动物防疫条件合格证，一律不给予政策资金扶持。

加快退养工作　畜牧主管部门和各乡镇要迅速摸清现有养殖场底子，把禁养区、限养区、适养区的划定作为养殖业污染防治的一项关键性、基础性工作来抓。要按照相关要求，严格将生活饮用水源保护区以及可能造成水资源污染的区域纳入禁养区。建议区政府根据划定的“三区”，尽快研究出台禁养区内退养工作实施办法与细则，在规定时间内，分类、分步骤推进退养工作。要根据鼎城实际情况，结合其他区县市先进经验与做法，制定具体的、可操作性强的奖励补助办法，明确补偿标准。对于在规定时间内自行退养的养殖场，要在经济上给予补偿，在政策上给予优惠扶持，从而获得养殖户的理解与支持。

保障治污资金　要按照“谁污染，谁治理”的原则，积极引导作为治污主体的养殖业主，不断加大对养殖污染治理的投入。建议区政府设立畜禽养殖污染治理专项资金，采取“以奖代补”的方法，对积极治理畜禽养殖污染，通过综合治理后排污达标的养殖场给予一定资金补助，同时在养殖用地、信用贷款等方面给予优惠与扶持。要充分利用国家扶持畜牧产业发展的各类资金，优先安排污染治理项目建设。要积极探索养殖污染治理市场化新途径，逐步建立“政府引导、公司运作、部门监管、业主响应”的畜禽污染治理长效机制。如依托大型养殖企业或引进社会资金建设有机肥加工厂，政府制定相关优惠政策，对其在税收、用地等方面给予扶持。

加大打击力度　对于禁养区内拒不配合执行退养政策或是限养区、适养区内对水资源造成危害拒不整改或整改不到位的，要联合公安、司法等部门依法依规采取强硬措施，该取缔关停的坚决予以取缔关停。水利、环保等部门要进一步加强水质监测工作，增加监测频次，对于在水源保护区范围内投肥养鱼、畜禽粪尿直排等现象要给予严厉打击；要按照相关规定要求，进一步巩固珍珠限养成果，大力压减珍珠养殖规模。要建立和完善畜禽养殖场污染治理档案，及时监督养殖场治污设施的运行，防止养殖场治污设施建成后不运行或少运行情况的发生。

1954年常德县抗洪救灾情况的回忆

■ 王文范

水患频繁 灾害惨重

常德县位于湘北，地滨洞庭。据历史记载，自晋宁二年(276)以来，县境共发生水灾132次，给人民造成严重灾难。民国时期，由于长江水南浸，洞庭湖日渐淤积，县内成片洲土出现，地方豪绅，竞相争洲围垸，堤垸猛增到141垸，防洪堤段728千米。由于垸小堤矮，堤身单薄，年年都有溃垸发生。民国元年(1921)至1949年，共发生较大水灾13次，平均2.8年一次。民国24年6月，大雨，7月又倾盆暴雨，全县141垸，先后溃决120垸，受灾人口45万人，倒塌房屋1042栋，淹死2936人，其他财产损失约1250万银元。灾后大饥大疫，死亡每日数十起。

新中国建立后，中共常德县委和县人民政府致力治水兴利，每年冬季组织8.5万劳动力修复堤垸。1953年，将141小垸并为26垸，缩短防洪大堤13.6千米。

1954年，入夏以来，雨量过少，气侯不正(雨天要穿棉衣，晴日要打赤膊)，稻种发育甚迟，已非常年气象。5月下旬，阴雨连绵，据水文站记载，5—7月的92天，降雨多达85天，累计降雨183517毫米，全年降雨量仅2020.4毫米！超过常年年均降雨量的15%。6月25日降雨量176.8毫米，湘、资、沅、澧四水相互顶托，相继出现5次洪峰，沅水最大流量23100米/秒，沅水最高水位的河洑为42米(基本接近堤顶的平均高度)，城区南碈水位为39.6米；澧水石龟山的水位为38.89米，沙河口水位为37.27米，均超过历史最高水位。

汛前，县委、县政府遵照省、地防汛抗灾会议精神，做了大量工作：一是层层进行思想动员，使干部群众树立抗大灾的思想；二是建立健全防汛抗灾的组织机构。严明纪律，严格分工、分段负责的责任制；三是筹集资金、物资、器材，落实到位；四是普查堤垸隐患和硌涵险点，及时作好处理；五是培训骨干，核阅队伍、官兵见面，落实个人抢险应备的工具。

汛期，从县直机关抽调819名干部，分配各垸参加防汛工作。同时，动员9.18万劳动力在堤段固守。6月上旬，天放晴后水势退落，赶插晚稻，以图自救。熟料6月下旬至7月下旬，暴雨连日不停，沅、澧水继涨增高，时值炎夏，气候顿凉，冷风刺骨。沅水猛涨，高出城街丈余，城门闸板紧闭，大小河街水淹屋顶，城东西北门外一片汪洋，渍水深3米，灾民集结城墙城内，有的转移到德山、花山避灾。由于狂风暴雨，全县溃垸迭起，到7月底，县境26垸，先后溃决19垸，仅存护城、丹洲、成城、善卷、三合、恒丰、金仁7个未决，但内渍严重。全县有6l万多亩农田被淹，受灾人口28. 5万余人，倒塌房屋15500余栋，冲走稻谷5.5万余公斤，财产损失约1.53亿元，死亡31人，畜禽死亡难以数计。

同心同德　奋力拼搏

7月11日，长期浸泡的沅水三合垸东端，有250米两水夹一堤处，发生大滑坡，裂缝15厘米。县长王丙申、县委组织部部长郭新贞带领水利专家周大利、赵云圃和15名公安干警火速前往，与石门桥区委书记岳庭举及17名干部、1300多名民工，并肩战斗。采取填石块沙卵，挖沟导渗，打桩抢固，抢修堤身、平台等综合措施，经过7个昼夜的拼死抢救，化险为夷。7月14日，三合垸的邱家硪翻沙漏水，水手共青团员刘小和自告奋勇跳人8米多深的洪水中，用13床棉絮，历经3个小时，堵住了漏眼。19日再次漏水，形成旋涡，刘小和又抱着棉絮再次入水堵漏，不幸被漩涡卷人硪洞，壮烈牺牲，以血肉之躯和棉絮将稽洞漏眼堵死。在场的干部群众含着悲痛的热泪向他默哀致敬。湖南省人民政府追认他为烈士，常德汉剧团编演了《舍身堵口》现代戏，颂扬其英雄事迹。

7月19日，八官崇孝垸的朝门彭家、沙沧、董公堤三处同时崩裂下陷，县委书记张立木、武装部部长刘志英，带领120名公安干警乘快轮前往，与区委书记郭维民和35名干部，13500多劳动力，拼命抢救了5个昼夜，抢住三次溃口危险。终因风大浪急，水漫堤顶而溃决，致使全垸29万亩广阔平原变成泽国，16万亩农田被淹，9.1万人受灾，倒塌房屋1210栋，财产损失约35600多万元。这是全县、全地区甚至全省溃决的第一个大垸。

在汛情紧张时刻，省委书记黄克诚、副书记周小舟、省长程潜电话指示常德地委、行署要千方百计保护人民的生命安全，做到不死人，少死人，要誓死保卫常德城区的安全。并派副省长程希龄、杨如爱带领工作队来常德督导指挥。召开了地、市县主要领导参加的紧急会议，传达了省委指示精神，再三强调要保住常德城区的安全，并把护城、丹洲垸的防汛工作列入重中之重，采取“三增”(增强领导、增加劳动力、增加防汛器材)的措施，号召干部群众风雨同舟锁住蛟龙，誓死保卫常德城区的安全，并提出“人在堤在，与堤共存亡”的战斗口号，鼓舞士气，增强人定胜天的信心。

7月17日，丹洲垸李马桥至河洑点，长1500米的大堤，多年未经洪水考验。由于堤外的河洑小垸漫溃，洪水直冲大堤，形势非常严峻。险情就是命令。专员孙云英、县长王丙申，地委驻县工作组组长齐通开会决定从聚宝、全美、南湖3乡和河洑镇再调1000劳动力，又从石板滩片抽调1500多名劳动力，参加河洑大堤的抢险战斗。并调集大批的防汛器材备用，命令电力部门，加班加点，从落路口到河洑点的5000余米大堤，埋杆拉线，安装电灯。在抢险中，干部、民工披蓑戴笠，赤脚草鞋，顶风冒雨，日夜拼搏，饿了啃饼干，喝冷水，累了就在防汛的板桶内轮班休息。尽管人人累得精疲力竭，但一听到有险情，又浑身来劲。地委工作组组长齐宝通，有两天两夜未合眼，刚到板桶内休息，朦胧中听到横堤剅口出险，立即爬起跑步前往，身先士卒跳到齐腰深的洪水中，与民工一道伐桩抢固，抛石压基，经过6个小时的紧张抢救，转危为安。为了防止洪水猛涨漫溃，30多名干部3千多名民工，筑起了两公里长，两米高，1.5米宽的子堤和3米高、4米宽的平台，1500米挡风堤，用块石、麻草袋盛土堆垒，用晒垫护坡挡浪，经过30个昼夜的苦战，保住了堤垸安全，保卫了常德城区的安全，奏响了一曲抗洪抢险的胜利凯歌。

7月18日，周家店区恒丰垸，大漫堤顶，情况危急，区委书记李正珍带领35名干部，1300多民工，拼命抢救。在2500米长的临洪大堤上修起了1.5米高的子堤和3米高的内平台，缓解了溃垸险情。19日晚，狂风瀑雨，滚滚洪峰，接连两次冲垮了两道防汛子堤。值此千钧一发之际，区民政助理颜和斋，临危不惧，肩扛着百多斤的块石和麻袋，飞奔在抢救现场，边溃边堵。在他的带动影响下，民工们个个奋勇而上，肩背手抬将冲垮的子堤堵住，并组成人墙，紧抱着成捆的芦苇伏在堤上挡浪。颜和斋在扛块石时，肩背手脚多处刺破，鲜血流红了衣裤，领导和民工们要他到医院治疗休息，他仍坚持战斗，并说："只要保住了堤垸和人民的生命财产，流点血值得，牺牲了也光荣。"他的模范行动和大无畏的革命精神，更加激励了人们的斗争，保住了堤垸的安全，受到党和政府的嘉奖。

7月23日，护城垸的方甲垸，水平堤顶，低处漫浸，洪水直扑农田村庄。地委书记周惠、行署专员孙云英闻讯即带领水利部门的专家和350名解放军、公安干警前往督导，并令县、市防汛指挥部从石板滩、镇德桥、大龙站、常德市调集13804名劳动力，由县、市及各区公所主要领导带队赶到现场参加防汛抢险战斗。令交通部门迅速调集轮、驳、帆船438艘前往花山抢运块石沙卵，并增调了大批防汛器材，堤上安装了电灯，一时人声鼎沸，灯火辉煌。领导亲自参加，以身示范，干部冲锋在前，用土喇叭叫喊指挥，声音嘶哑。民工个个斗志昂扬，有的担着两百来斤的沙石泥土飞奔抢修子堤；有的站在洪水中打桩加固；有的开沟导流；有的组成人墙挡浪；有的修筑平台打土，真是千军万马，往来如梭，惊心动魄的场面，可歌可泣。就这样激战了20个昼夜，制服了洪魔。

蒿子港区的金仁垸，堤长6000余米，四面临水，取土困难，随时都有溃决的危险。在庆丰乡农协主席朱鹏程和金仁垸修防会主任丁敬法的带领下，将350名民工，组织6个小队，一个突击队，指定专人负责，采取分散与集中相结合的游击战争，分段固守，在15个昼夜中战胜了8处小险，4处大险。如在7月18日，面临白芷湖堤长800米的堤段漫浸崩脱，急需增加子堤，打抱围的紧急情况下，朱、丁二人急中生智，自己带头跳入水中，拱挖禾蔸泥土，与干土拌合装麻袋加修子堤，就地砍树拆屋伐桩挡浪，朱鹏程年过半百，晕倒泥水中，惊醒跃起，继续战斗。榜样力量无穷，激励全体民工的斗志，奋力拼搏，保住了堤垸未溃。

阳城垸，地处澧水尾闾洪道，四面被水环抱，系1953年复堤拼垸时，由众志、天庆、五福、同兴、阳富、积庆、月亮、仁安、沅阳、沙河、长湖等小垸并成。堤矮身薄，险段多，1954年6月中旬，全垸就进入急防。汛前，十美堂区委、政府从思想发动，组织整顿，物资准备方面做了细致的工作，筹集资金2.5万元，木材250立方米，砂卵450万立方米，分放在牛望嘴、庆丰局、沙河口，众志局等险段，以备急用。当汛情进入紧张阶段，县委副书记王建阁、副县长郑建华，公安大队长牛志英，公安局长郝连捷带领150名公安干警、人民解放军前往投入防汛抢险战斗，与25600名民工，同甘共苦，日夜拼搏。在抗洪面前，他们没有公与私，生与死的界限；没有贵与贱、官与民的差别。唯有一个共同信念和意志，就是战胜洪魔，保住堤垸，保护人民的生命财产，哪里最需要，哪里有险情，哪里就有他们的身影。腰扭伤了，声音哑了，眼熬红了，手脚烂了，发烧感冒了，不言苦累，坚持战斗。历经40个昼夜，战胜了13次溃垸大险，加高子堤15公里，打抱围35处，长450米，开导浸沟356条。例如：6月22日，沙河口有200米长的沙土堤，裂口外崩，区委书记魏呈贵与20名干部，850名民工奋战了两个昼夜，才将险情化解。7月3日，月亮洲闸口翻沙鼓水，喷高两尺，区长罗丕显、区农协主席彭岳保、区委委员王惠民带头跳入水中，带动350名民工用棉被、沙卵堵压，苦战8个小时，堵住了漏眼。7月15日，仁安垸移堤有180多米的堤段，内外崩垮，即将溃垸，县公安局局长郝连捷，区委副书记尹文华与850名民工并肩战斗，用250根杉木，并砍树50根，拆民房4栋，用板桶120张，筑内平台230米，伐木桩230根，打抱围25米。抢险突击队队长李良成，双手持60斤重的铁锤，连打了60根木桩，双手臂红肿，口吐鲜血晕倒泥水中，民工将他扶到工棚休息片刻后，又跑到工地继续战斗。就是这样的共产党员召唤着广大群众，风雨同舟共同战斗。

7月25日，是个悲惨难忘的日子。由于常汉驿路垸、两湖垸溃决凶猛的洪水，从10米高处直冲而下，滚滚洪流，浊浪排云，严重威胁着阳城垸东西1000多米大堤的安全，情况十分危急。此时，全垸鸣锣报警，动员群众转移到安全地带，同时集中领导和上万劳力，在1000多米险段堤上拼命抢救。终因人力不可抗拒，于凌晨5点，一港子和四港子两处大堤，一声巨响，撕开了30米宽的决口，洪水像千丈瀑布直扑垸内村庄，浪花飞溅10米多高，倒口平地被冲刷7米深的大坑。只见一栋栋房屋倒塌，一排排树木连根拔起，道路、桥梁、水利设施被毁坏。抢险民工像白鹤样的飞奔家园抢救亲人、财产。广大群众呼号奔命，叫爹喊娘，呼儿唤女之声，撼天震地，凄惨万状。干部们饱含悲痛泪水，拦截常德至安乡来往的客轮和商船，抢救被困群众。高芷乡土改根子、农会主席李爱金，舍小家为大家，架着木船，抢救被困在高岗和砖房屋顶上的群众35人，被救群众紧紧抱着他激动地说：“你是我们的救命恩人，是党的好干部，人民的贴心人。”全垸有6.1万亩农田被淹，5.3万人受灾，5100间房屋倒塌，财产损失约915万元。垸溃了，由于抢救措施有力，无一人死亡，是不幸中的大幸，是亘古未有的奇迹。庆丰乡乡长尹雪春深有感受的说：“民国20年大水，听我父亲讲，我们屋场31户，156人，溃垸被淹死的就有91人，有15户绝户，真是新旧社会两重天。”他情不自禁的高呼：“共产党万岁！毛主席万岁！万万岁！”

洪水退落后，抗灾补损重建家园。7月底，全县干部群众以防汛抢险的劲头，狠抓抗灾补损，生产自救，重建家园的工作。全县立即开展了轻灾支重灾、无灾支有灾，有钱出钱、有力出力、有物献物的群众运动。洪水无情，人有情，四面八方伸出援助之手，机关团体，企事业单位，商贾个人，各行各业争先恐后的向灾区人民献爱心。县救灾办共收到捐献衣物215600余件、棉被7910床、钱273万元、粮食39.5万公斤、楠竹3.9万余根、木料210立方米、稻草1080万公斤。同时，国家下拨救济款15118万余元、救济大米270.5万公斤，还向本县丘陵山区预借征购稻谷175万公斤。为使灾民有屋住，以村为单位组织劳力在20天内给倒房户搭起了简易茅屋。为使灾民不受饥饿，政府按每人每月发给救济粮14公斤、生活救济费3元，由乡、村及时安排到户。在灾民生活、居住得到安排后，全县领导、干部和劳动力，兵分两路，一路组织精干劳动力8.2万人，由县、区、乡、村长带头，实行以工代赈，抢修堤垸溃口，水利工程、道路、桥梁。一路由各级书记，农会骨干和妇联组长负责带领男劳动力和女劳动力，4.19万人抢种秋冬作物。到10月底止，全县堤垸溃口及水利工程得到修复，由国家供种，抢种了秋荞、玉米、大小麦、蚕豆油菜等秋冬作物61万多亩，种萝卜、白菜为主的各种蔬菜11万多亩，为度春夏荒打下良好的物质基础。为了加快秋冬种进度，政府组织有关部门从外省购回耕牛2350头，分给受灾的乡村。对生产资金奇缺的困难户，国家银行发放无息贷款146万元。如石门桥区邱家岗乡虽未溃垸，但渍灾严重，全乡204户有165户受灾，被淹农田1360亩，秋前农田排干后，银行给受灾户贷款9940元，支援抢插晚稻1100亩，收稻谷10余万斤，顺利渡过灾荒。

1954年，常德县虽遭受了历史上没有的大灾，但由于省、地党和政府的坚强领导，县委、县政府的决策措施有力，干群同心同德，奋力拼搏，减少了灾情损失。灾后，得到国家的救济，人民的支援。出现大灾无大饥、无大疫、无逃荒乞讨，人心安定、秩序井然，迅速恢复了生产，建好了家园。

为了百年大计，全县干部群众兵不解甲，马不停蹄，党政主要领导带领2000干部，8.15万民工，斗志昂扬地参加治理西洞庭湖的战斗。历经120天，胜利完成堵口、修堤任务，有陈绪阶、张丕望、彭岳保等25名干部评为特等模范工作者，刘利好、周冬轩等133名民工评为特等劳动模范。一总队四大队获得全国唯一的"英雄大队"光荣称号，被授予银质奖，谱写了常德县抗洪救灾的历史新篇。

（作者曾任常德县农村经济工作委员会副主任）

忆1954年洞庭湖洪灾和抗灾救灾

■ 罗丕显

1954年,我们县遭遇历史上罕见的大水,雨季来得早,还在4月份就开始,雨下得集中,5月到7月间大雨连绵不断,累计降雨达1330多毫米,占全年降雨量的三分之二以上。3个月内,雨天有58天之多,湖河水位持续上涨不退,出现过5次洪峰,一峰高过一峰,发生溃垸不退水,只是稍有原地踏步,又继续上涨。这种情况,是我从1949年参加工作就一直分配到十美堂区后第一次见到。这里地处澧水尾闾,又是和沅水相通迂回的湖网地区,湖河纵横交错,水系紊乱,澧水涨时则南流,沅水涨时则北灌,两水同涨,则互相顶托,洪水囤积于各湖,泛滥成灾的地方。再加上中华人民共和国成立不久,对国民党丢下的乱摊子,堤垸建设还没有进行大的改变,只是初步着手进行合并,以缩短修防堤线,将原来的众志局和五福垸合并取名阳城垸,原来的堤务局改名为修防委员会,简称修防会。虽经过三四年的冬季培修,大部分堤身尚存在矮小单薄,抗洪能力仍然有限,有的堤身高程不够,有的断面太小,挡不住特大洪水。当时,最好的条件就是经过解放战争的洗礼,剿匪、反霸、减租、减息、退押、土改、镇反、划乡建政等一系列群众运动,发动起来的群众,他们有了代表自己的新的民主政权,分得了土改的胜利果实:土地、房屋、生产、生活、资料等。他们生产、抗灾的积极性空前高涨,冬天的大堤冬修、春天的防汛准备,是非常自觉的。每年这里通过修防会,召开垸代会,组织劳动力,将全垸年满18—55岁的男劳力都组织起来,实行军事建制,编成营、连、排、班,还单独建立机动抢险队,由垸指挥所直接调度统一指挥。通过民主商定:按亩出费、按劳出工、以工抵费、找补平衡的筹费筹劳负担办法都很顺利。

现在回想,抗灾首先是从排渍开始的,开始遇到的难题是垸内部分低洼地方,雨天后出现积水,使部分农户土地全淹,造成育秧无处下种。这时由区里出面和群众商量,采取向高处农户有偿借田育秧。这个问题解决后,由于雨还在继续下,积水越来越大,区里再次发动群众，决定采取两手：一是忍痛割爱，舍低救高，除搞多处小范围的以外，还全垸性采取将福民垸和月亮州两个较低内垸废耕为湖蓄水，以保高田生产；二是将沿大堤的农户分多处组织起来，用当时的提水工具龙骨水车，在堤内坡，搞多车多级提水，叫作“打河车”往垸外排渍。

这样坚持一段时间后，形势继续恶化，垸外洪水越涨越高，打河车的码头，水排不出去，还要倒流，这时才被迫堵口停止打河车，放弃内垸排渍，专做保堤保大圈的工作。

由于继续下雨，外河洪水水位越来越高，堤身渗漏越来越严重，临洪大堤的危险性越来越大，抓大堤保安、守住大堤不溃的迫切性，越来越突出。因此，区委决心采取集中人力物力，用于大堤、劳力领导都摆上大堤，按人分段包干轮班防守，并提出“人不离堤，堤不离人，人在堤在，与堤共存亡”的口号。在物资上一切服从统一调度：粮食部门的麻袋，供销社的麻袋草袋、铁丝、子蔑、晒垫、木材公司经营的竹木，一切可用于防汛的物资都由修防会出具借用，防汛后结账，在群众中也是如此，如晒垫、船只，抢险时，拆屋后取屋场台的土，砍树挡浪，一律不得阻挡，都是用后再算账。

当时的情况，确实紧急，洪水涨高后，有的堤段快要漫水了，就采取加修“子堤”与水抢速度，水涨堤涨，堤涨水又涨，3 米宽的堤面加到一人多高的子堤。外坡成陡峭，内坡也看不出坡比，老堤面连走人都难下脚，两人对面相会都难错过，甚至要相互打抱，才能过去。有时起风，摆放在外河挡浪滚龙如果人未招护好，就被风浪吹进内坡来，这种情况在五福垸的丁家洲、黑山咀一带，由于白芷湖、文殊湖、牛屎湖的水大，湖面宽，一吹北风最容易出现，还有胡家洲、月亮洲一带的堤身，一吹东南风也是如此，还有的在夜间巡逻时，堤外水面一望无边，在马灯、灯笼、油筒火把照亮时，堤垸就好像在大水里漂浮的水盆、水缸一样，令人恐惧哟!有些堤身浸水严重，开挖的导浸沟里，流水的响声，夜深时到处可以听见，生怕穿孔，走近看，是流出来的清水，才放心一点。有的堤段，被超负荷洪水挤得开裂，当内坡下陷滑坡，由抢险队搞的内坡打桩开杠打撑，从堤腰撑到堤脚堤身全靠木料支撑顶起的。18#、20#、25# 围径的杉木都顶弯，好悬哟!有时子堤发生漏水，很难抢救，一般是发动群众摆成长龙，在沿堤的稻田里用脚拱稻草，用手传递到堤上，用手糊到漏水处，将漏眼堵住，多么难搞哟!

参加防守的干群确实艰苦，吃睡无定处，换班时碰到哪里，就在哪里就地休息，一般都在停靠待命的木排上，3个随身麻袋（垫一个、盖一个、头上顶一个），脚上经常穿的套有铁码子的草鞋，整个脚和下截腿都被污水泡溃烂了，就用县医疗队发的红汞碘酒抹一抹了事。县里组织下来的医疗队，也是全力以赴的沿堤搞医护，当时县卫生科的科长赵树立也带队参加沿堤巡逻医疗。当时的区委、区政府的全体干部都和群众一道共同战斗，和洪水搏斗，在大堤上参加防守和抢险。县委派来指导防汛的魏呈贵一直坚持守在最当风险的堤段——五福汞垸的丁家洲、黑山嘴、胡家洲一带。我是守的下水月亮洲、皮家河黄珠洲堤段。县委书记张立木，在堤垸最紧张时，亲临现场，检查指导过数次。

当时的通信联络工具电话很少，全区只有一个5门手摇总机，全垸只有二部手摇单机，水路靠人工划桨的木划子和木帆船，陆路靠写信派通信员日夜送，高洪水位时，交通很困难，风不顺，只能靠人工划桨。

上述紧张状况，持续到7月下旬。一天晚上，突起大风，首先传来不好消息的是和我们相邻并建立有联防关系的汉寿县安康垸北堤石灰港砂堤穿孔溃口了，已经明火开锣。我们正准备前去守间堤，搞缓兵之计时，接到我们本垸的丁家洲堤段，因风浪太大，一港子和四港子的子堤被浪打垮的噩耗。来人说，那里因面临白芷湖、文殊湖、牛屎湖，水面太宽，水头难以降低，入垸水头很高，我们所处位置是下水，水势来得很凶猛。只见一片片白浪，树林房屋尽被推走，要赶快烧火堆发信号，通知群众转移逃生。当时我和共同负责这段的区委委员夏平生同志商量并安排身边的防汛人员，火速通知群众，凡住靠堤边的群众迅速搬上大堤，家里有船(木划子)的，将人和当时需要的生活物资搬上船，无船户可往有屋场台子的人家搬，临时救急。我们自己由于电话线被水冲断和区里失去联系，只好往防汛木排上转移，和守排的排筏工人一起生活。第二天天刚亮，我们就组织群众在堤身较高、转宽处搭棚安家，同时驾船到中间接人上堤，由于垸大、面积宽，垸内水涨势较慢，当时未见伤亡。但是，从溃口边冲来的物资如房屋、家具、衣柜、衣箱、床帐、被子、牲口（牛、猪）大都被夹杂在一起，有的已死，有的未死也挣扎不出来。有的老人蹲在漂浮的房顶上也无法上岸，有的人狗、人猪相处，有的人蛇相处在一个漂浮物上，一时抢救不过来，就被冲到下水缓流的回弯，非常凄惨。现在回想，仍觉惨不忍睹。到第二天第三天，这里组织的救援队伍相继展开，逐步将垸中间的人转移到堤上，并用船只把一部分送到周家店、石门桥的丘陵区安置，有的就近安排到邻垸和本垸上游堤身较高的地方，搭棚安身。我们和区里也取得了联系，他们找到了我们，把我们接到区委和区政府新转移的本区成城垸修防会，临时办公的地点，算是参加统一办公了。

这段时间的救灾工作，幸好的是，渍垸后，雨住天晴，行动方便了些。遇到新的问题是：气温升高，人畜高度密集在一条堤上，生活条件差，吃睡拉屎拉尿都在一起，几天之后，就臭不可闻了。有的老人小孩身体条件差的就开始发病，原来就病了的，个别的就加病死亡了。到处是水，满堤人、畜，死亡的牲畜无处安葬就用芦席打包，用船送往下游河水中推下去流走了。但未发生大的疫情，这样生活一段后，洪水下退，政府的救济工作相继展开。从外地运来大米，如云、贵、川的大米、蒙古包、菜陆续供应，群众随着退水，陆续搬回原地。政府的生产自救措施精神下达，号召群众开展自种、自养、自捞(鱼)、自救，情况逐渐好转。这里也组织大规模的在上下游溃口处开展扎联捞鱼，在丁家洲的一港子、四港子，黄珠洲的邓家窖等地用竹木编排绑扎拦起来，安上回笼捕鱼。在黄珠洲、皮家河、月亮洲三处排水闸后"踩扭"开展捕捞，在修防会搞鲜鱼加工，也算是灾年自救。

9 月份，省里的治湖精神下达，西洞庭湖的治理是全省动员、全国支援的大工程，开始行动了。由省里统一部署，我们县里组建三个总队，其中我们区有 4 个大队，8000 个劳力参加第一总队，工地是小港堵口，我担任第四大队的大队长。

我县水患经过 1954 年西洞庭的治理，在县境内淤回的沅、澧两水彻底分流到目平湖会合，得到大大地改善，防汛堤线大大缩短，生产面积大大增加。增设西洞庭、西湖、贺家山三个农场，发展了生产，使这里农民告别因水造成的多灾多难的历史，从此得以安居乐业。

（作者曾任常德县十美堂区区长）

心的合龙

——1988年八官垸郑家湾抗洪堵口纪实

■ 皇甫泽华

一九八八年初秋，百年不遇的秋汛。

被连日暴雨淋透了的时针，吃力的运转着。当运转到9月4日上午10时，终于支持不住了，10点35分，常德市鼎城区防汛指挥部突然响起了紧急的电话铃声：八官崇孝垸郑家湾大堤决口了！

顿时，这铃声迅速响遍鼎城区每一个角落，顿时，全区88万干部群众及驻地军人的心，象通了电一样，在沅江两岸，迅速紧缩成了新的序列，向着郑家湾聚拢、聚拢……

一

从丹洲垸沅水防汛大堤飞出一辆吉普车，直指郑家湾。车上端坐着区委书记。他一脸严肃，一声不吭，任四轮溅起道道水帘。此时，他的语言中枢一片空白，脑子里塞满了八官崇孝垸的四个乡镇，三万农户，十万乡亲，二十万亩粮田，一亿多斤晚稻。车还未停稳，区委书记一个箭步奔到溃口边，只见郑家湾大堤正被凶猛的洪魔成十方成百方地撕裂着，不一会就撕开了一条百米多宽的口子，冲柳高水以六七米高的落差，凶残地扑向八官崇孝垸，几米高的水头，肆虐地吞食着一幢幢民房，一片片稻田，一垅垅棉地，同时也撕咬着他的心。他喉头一硬，和在场的常委、区长们同时迸出一个声音："堵住它！"那声音盖过了咆哮的洪魔。

离溃口不远的防汛工棚里，一张《八官崇孝垸防汛作战图》平摊在门板上。区委、区政府十几位决策人的心在图纸上跳来跳去，紧张地编织着堵口方案。根据地情水情、财力物力，确定了"先筑围堰，后堵决口，围堰止流水，平水堵决口"的最佳方案。

工棚外，茫茫烟雨里，不时响起喘息的汽笛声，急促的脚步声。

市委书记陈彰嘉，市长程林义，副省长卓康林，中央防汛指挥部领导，搏雨穿浪，纷纷赶来了。

已经接到调令，正准备走马上任的区委副书记熊绍斌、郑景阳，把调令塞进抽屉，调转车头赶来了。区委常委胡友成、陈正思，副区长孔繁松、孙子平、刘岳汉、杨光宏，区人大主任张丕望，区政协主席张传德等从各自的防汛岗位赶来了。

一批年过半百的区直机关老党员、老干部一路泥水，也来了。

9月4日深夜，远离溃口40多公里的区委、区政府大院，仍然灯火通明、脚步声声。继三百多名年轻力壮的区直机关党员、干部赴堵口工地以后，一百多名年老体弱者，穿着雨衣，拿着手电，拄着棍子，团团围住区防汛指挥部办公室，请缨去堵口。区委党校59岁的老党员、后勤科长徐永寿，找到组织部负责人，急切地说："你们是了解我的，我多次参加防汛抢险，有经验，就让我去吧，呆在家里心不安。"是啊，大敌当前，谁还拴得住老战士的心？

围堰开始了，区政府办主任彭子荣和农委副主任罗丕显等一批有经验的老同志，率先跳进齐腰深的凉水里筑起人墙，指挥民工们下桩垒坝。

9月9日，围堰一号口刚刚合拢，暴虐的洪水疯狂地奔突着，撞击着，眼看就要出现崩塌的危险，在这关键时刻，牛鼻滩办事处主任史本迪，水电局工程技术员邬吉湘等一批党员、干部毫不犹豫，冒死扎入水中，任浑泥浊水往头顶上压、往鼻孔里灌、往眼睛里打，一个个咬紧牙关，用身体顶住塌方，与民工们一道力排险情。史本迪的脚被马钉扎破了也不吭一声，直到浓浓的血水窜了上来，才被民工们扯上围堤，可他仍然一跛一跛坚持搬石头，运麻袋，任那围堤上留下串串血印。

那些日子里，在长达1200多米的围堰大坝上，在整个水与泥，砂与石，汗与血的堵口工地上，不知留下了我们的党员、干部、群众多少串这样的脚印！

二

"灾情就是敌情，灾区就是战场，受灾群众需要我们的时候到了！"郑家湾决口的消息传到军营，从地方武装部到上级军区指战员，都发出了一个共同的心声。

区人民武装部的全体干部战士，听到决口的消息后，在政委和部长的带领下，飞奔八官崇孝垸，紧咬着洪峰救援群众，哪里有洪水，哪里就出现他们的身影，哪里有呼救声，哪里就闪现出希望的红五星。第二天，他们又转战到郑家湾堵口工地，帮助挑起了“抢运块石突击队”和“堵口抢险突击队”两副重担。

政委姚运来患有颈椎裂和脊椎裂，在前段防汛中劳累过度，病已趋重，这几天救灾抢险，风湿加身，更是疼痛难忍，头也难抬。同志们都劝他上医院，但怎么也劝不动那颗坚定的心，他仍然以极大的毅力指挥战士和民兵日夜抢抬块石，直到决口合拢为止。

9 月 7 日深夜，广州军区驻省某舟桥二营的 170 名官兵，带着抢险、架桥设备，风尘仆仆也赶来了！汽车一停，战士们来不及抹一把脸，喝一口水，立即拉开快艇巡视灾情，救援灾民，直到确信所有灾民脱离生命危险以后，又配合堵口指挥部，在决口处冒雨顶浪投入紧张的架桥战斗，为堵口大军铺设用武之地，以便民工们往决口两边投石垒基，然后在中间填土合拢。

洪水依然汹涌的决口，架桥的汽艇和门桥一靠近它，旋即便冲出老远，加之现有的架桥器材，仅够架 70 米长的浮桥。而决口宽达 130 多米，怎么办？这桥迟架一天，水势是可平缓一分，可垸子就要多淹一片，灾情就要加深一尺。时间就是生命，就是财产，就是战士的使命！这桥，只能提前，不能后延。勇士们急中生智，器材不够，就地采用槽钢当衔接支架，用竹夹板代替制式门桥。水流太急，就把军车列成队排成行，稳稳地停在决口两岸。170 颗心拧成一股绳，把一艘艘汽艇，一块块门桥硬拉入决口，牢牢地拴在汽车上。激流中，汽艇、门桥左右摇摆，前后冲击，上下跳跃，粗暴地撞击着，痛苦地撕咬着，怎么也不服钢梁和螺栓的制服。“下！”营长肖俊华大喊一声，带着二十多名技术骨干，腰拴绳子，冒着生命危险跳入激流，用身躯挟制着舟桥的暴动。

经过 11 个小时的顽强奋战，两座土洋结合，总长达 270 米的浮桥，紧紧地锁在了浊浪翻滚、白沫横飞的决口上！勇士们，不愧为时代最可爱的人！

三

“八官垸的灾就是我们的灾，郑家湾的口我们有责任去堵。”

“要钱出钱，要物出物，要人出人，只等区委、区政府一声令下。”

这是9月5日上午，区委、区政府召开的堵口动员大会上，全区各部门、各办事处和各乡镇代表的共同表态。

经周密测算，要在水深流急中堵住这百余米长、数丈深的大口。连同筑起一千多米长的围堰大坝，需要大批块石、竹木、钢材、麻袋等器材，而地处洞庭湖滨的八官崇孝垸刚好缺乏这些东西！

一场群众性的找材备料，输送器材的战斗开始了。

全区9个办事处的上千岩工立即上山采石，七百多辆大小汽车、拖拉机在泥泞中吼叫着，一百多条机动船在水满为患的河湖里突奔着，经过水陆三级运转，一个星期之内将六千多方块石如期送到了工地。

计划、财贸、物资等部门全员动手清仓查库，组织抢险器材，三天之内将十二万条麻袋，三万条草袋，四百立方米木材，一百多吨钢材，十五吨铁丝，十吨马钉齐刷刷送到了工地上。

沧山、逆江坪、钱家坪等山乡的几百家竹农得知堵口急需3万根楠竹，3万块竹踩板的消息后，连夜上山，挑平时舍不得采的大竹、好竹砍伐下山，一批原竹及时装车发运，一批赶制踩板。蔑工们选料格外挑剔，制作格外结实，按期向工地送来了一批最放得心的竹踩板。

这一砂一石，一铁一钉，一竹一木，凝聚着多少人的心，饱含着多少人的情！

经过十天的围堰战斗和堵口器材的充分准备，9月14日，堵口指挥部向全区发出了集中力量堵决口的动员令。第二天清晨，郑家湾热闹非凡，汽笛喧天，人声鼎沸，来自全区各地的一万四千多名精壮劳力，自带伙食、衣被、堵口工具，连成串排成行结成队，直奔决口而来。他们中有的是父子同行，有的是兄弟并肩，有的是夫妻偕同。沧山乡霞峰村老农高望保则是父子三人上阵。丁家港乡五里冲村农民陈国安家里正在建新房，听到堵口号召后，丢下半拉子新房也来了。他们在大堤上安营，在溃口边扎寨，在工地上餐宿。在当地办事处、乡镇负责人的带领下，按照指挥部划定的地点，他们迅速拉开了会战序幕。围堰收口处，几百壮士排成人墙，几千劳力麻袋飞传，十万个二百多斤重的土麻袋一个上午全塞进了围堰瓶口，一下子勒住了汹涌的水头，为堵决口造成了有利的平水之势。决口处，成橇工穿梭在浮桥上填块石、护基，上万大军担土合拢，一时气势恢宏，场面壮观。一架直升飞机掠过上空，又绕了一道圈子，稳稳地停在堵口上空，片刻不肯离去。大概是被这壮观的场面吸引了，被这万千火热的心感化了吧？

为了确保合拢质量，民工们怕郑家湾的沙质土不硬朗，开动二十多辆翻斗车，从十几里远的地方运来粘性土压底，陈德贵、高海清等数十位老农怕底层不实密，跳下水去“捡踩”，用双脚踏实那一个个缝隙。

经过十八个小时的强攻，16 日下午 2 点，决口终于断流了。正当大家准备稍事休息一下时，烟雨蒙蒙的大堤上突然涌来了一群民工，一到工地，扯开粗嗓高喊：“伙计们，累了的歇一歇，俺替你们的来啦。”原来，他们是港二口、斗姆湖等边远山区赶来接场的农民。经他们一喊，但见那工地上心灵的火花纷纷撞击，情绪愈益沸腾起来，本来吃不住了的也来了精神，没有一个下场的，一万多双手合成一股力，一股作气又连续奋战了三天三夜。19 日下午 6 时，决口终于圆满复堤合拢。

整个堵口，在天气恶劣，地质条件差，交通不便，取石运土距离远的情况下，比原计划提前 2 小时合拢复堤。至此，八官崇孝垸内尚未进水的 12 万亩农田，几万农户得以免遭洪水袭击；至此，三万多灾民得以早日脱离苦海，重建家园！

啊，党心、军心、民心，在这里合拢、合龙……熔铸成了一座崭新的堤坝，一座神圣的、不可摧毁的心的大坝！

从此，洞庭湖畔鱼米之乡的八官崇孝垸，矗起了一座时代的丰碑。

（作者曾任区人大常委会副主任、时任鼎城区委宣传部秘书）

忆1991年冲柳堤垸的防汛

■ 甘翊初

这是时任常德市委书记、市防汛抗旱指挥部政委庞道沐在四更亲自起草下达的调度令。1991年沅水流域不是大水年，只是一般的中水年，但对冲柳地域的防汛是非常严峻的。尤其是7月9日至18日苏家吉闸内水位在35.00米以上，闸外水位高于闸内水位（最高达38.05米），冲柳高水河的水不能自流入沅水。尽管采取了垸内机埠停排水不入冲柳高水河和行洪内蓄等措施，13日冲柳闸外（冲柳高水河）水位还是超过了危险水位，达到了36.06米。市区两级防汛抗旱指挥部尽全力领导战高洪，主要领导几夜未眠。

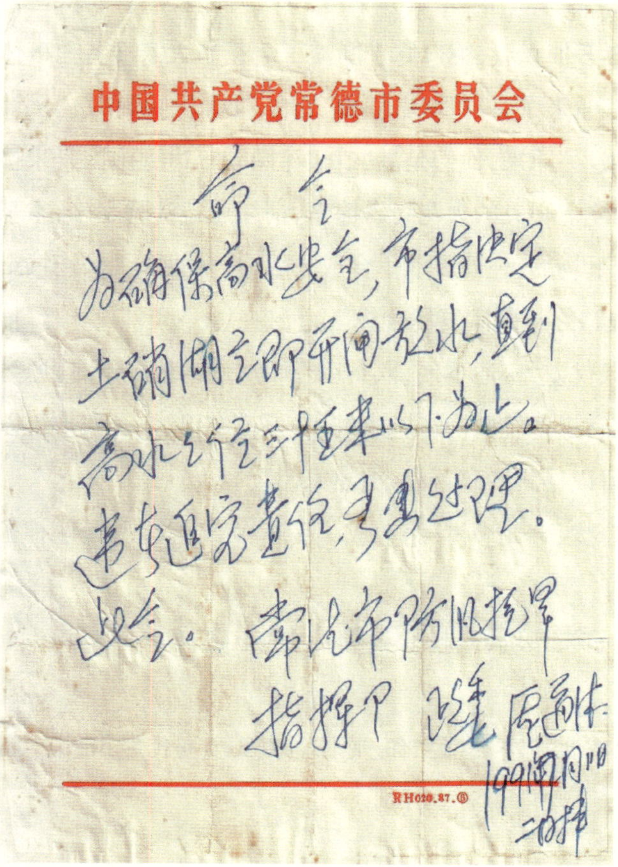
中国共产党常德市委员会

命令

为确保高水安全，市指决定土硚湖立即开闸放水，直到高水位降至三十五米以下为止。违者追究责任，严肃处理。此令。

常德市防汛抗旱指挥部 政委 庞道沐

1991年7月11日 二时半

RH020.87.®

冲柳地域的水患一直是市、区两级领导的心病，每年一到汛期就危机四伏，险象环生。特别是1980年和1988年，冲柳高水河堤两次溃决，淹没耕地21.83万亩，冲毁和倒塌房屋3792栋，造成直接经济损失3亿多元，给人们留下了深刻印象，从冲柳地域的老百姓到市级领导说起冲柳地域的防汛有谈虎变色的感觉。

冲柳地域垸内的排涝标准也极低，年年涝灾频频发生。1980 年至 1998 年的 19 年中，涝灾损失折款 1.8 亿元，平均每年涝灾损失 950 万元。19 年中有 6 次大水，共有防汛日 262 个，年平均 33 天，年投入防汛劳力 18353 个，折款 1070 万元。一遇雨水集中年份，还要采取破垸分洪。1998 年，防汛达 83 天，投入劳动日 130 万个，加之破垸分洪，电排削峰等直接损失和消耗达 3860 万元，水患严重影响着垸内老百姓的生产和生活。

冲柳水系属沅水一级支流。冲柳撇洪工程主要是将太阳山、白云山一带山水及垸内渍水按高水高排、低水低排、高低分家、先自排、再蓄洪、后电排的原则，工程分为高水和低水两个区域。高水从苏家吉排入沅水，低水从南碚、马家吉和牛鼻滩电排入沅水，高水与低水通过冲柳闸联通。共保护鼎城、武陵、津市、西洞庭、贺家山、万金障 6 个区、市、农场的 67.3 万亩耕地，50 万人受益。

冲柳高水河的水来自 258 平方公里集雨面积的山水和 283 平方公里集雨面积的堤垸内电排排水。普降大暴雨时每秒钟高达 150 立方米的山水流入河中，同时沿岸 27 处电排站每秒钟有 135 立方米水挤入河里。汛期一旦冲柳高水河的出口苏家吉闸受沅水顶托长时间关闸，威胁着 142 公里长的冲柳高水河堤。

高水河主河槽长 55.4 公里，堤长 142 公里，1974 年规划设计水位 36.70 米，相应堤顶高程 38.00 米，校核水位 37.50 米，相应堤顶高程 39.00 至 40.00 米。由于工程量大，受财力、物力的影响，特别是受土质和取土限制，所有河堤堤身单薄，堤高、顶宽和坡比均未达标，堤的横断面不够，堤顶高程尚有 4.8 公里未达 38.00 米，54.3 公里未达 39.00 米高程，44.6 公里河堤欠内平台，共欠土方 523 万立方米，且有砂基堤 18.0 公里，处理困难，无法诊治，还有 149 处穿堤涵闸，大部分为病险建筑物。1980 年和 1988 年高水河堤两次溃口均由砂基砂堤发生管涌造成。

由于河湖淤积，水位抬高，沅水出现了“中小流量高洪水位”的现象。据统计，1925 年至 1949 年间，沅水常德站出现超危险水位 39.50 米，仅一次，约 25 年一次。1949 年至 1999 年 50 年之中出现 10 次，为 5 年一次。而且 1990 年以后的 10 年之中出现了 5 次。在流量相同的条件下，沅水常德站水位 1980 年比 1969 年约高 0.56 米，1991 年比

1980年约高1.06米。

五强溪水库的建成投入运行，虽然对沅水的高洪水位削峰起到了很大作用，但沅水河床的中高水位时间拉长了，迫使苏家吉水闸长时间关闸，闸抢排功能越来越小。1980年至1989年10年间，苏家吉闸外水位(沅水)高于37.00米仅3次4天，而1990年至1999年出现了6次41天。苏家吉闸内水位超过35.50米。被迫关闸的情况是：1980年至1989年仅4次11天，1990年至1998年有5次62天，仅1998年被迫关闸29天之久。苏家吉水闸在主汛期直排功能难以发挥。

以上两大原因使得冲柳受沅水高洪的顶托，自排的机会减少，洪水没有出路必成灾。

为了度汛冲柳高水河的水挤不出就蓄，一是水排入冲柳高水河的机埠停止排水，垸内蓄水，二是低水马家吉河和土硝湖分洪，再是破小垸分洪。

1999年6月22日至7月5日，冲柳地域平均降雨量只有278毫米，远低于10年一遇15日降雨351.9毫米的标准。冲柳高水河产水12017万立米，冲柳低水河产水8556万立方米，合计产水20573万立米，冲柳高水河、低水河、土硝湖滞蓄洪水同时到达极限水位，已蓄10198万立米，冲柳高水水位最高达36.82米，超危险水位1.32米。冲柳低水水位达35.10米，超危险水位0.1米，部分堤段是靠子堤挡水，但水位还在上涨，万不得以常德市防汛指挥部只好命令冲柳高低水河两岸机埠一律停排，把水强行蓄在垸内，导致内垸滞蓄水量多达10375万 立方米，机埠停排，给本身外排装机容量不够的内垸雪上加霜，渍水一片汪洋，渔池通埂，农户进水，38.5万亩农田受灾，23万亩成灾，其中绝收面积达8万亩，有23个村庄上水被淹，近8000人的生活被水所困，惨不忍睹，出现了是不溃垸的“溃垸性”涝灾损失。采取这种“不得以而为之”的停排措施。1980年至1998年共8次造成垸内涝灾损失1.5亿元，年均损失789万元，损失最大的是1998年，直接经济1630万元。

度汛方案中洪水最后一条出路就是靠电排排挤入沅水。1993年至2002年间，主要是靠牛鼻滩电排排洪，排洪时将冲柳高水河36.00米以上的水经伍甲拐闸放入冲柳低水河(35.00米左右)，低水河的水经拦马口闸放入水位高程30.30米的牛鼻滩电排主排渠，电排再将30.30高程的洪水抽入沅水，人为抬高扬程6米左右，运行成本很高，一度电只能排25立方米水。1998年，牛鼻滩电排排洪削峰成本达220万元，仅排洪水9292万立方米。牛鼻滩电排排洪的能力不强，一是排水流量太小，只有35立方米/秒左右，只相当于冲柳高水河入库流量的12%，关键时候解决 不了高水多大问题；二是设计工况的原因不适宜排洪，它的设计外河最高水位为38.35米，1995年以来高洪期间外河水位洪峰值高达40.57米。1996年、1998年、1999年3年外河超38.35米水位的时间分别长达168、76、104小时，不得不因严重超设计扬程而被迫停机，无法排冲柳高水的洪水。它承担八官垸的排渍和冲柳低水排洪的任务 就相当艰巨了，1995年、1996年、1998年、1999年4年为保高低水大堤安全，泵站强行实施排洪削峰，却给八官垸造成了惨重的经济损失，受渍面积38万亩。用牛鼻滩电排排冲柳高水河的洪水的方案可以说是"戏水玩钱"，也是极危险的。

2003年，苏家吉排洪泵站建成投入运行，发挥了巨大的作用。2003年7月11至13日，苏家吉泵站运行163台小时，排洪水1750万立方米，相当于静态降低冲柳高水河水位1.41米，据测算减少防汛用工87580个，折合当时人民币210万元。2004年7月17日至21日冲柳地域6个雨量观测站平均降雨154毫米，最大降雨量站苏家吉232毫米。受沅水高洪顶托苏家吉水闸不能自排，启用苏家吉泵站排洪，四台机组共运行294小时，排水3755万立方米，只耗电47.5万千瓦时（每千瓦时电排79立方米水），相当于静态情况下降低冲柳高水河水位3米，减少防汛用工13790个，折合当时人民币412万元。

实践证明，苏家吉排洪泵站是一个排洪威力大、节能的好工程。当初，鼎城区委、区人民政府下决心兴建苏家吉排洪泵站的选择是非常正确的，规划设计也是非常合理的。它的建成投运不仅大幅度降低了排洪成本，减轻了冲柳地域的防汛和水利冬修负担，极大程度的改善了当地垸民的生产和生活条件，冲柳地域堤垸之前的度汛方案、防汛模式已成为历史。

（作者曾任鼎城区水利局副局长）

忆'96 防汛抢险战斗在鼎城

■ 韩林安

1996 年 7 月 2 日 10 时，曾在常德工作多年的省政府副省长庞道沐率领工作人员深入鼎城指导抗洪救灾，在河洑大闸上与正在指挥处理险情的我不期而遇，他握着我的手说："有你老书记在鼎城，我就放心了。鼎城保住了，常德就不会有什么大问题！"

人民的安全，是头等大事，防汛抗灾责无旁贷

鼎城区是原来的常德县，我曾在这里任过县委书记。那些年，年年也有洪水，如同猛兽频频扑来，但都被鼎城人民降伏了。但今年与往年不同，据我了解的可靠水情资料，沅水将要超过历史最高水位。7 月 1 日下午，市防汛指挥部召开市级干部防汛紧急动员会。会上，市委书记吴定宪点名要我出征鼎城。我欣然领命，接受了任务。会后我立即驱车抵达鼎城，并迅速同区指挥部的正副指挥长把听取汛情、传达精神和研究对策三者同步进行，果断确定了改原来的防汛重点"战高水保水库"为"稳定高水、保住水库、集中人力物力奋战沅水，确保临洪大堤万无一失"的迎战方案。

抗洪抢险，成败与否，决策第一。各路指挥长根据调整后的新迎战方案，立即部署分头实施，召开大小会议，贯彻落实，并增派巡回宣传防汛专用车，一时间"以超常的措施迎战洪魔"的号令一阵紧接一阵，响彻在鼎城上空，回荡在每个人的心间。时针已指向凌晨 1 点，我与指挥部的同志最放心不下的还是善卷垸。于是，我立即提出对善卷垸的防汛要开"另餐"，要追加措施，决定增派 200 名民兵驻扎在该垸区党校院内随时待令。同时又调来了 30 辆大卡车，车车装满块石、卵石、河沙、竹夹板、麻袋等防汛物资，全部停靠在指挥部的附近，司机坚守车旁，随时听从调度。在短短的几个小时里，一支应急战斗队全部集结在防汛大堤附近，以应付万一。

决策方案确定之后，干部深入一线现场督导指挥

7 月 2 日，沅水洪峰拍岸，南硚水位高达 41.57 米，高出危险水位 2.2 米，比历史最

高水位高 0.84 米。特大高洪带来险情频出。区防汛指挥部报告:河洑镇地段沅水即将漫堤。险情就是命令,我与督查组的同志火速赶到河洑现场,眼看守护大堤的人员大都是居民和办事处的干部,当即命令驻河洑镇的区直机关、各厂矿、企事业单位倾城出动投入抢险,分段包干,用麻袋就近装卵石,在该镇大堤上迅速建筑起一米高、一米宽的防洪子堤,1000 多名干部、工人奉命迅速奔向大堤,1600 米防洪子堤按要求分段构筑,顺利度过了下午来势凶猛的沅水超历史最高水位。

此时,我又想到善卷垸可能出现的险情,于是立即驱车赶到前河与区委书记曹儒国同志商定,要求善卷垸将大堤的低段处普遍筑起一米高的子堤,下午 6 点前完成。区指挥部马上部署集中 2000 多民工,就地取土,冒风顶雨,争分抢秒,按时按质提前完成任务,这一加子堤的决策为战胜高洪发挥了关键作用,避免了一场灭顶之灾。

拉网式巡逻,"B 超式"查险,灭火式抢堵,确保大堤万无一失

在这次抗洪抢险战斗中,鼎城区先后有 8 处危及沅江大堤、可造成灭顶之灾的重大险情。但都被鼎城人民一个个及时排除,防洪大堤安然无恙,人民免遭横祸!得到了省防汛督导组组长谭载阳同志的充分肯定和高度赞扬!这次防汛战斗打得如此主动成功决窍在哪里?干部群众都说:领导指挥有力,办法措施得力。尤其是开展拉网式巡逻,"B 超式"查险,灭火式抢堵,确保了大堤万无一失。这话一点也不假,后来在区指挥部总结防汛工作时,共同认识到:"没有排除不了的险情,关键是要对险情,发现得早,处理得及时"。

事后大家进一步总结到:抢险要有严格的责任制,坚持执行督导四要素,即:一严(纪律要严);二快(行动要快);三准(抢险方案要准);四实(作风扎实)。一旦发现险情,要用灭火的速度进行抢堵。调派抢险干部、民工,行动要分秒计算,不可时与刻。谁无故拖延应急战斗的时间,必须严加惩处,决策者对险情的处理方案,要求从实际出发,准确无误,对不负责任造成损失者,当场曝光,一抓到底。由于有铁一般纪律作规范,战斗在鼎城的全体指战员,心中只有一个信念,水涨堤涨,人在堤在,用鲜血与生命,换取鼎城百万人民的幸福与安全。

(作者曾任中共常德县委书记、常德市政协主席)

那年七月好大水

■ 徐政国

引子：他们曾经在暴风骤雨中，在滔天洪水里，用无比的赤诚、忘我的精神、超人的胆识降服洪魔，扛起了确保鼎城经济持续繁荣发展、社会稳定、人民安居乐业的重要使命！

谨以此文献给那群无限忠诚于党和人民的事业的共产党人。

天，就像是被挤爆了口子，怎么也缝不上的一个大水囊，老是瓢泼不止；河，就像是煮沸了的一锅面汤，把大堤漫了一回又一回。

面对那齐天大水，人们咒诅："该死的老天爷，您就怎么没个商量，没个怜悯，没个节制，就总是要这么没完没了地下呢？难道你真的要灭人、收人了么？"

1996年7月的沅江，它野了、它疯了、它狂了！它一改昔日的温顺、妩媚，就象一群脱缰的野马，咆哮而下，肆虐着两岸的生灵。

沅水沿线全面告急

14日至15日，沅水上游的湘西州、怀化地区又普降大暴雨，最大降雨量超过210毫米。洪水裹挟着泥沙咆哮着急速下泻，常德水文站洪峰水位将超过百年纪录！

疯狂的雨情和无情的水情震惊了省委、省政府，也惊动了党中央、国务院。

肩负着八官崇孝垸、三合垸和善卷垸近百公里的沅水一线大堤守护任务的鼎城干群，未雨绸缪，迎接着这历史性的挑战。

16日的夜，已经很深了，居住在善卷垸里的桥南人，大多都进入了甜美的梦乡，鼎城区防汛抗旱指挥部里却是灯火辉煌。区委书记曹儒国、区长文承保等领导，人人都挂着一副严肃得可怕的脸。

曹儒国正在作战前动员：

“再过几个小时,第四次洪峰就要到了。前面三次洪峰大家也都见识到了,今年的洪水不同凡响啊!据水文预报,第四次洪峰将比前三次都要厉害,要超百年啊!鼎城的四大垸子怎么办?特别是善卷垸怎么办?我不想跟着别人喊什么‘人在堤在、堤在人在’,因为堤是为人服务的嘛,人都死了,还要大堤干什么?”接着,他把嗓门提高到几乎是声嘶力竭的程度说道:“但是,我要提醒大家的就是:堤毁就会人亡,堤毁还会家亡啊!”他两眼通红,把“堤毁人亡、堤毁家亡”几个字大声重复着。

他继续吼道,“我知道,善卷垸的堤防、设施比哪个堤垸都要差,防守的任务更为艰巨。但是,如果善卷垸大堤垮了,鼎城的经济也将从此倒退十年,起码十年!因此,我要特别提出:水涨堤高!水涨堤高!!魔高一尺、道高一丈嘛。我们的责任是要千方百计、群策群力、全力以赴,保住善卷垸!”话虽不多,却掷地有声。

只见他一口气灌了半瓶矿泉水,想了想又接着说:“是的,我知道善卷垸它还不是确保垸。由于历史的原因,它眼前还不是省、市的确保垸。但是,它是桥南市场的所在地、是八十万鼎城人民的首善之区,有国道207、319穿境而过,还有飞机场……仅就这些,它就铁板一块,它就应该是鼎城区不是确保垸的确保垸!”

文成保接过话头说:“谁也没有说非确保垸的善卷垸就可以放任自流,任其决口,谁也不能说非确保垸就不必保、不需保、也不能保,非确保垸里同样是人民的生命财产,同样要保住!”

区委副书记王启林插话了:“这就要看我们这些鼎城人有没有这个决心、有没有这个本事、有没有这个气魄了。”

他还说道:“保住了,我们就是鼎城的英雄、功臣,保不住,我们就不仅仅是狗熊的问题,就是历史的罪人!”

与会人员摩拳擦掌,人人铿锵承诺:“严阵以待,严防死守”!

会议开得简短集中,大家群情激昂、信心百倍。

鲜为人知的是,区长、指挥长文承保还是抓住空隙,偷偷地逐字逐句地审查了那分善卷垸《撤退动员令》,又还特意招来区广电局局长,“如此这般”了一番。

指挥部里气氛紧张得就像打仗

大小车辆鱼贯穿梭的轰鸣声，此起彼伏的电话铃声，耐心沟通的对话声、严厉批评的训斥声，骂骂咧咧和拍桌打椅时常混杂在一起……文明程度明显降低了！

雨，还在泼，泼得睁不开眼睛、泼得没心没肝、泼得几乎要鬼哭狼嚎；

水，还在涨，涨得肆无忌惮、涨得不负责任、涨得人心惊肉跳；

下面频频来电，频频报险；

上面频频来电，频频指示。

善卷垸！善卷垸！善卷垸的防汛形势岌岌可危！

曹儒国的手机响了，那电话里传来的是普通话："赶快组织好撤退，首先是要确保人民群众的生命安全！文件已经签发，随后就到。先执行！"

曹儒国掐了手机，"啪"地一拳重重地击在桌面上，他对区长文承保、区委副书记王启林等几个说："我就偏不信这个邪！豁出命来也要拼它一回！"

"对，我就不信防不住。光知道撤、撤、撤…… 撤就会撤散人心、撤垮斗志。人心散了、斗志垮了，垸子还怎么保得住？垸子垮了，就一切都完了，将来怎么收场？谁来收场？什么叫对人民负责嘛……"

"嗤……"，记不清当时是王启林还是谁打了一个暂停手式。让曹儒国和文承保意识到了各自的话都说得有些犯忌了。

话，没有再往下说了……

21 时 50 分，文承保的手机也响了。

一向文雅稳重的文承保还没有等对方把话说完，他就来火了："你把话说精准一点行不行？究竟是决堤？还是漫堤？"

"你慌什么嘛？什么？是基本漫溃？乱弹琴！"文承保哪里是在批评，他几乎是在咆哮。"快、快给我组织抢第二道、第三道防线啊！"

他"啪"的一声盖上手机，向曹儒国报告说："曹书记，'猪尾巴堤'段出了问题，我得先去看看。"他转身就要走。

"回来！你是指挥长、随时要准备发布命令的。"区委书记曹儒国的话里有话，"还是我先去看看。把待命的党员突击队员给我调一百名冲上去。"说着，他破门而出，键步登上那辆24小时待命的越野车，冒着瓢泼大雨，消失在茫茫的黑夜里……

“打头阵的应该是我！”王启林也紧紧地追了上去……

外面，大雨倾盆，雨声哗哗。

屋内，时钟哒哒……

指挥部里的空气都紧张得好像随时都有点燃、爆炸的危险。

“现在应该开始广播了吧？指挥长。”有人战战兢兢地向文承保汇报。

“广播什么？”此时此刻的文承保应该是明明知道对方请示的是什么，可他偏偏明知故问。他那熬得通红的双眼瞟了那人一眼，表情很不满意。

“《撤退动员令》呀，刚才上面又催了，还不广播就迟了呀。”那人有些不识时务。

“谁说的撤？谁说的退？谁说的迟？”文承保一连三个“谁说的”问得那人不知所措。“你、你、你就知道撤，要是打仗，你准是个逃兵！”他甚至有些气急败坏。

“指挥长，上面已经是一而再、再而三地明确要求我们组织好撤退啊，电话的、文字的、当面的通知都发了几回了，要是再不发撤退令，到时候来不及，淹死了人，指挥长你是要负责任的……”劝谏的人也顽固不化。

“知道！我知道！”文成保打断了那人的劝谏，“我和曹书记都知道，用不着你拿这些基本常识来教训人！”

他缓了口气又说：“正是因为我是指挥长，也正是因为我知道这道命令如果发出去的后果，所以我们才下决心……”

文承保饱含着热泪，换了一个说法，“兄弟，逃脱责任追究终究不是办法。经济的繁荣兴旺、人民的安居乐业、社会的和谐稳定才是我们共产党人的追求和责任啊！”

听到这里，指挥部里所有的人都热泪盈眶了。

此时，人们不约而同地想到了区长、指挥长文承保老家所在的垸子已经决口，他那无暇顾及的高龄父母至今还身陷洪水、生死不明、吉凶不知……

只见他停了停又问道，“你知不知道即使是善卷垸漫堤了要多久才能把垸子灌满？人都是活的嘛，只要不倒口决堤，哪能那么容易死人？”

他愈说愈有劲：“漫堤怕什么？它漫我就加堤！再漫我就再加堤！哪里漫就在哪里加！我只知道现在的任务就是加堤，全线抢加子堤！”

他转过身来，一巴掌拍在办公桌面上："全线抢加子堤，与洪水抗争到底！这就是区委集体的决心，也是指挥部集体的决定。谁也不允许在我这里再提半个撤字了。"他几乎是在怒吼："谁要再提半个撤字，我就先撤了谁！"

好久好久以后，人们都还在为他那次的胆大包天很是佩服了一回！

好久好久以后，人们也还在为他那次的胆大包天很是捏了一把汗！

好久好久以后，人们都还在为那个领导集体对党和人民的事业的赤胆忠心而肃然起敬！

众志成城铸就历史丰碑

7月16日晚，2万干群大战了一个通宵，抢在洪峰到来之前，在善卷垸全线的17公里的大堤上，平均抢加子堤1点3米，移动土石方8万余立方米。那用血汗和编织袋垒成的白色长堤，在杆杆红旗的映衬下，雄姿犹如万里长城！

洪魔终于被征服了！人们奔走相告、人们喜气洋洋……

桥南市场，依旧人流如潮、车水马龙；休闲广场，依然欢歌笑语、情侣靓丽；大街小巷，依然锅碗瓢盆、秩序井然……

雨后初晴、阳光明媚，盛装喜悦的男男女女、老老少少，都不约而同地来到大堤上，不少的还带来了照相机、摄像机……

幸福的人们仰望着壮观、传颂着神奇、分享着成功，也展望、策划着未来，人人踌躇志满……

这是鼎城人民在防汛史上创造的一个奇迹！

这是鼎城人民历史性的骄傲！

那年七月的大水，展现了共产党人的先锋模范作用；

那年七月的大水，展示了领导集体的坚强、领导意志的坚韧与领导人的品格、风尚；

那年七月的大水，彰显着鼎城千百万民众众志成城、同仇敌忾、愚公移山的精神；

那年七月的大水，造就的是时代的辉煌、成就的是历史的丰碑！

善卷故里的善卷垸大堤作证：那年七月好大水！

（作者系鼎城区人大常委会原主任）

'96河洑抗洪记

■ 许中诚

1996年7月，湘西北普降大暴雨，沅水水位猛涨。7月16日，五强溪水库入库流量高达4万立方米／秒。7月17日，常德出现第一次洪峰，沅水水位达到42.19米。7月19日2时，沅水常德站水位达42.49米，超危险水位2.74米，超1954年水位2.73米，超历史最高水位0.99米。

沅水告急！常德告急！

7月14日，湖南省防汛指挥部指挥长、副省长庞道沐，省军区副司令员肖求如，省水利厅副厅长刘其业来到常德，参加市指挥部的紧急抗洪会议，对抗御高洪作出具体部署。坐镇市指挥部的市委书记吴定宪、常务副市长钦时中拿出了常德保卫战的各种方案，市政协主席韩林安带队进驻我鼎城区督战。常德保卫战打响了！

灾情就是命令。全市上下紧急动员，数十万常德人民投入到这次百年一遇的抗洪抢险当中，在120公里临洪大堤上，抢修子堤，抵挡洪水，保卫家园……

7月16日上午8点，我突然接到区防汛指挥部的命令：到河洑镇指挥工业企业抗洪抢险，组织群众转移。当时我正在善卷垸大堤上指挥防汛，接到指挥部的命令后，我没有来得及多想，迅速带领部分同志飞奔河洑镇，上午8点30分左右，我们抵达了河洑镇。一到指定地点，我们迅速与当地指挥部的同志取得联系，了解灾情，部署工作任务。到现场后我们才发现，这里的情况比我想象的还要危急，河洑镇沿岸的子堤已经有一米多高，沅江洪峰一次比一次更高，凶猛的洪水随时都有可能吞噬河洑镇，几十家企业危在旦夕！一万多名群众的生命财产安全危在旦夕！

时间就是生命！群众必须马上撤离！我们立即向市、区指挥部汇报灾情，请示撤离。上午10点，指挥部下达了撤离命令：除在一线大堤参加抗洪抢险的同志外，其余人员一律在当天全部撤离。接到撤离命令后，我们迅速对撤离工作进行了安排，一路归经委负责，由各个企业负责人迅速组织员工、家属转移；一路归镇政府负责，由镇骨干、村干部带队组织群众转移。撤离行动开始后，我们逐个企业进行动员，进行督促，大部分企业和员工都很配合，迅速行动了起来，并按照预定的线路进行撤离。部分老人、小孩行动迟缓，我们就一个个背，一个个扶，有的不愿撤离，我们就耐心做工作……

由于组织得力，行动迅速，下午 2 点前，50 多家大小企业，几千名工人和家属、一万多名群众转移到了安全地带。

7 月 17 日 3 时 10 分，也就是我们组织撤离后 10 多个小时，与河洑镇隔河相望的桃源木塘垸溃堤 100 多米，洪水象脱缰的野马咆哮着横冲直闯，垸内一片汪洋……

由于洪水太猛，水位太高，5 时 30 分，河洑镇也开始漫水，7 时左右，河洑镇大部分房屋、企业被淹，镇内也是一片汪洋……

我站在河洑大堤上，望着滚滚沅江、滔滔洪水，看到那栋栋被淹的厂房，一丘丘被淹的稻田，内心之感有如揪心，事后很久还心有余悸，如果不是果断撤离，后果会是怎样，我不敢想。

木塘垸溃垸、河洑镇被淹……常德万分危急！全国各地紧急驰援常德抗洪救灾。17 日，省委书记王茂林抵达常德，部署抗洪救灾。18 日，国家防汛副总指挥、水利部部长钮茂生率国务院防汛组抵达常德。

在抗洪最紧张时刻，省武警总队三支队、长沙炮兵学院、株洲预备役师舟桥连、国防科技大学、省军区舟桥连和陆军 163 医院的 2000 多名官兵也火速赶来常德，投入抗洪抢险战斗。军民一体，善卷垸大堤上筑起了两米高的子堤，恰似一条白色长城，确保了善卷垸人民群众生命财产的安全。

7 月 20 日，中共中央政治局常委、国务院总理李鹏，国家防总总指挥姜春云飞临常德。12 时 30 分，李鹏总理的直升机降落在河洑，总理一下飞机就问："常德现在还好吗？灾民生活安排好了吗？"并到正在抗洪的长沙炮兵学院官兵中间慰问，对堤上的抗洪群众说："老乡们好，让我们一起努力，战胜洪水。"又到临时安置在市委党校的灾民中慰问，听说没有死人，总理欣慰地说："留得青山在，不怕没柴烧。"并要大家相信党和人民是心连心的，在党中央的领导下，任何困难都是可以克服的。

总理的到来，为常德防汛救灾给予了极大鼓励，增添了我们战胜洪灾的信心和勇气。

从接到指挥部命令到总理的到来，整整五天五夜，我们几乎没有休息，饿了，就吃点干粮，困了，就坐在大堤上打个盹，接着投入战斗……

此后，我又参加了'98 常德抗洪，三合垸除险等 10 余次抗洪抢险。20 年过去了，如今回忆起'96 河洑抗洪救灾的往事，总是让我感慨不已，难以忘怀。

（作者曾任鼎城区人民政府副区长、区政协主席）

’96 高洪抢险日记

■ 杨 斌

1996 年 7 月16 日 星期一 雨

早晨一上班,7:47,区委办就打电话通知过来,要求 24 小时值班防大汛。上午安排好单位里的防汛值班。13:00,区防汛指挥部来电,抽调骨干到武陵镇开会。14:00 与肖部长赶到武陵镇镇政府开会。14:45 主持会议的区委常委何富珍、副区长罗忠义匆匆赶到,他们简单的介绍了当前的汛情,就安排到会的副科级以上的干部到村,我与肖等 5 位被安排到大禾场村。回部后,到家快速收拾准备必需品,乘慢慢游赶往机关,带上雨衣、雨鞋、手电等物品。乘文物所的吉普车赶往大禾场,下午 4:00,到大禾场村指挥所,放下行李,即往大堤寻找村干部。大堤离 319 国道仅 100 多米,一艘挖沙船停在河中,一些大管道散落在堤上,防汛块石有几处,防汛的标识牌已经立在堤上,上面写着某组、长度、责任人等。

村干部刚刚开完会,在布置劳力、任务、搭棚等,见面后,就各自忙去了。不敢怠慢,我们一行 5 人上堤,走没多远,发现一位戴眼镜的 30 多岁干部模样在一处群众集中处说着比划着,我断定一定是包村的乡干部无疑,上前一问,果然不错,了解了一些基本情况。大禾场原名杨大禾场,1700 多人,防汛堤长 1460 米,我们往前继续走,到一机埠下面,一些人正在安灯照明,镇里的吉普车停在那儿,一位领导模样的在说些什么,一问原来是镇里的赵副书记。回时,碰到了来此地巡视的罗副区长、何常委等,他们对我们及时到位给予了肯定,对村里防汛棚的照明设备不到位提出了意见,并批评了村支书。回到村里的指挥所(其实就是我们的暂住地),吃罢晚饭,7:00 多钟即往堤上赶,然后在大堤上来回巡查,其实大都毫无目标,偶尔到组里集中催一催劳力。晚上 9:00,镇里胡振宇书记乘车来,交待了几句。后我与镇里的监察员朱方喜到挖泥船上休息了一会儿,从船上看,水流很急,着实让人安不了心。即下船,往前走,镇里的赵副书记正在生气,但又无处着手。刚刚区里的罗副区长对劳力不到位、棚没搭好、照明设备不齐全提出了批评,定在0:00召开各组组长会。在堤上,各组组长陆续来了,肖、赵、朱各发表了讲话,作了强调,各组长表态回去后马上落实。只有1组组长反映一些富裕户不愿上堤,全组只来了4人,五组组长说离堤远,现在下雨今晚搭好棚有困难。对五组的事会上没有作结论,一组的事赵副书记与镇督导组联系后挨户去喊人,我与镇里的朱下去督促。镇派出所的干警在一阵阵警笛的助威下,对不上堤的农民一声声怒骂。开始上去了十几个人。从一组上堤,走到五组堤段,镇里的胡、赵等正在那儿议论,仔细一听原来刚刚文区长、郑副区长来过,组里的群众不仅不巡堤还发牢骚,一动不动。文叫来赵、胡狠狠地批评了一顿,赵又向群众发泄怒气。这个组的农民一个个耷拉着脑袋,在夜幕中看,就好像是一排排打过败仗的士兵,听完训话,我想他们再也不会乱来了。这场风波过后,到一组查人,都反映到齐了。后在堤上来回走了几面,原来计划分班值班的安排看来成了泡影,不知不觉天已慢慢泛白,第一个不眠之夜就这样度过了。

1996年7月17日　星期二　雨

吃完早饭,稍稍休息,就上堤了。经过一整夜的折腾,人确实疲倦了,一双雨靴好似千斤,难以提起,迈开一步都很困难。因为昨晚受到批评,我们个个都不敢怠慢,上堤一个组一个组的督促落实除杂、搭棚、安灯。对照明问题,村里始终下不了决心,全部安上电灯,要花好几百元,村里无从开支,其他照明工具,马灯已经没有买的,再说买来也没什么用,村里最后决定先就近安装好几盏灯再说。

上午11:00,支书、村主任从镇里开会回来后很紧张,要求上足劳力,个个造册登记。10:00,市政协主席韩林安、副主席张先春来到郭家铺粮店后面,在去年发生险情的地方,离大堤100米的地方发现了翻砂鼓水。经过他们查看,认为形势严峻,属重大隐患,当即招来郑弟祥、何富珍、罗忠义及区水利局的专家进行会诊。我也远远地站在离堤50米处的地方观看,一位民工下水后,修防会的技术人员也下去查看。这是一处老险,年年涨水都会出现这种现象,因离堤远,又是低洼处,大多数技术人员和群众都认为不要紧。随后善卷垸的指挥长下令要求武陵镇政府由镇长杨君负责处理此处险情,要求保证做到万无一失。下午武陵镇由武装部长田部长带队,抽调130多名精壮劳力对此处打抱围压砂处理。

近12:00,指挥部下令,要求大禾场机泵堤身低矮处抢修100米长、1米宽、1米高的子堤。这时洪水大约离堤顶仅1米。

吃罢午饭,村会计把任务分到组,各组齐心协力,大约个把小时,终于把子堤修了起来。刚松一口气,下午5:00,指挥部再次下令,全线抢修子堤,在原来的基础上再加高1米。这时,洪水离堤只有50公分,形势陡然紧张起来。由于堤身长,劳力上得不齐,进度很慢,快天黑了,子堤仍然没修起来。看着步步逼近的洪水,我们一边向指挥部反映要求增援,一边指挥加快抢修,村里的1000个编织袋已告罄。指挥部调来了袋子、薄膜。先期赶到现场增援的灌溪镇400个劳力、桥南市场的30个干部已投入战斗,但仍然赶不上洪水的涨势,眼看着洪水就要漫堤了!

无论是当地群众还是外地增援劳力,都觉得大堤怕是保不住了,但都没有放弃。没有饮用水,没有来得及吃晚饭,只有加快手脚,与洪水赛跑。但洪水实在是涨得太快了,眼看就要漫过子堤的两个缺口了。在这关键时刻,晚上七点多,听说石板滩乡的100个劳力乘两辆大卡车赶到了郭家铺粮店,我主动请缨,将他们带往形势危急的大禾场机埠堤段。正在这时,一阵大风吹来,下起了暴雨,下淌的雨水全部落进了靴子里,雨衣已成负担,衣服全部湿透了,我顾不了这些,招呼民工们冒雨上车赶到险段。刚下车,一辆迎面而来的机动慢慢游擦到了一位民工,现场立刻一片混乱。车里大概坐着一位逃离洪水的老太太和她的孙子。没等我反应过来,一个民工突然一拳击碎了慢慢游的玻璃,我极力维护秩序,生怕出什么大乱子,司机也吓坏了,掏出身上所有的钱,才算了事,终于把民工带上了堤。堤上本地的群众正在装沙袋、修子堤,由于天黑,民工又没带照明工具,什么也闹不清,大都站着不动,怎么喊叫也无人听。我跑上堤找到村支书,紧急商量对策。如果按这个速度,洪水马上会漫上子堤的两个缺口,堤面一漫水,就有跨堤的危险。本地群众由于连续高强度工作了八个小时,修筑子堤的速度很慢,我当即建议,本地群众退出子堤,全力查险排险,外地民工全力修筑子堤。我站在堤上大声呼叫"大禾场村的退出沙场,回到自己的防汛堤段,石板滩的装沙、背袋、修子堤,水已经接近堤面,快点快点啦"。随后我又跑向民工集中处用手电照着站着不动的民工吼叫:快点、快点把袋子背上去,是谁站着不动,快点。后又找到带队的乡干部,向他们通报洪水马上就要漫堤的紧急情况,如果堤垮了我们都别想活下来。经过10多分钟,混乱局面终于稳定下来，抢险紧张而有序的进行，估计应该在洪水上来之前子堤可以修好。修防会的唐股长是这里的技术权威，趁这个间隙我找到他商量缺口堵上后，新派石板滩乡民工的任务，以免冷场，再度出现混乱局面。他说：他们的任务主要是保护这段子堤，查险加固加高。我喊来石板滩乡带队的陈乡长，唐股长当面交代了他。晚10时左右，石板滩乡的书记熊以富带着增援人员赶了上来，我才放心。熊书记不愧是乡里的一把手，一上堤当即召开各村带队的负责人紧急会议，讲形势，布置任务，提要求，并请唐股长讲了技术要点，全乡劳力有条不紊的在长约200米的子堤上干开了。这些民工大多是刚从双抢田里上来的，都还没吃上晚饭，能有这样的精神确实难能可贵。

1996年7月18日　星期三　雨

大约凌晨1:30，大禾场机埠因洪水涨势很猛，水很快从外墙渗透到里屋。我到这里查看时，住在机埠的老头正对着洪水发愁，拿着一把锄头试图把水从屋里引向大堤流出来。我一看急了，飞身报告唐股长，唐来后，也很紧张，因机埠上有电很危险，一旦房屋倒塌，不仅大堤保不住，在大堤上抢险的民工也有生命危险。这时的水位大约在42.45米，在堤上抢险的民工都说从没见过这样大的水。唐股长停顿了一会儿，当即决定，从里加固修子堤抽水。刚一决定，我立即跑向不远处灌溪镇民工休息处，要求他们背沙包抢修子堤。这里的民工大多数是工厂的工人，晚上8:00到场，到现在已经连续工作了5个多小时，又没吃晚饭，人已经精疲力竭，很多人躺在沙包上睡着了。我顾不了这些，拿起指挥部发的竹片子，挥舞着、大吼着："起来！起来！机埠进水了，快起来抢险，背沙包。"灌溪镇带队的领导可能也觉得情况危急，帮忙大喊。沉睡的民工又开始行动了，但行动比较迟缓，大概这个镇的领导还缺乏抢险意识或是民工实在是太疲劳了。由于机埠情况复杂，这个险段近两个小时才抢住。3:00，大堤恢复了平静，电业局抢安的灯已经全部接通了，民工们就地躺在地上休息。紧急从常德市区购买的矿泉水也运到了，民工们补充能量迎接新的任务到来……

（作者系区委宣传部常务副部长，时任区委宣传部办公室主任）

'2014 抗洪抢险记

■ 张自军

2014 年 7 月 12 日，沅水上游普降暴雨，五强溪水库短时间内大流量泄洪，沅水全线超保证水位，善卷垸、八官垸堤垸告急。12 日—19 日，全区平均降雨 111.1 毫米，超美、五溪、沧山三座限制运行的中型水库均超汛限水位运行。区防指全面动员、周密部署、科学调度、积极应对，一场恶战由此展开。

水势猛　水位高

省防指先后下达五强溪下泄洪水调度令 12 次。14 日 14 时开始，五强溪水库下泄流量由 6000 立方米 / 秒不断加大，特别是从 16 日零 时到 17 时，短短 17 个小时内就

市、区领导现场调度抢险

红云街道西站社区抢险现场

下达了 4 次调度令，下泄流量从 17000 立方米 / 秒、20000 立方米 / 秒、23000 立方米 / 秒增加到 25000 立方米 / 秒。17 日 5 时，又增加到 26200 立方米 / 秒，接近 19 96 年 26400 秒立米的下泄流量。受此影响，17 日 13 时，沅水流域全线超过保证水位，善卷垸建设硵站从警戒水位涨到保证水位只有 19 小时，八官垸牛鼻滩站从警戒水位涨到保证水位只有 14 小时。短短两天时间里，沅水鼎城段全线从正常水位迅速飙升至保证水位以上，来势之猛，涨速之快，实属罕见。

其间，五强溪水库最高水位达 108.65 米，超汛限水位 10 .65 米，最大入库流量达 35725 立方米 / 秒，实测最大出库流量为 26226 立方米 / 秒，致使沅水流域全线超保证水位。7 月 16 日 12 时，全区启动防汛应急三级响应，18 时启动防汛应急二级响应。善卷垸 16 日 13 时进入警戒水位 38.5 米，17 日 8 时进入保证水位 40.67 米，最高水位 18 日 3 时达 4 1.89 米，超保证水位 1.22 米，比 1996 年最高水位(42.17 米)低 0.28 米。至 7 月 19 日 18 时，超警戒水位运行 77 小时，超保证水位运行 34 小时(18 日 18 时水位

40.65米，退出保证水位）。八官垸牛鼻滩站7月16日18时进入警戒水位37.00米，17日8时进入保证水位38.55米，最高水位18日5时达39.68米，超保证水位1.13米。至7月20日1时，超警戒水位运行时间79小时，超保证水位运行39小时（18日23时水位38.54米，退出保证水位）。

险情大　损失重

由于洪水来得急、来得猛，短时间内便导致区境沅水全线告急、险情频发。高洪期间，全区共出现大小险情25处，其中溃垸性大险1处（西站9组大面积翻砂鼓水），重大险情2处（公安局刑侦大队前道路跌窝、天井硌机埠涵管漏水）。

受高洪和强降雨影响，区所有乡、镇都不同程度受灾。据民政部门统计，全区受灾人口达25.4万人，因灾受损农作物14.2万亩、成灾6万亩、绝收23万亩，林木损失6.2万亩，冲走或死亡生猪1092头，牛2头，羊130只。损毁堤防1000米，排灌设施5处，涵闸4处，小型水库1座，冲毁县道3公里，乡道5公里，长岭岗乡黄山峪村发生地面塌陷，钱家坪乡洞桃村、砂田溪村、陡水坡村发生山体滑坡。全区倒塌房屋31户53间，严重损坏房屋142户355间，一般损坏房屋1135户2837间，紧急转移安置人口4620余人，直接经济损失约1.55亿元。其中农业经济损失1.32亿元、家庭及公益财产损失1000万元、基础设施损失1300万元。

西站社区9组管涌群

为迎战此次特大洪水，全区上下集中一切力量，以万众一心、众志成城、顽强拼搏、敢于胜利的抗洪精神，全力以赴，严防死守，实现了“不溃一堤一垸、不因灾死亡一人”的目标。

周密部署　科学决策

7月16日上午，区委书记、区长、区委副书记、分管农业的常委副区长进驻防汛指挥部坐镇指挥，并多次召开防汛会商会议和调度会议，强调沅水流域的防汛工作为重中之重，心理上要做好打大仗、打硬仗的准备。一是按照百米“三岗四线”的要求将大堤巡查任务固定到段，固定到人，开展拉网式巡查，全线拉通照明灯，架好防汛棚，并采取以车代仓、以船代仓的形式储备防汛物资，确保出险30分钟内将防汛物资运送到位。二是各分指、各乡镇至少准备100人的应急队伍，迅速集结，随时准备抢险。三是清点盘查防汛物资，落实好商储来源。四是区防指对领导、干部、劳力的到岗到位情况和防汛工作措施的落实情况进行督导检查。由于领导高度重视，提前部署，取得了此次防汛工作的主动权。

抢险现场的武警官兵

强化领导 落实责任

从7月16日起，区防指各专业组室、各分指、各乡镇、各区直机关按照岗责进人防汛临战状态。区防指、各分指的区级领导均奔赴一线靠前指挥，全程调度防汛工作；各分指、各乡镇、各区直机关按照岗责，明确划分责任段，保证到岗到位，对险工险段和穿堤建筑物落实“一个副科级以上干部、一名技术人员、一支队伍、一个防汛棚、一个登记本”的防守要求，确保汛情畅通。启动防汛应急二级响应后，区委、区政府把抗洪抢险作为压倒一切的中心工作来抓，实行“三个停止”（即停止一切与防汛无关的会议，停止一切与防汛无关的活动，停止各级党政领导干部外出），迅速进入实战状态。

紧盯汛情 科学调度

面对突如其来的特大洪水，区防指科学调度，紧急部署，有序组织各项抗洪救灾工作。一是密集会商，连夜调度。抗洪期间，区防指根据五强溪下泄流量不断变化的情况，先后召开了7次防汛会商会。特别是在洪水上涨最快的17日和18日，区防指紧急下发关于迎战沅水流域超警戒水位的紧急通知、关于迅速落实穿堤建筑物等重点部位防守方案的通知、区委书记关于搞好沅水地段防汛工作的几点指示等。二是落实责任，强化物资准备。防汛应急响应启动后，指挥部将鼎城路西段设置为物资集散地，对各类防汛器材实行以车代储、以船代仓，随时准备投人抢险，物资装车停靠集散地待命，可在15分钟内赶到善卷垸任意一处险点。物资随用随装，集散地随时保有100多卡车块石、卵石、木材、竹夹板等物资。一批又一批的抢险物资源源不断地向现场输送，没有对抢险处置造成一分钟的延误。三是科学调度，确保内河水库安全度汛。7月20日9时苏家吉开机三台开始对高水削峰，至晚上20时，排出水量450万立方米，相当于静态降低高水水位0.34米。20日12时开启拦马口闸对低水削峰，控制流量10秒立米，下午15时加大到20立方米/秒。超美水库7月16日7时进入讯限水位120米，最高水位20日8时达到120.64米，31日9时退出汛限水位，超汛限水位运行362小时，共上劳力760人次；五溪水库7月16日9时进入汛限水位1200米，最高水位20日16时达到120.64米，29日15时退出汛限水位，超汛限水位运行318小时，共上劳力670人

军民同心　制服管涌

次；沧山水库 7 月 16 日 6 时进入汛限水位 117 米，最高水位 17 日 2 时达到 117.57 米，21 日 7 时退出汛限水位，超汛限水位运行 121 小时，共上劳力 260 人次。四是严肃纪律，强化值守。各单位按照防汛二级应急响应的要求，上足领导、干部、劳力，全面开展巡堤查险和防守，各级分指坚持 24 小时值班，有条不紊地开展工作，确保了信息畅通、运转有序。同时，为了严肃防汛纪律，区纪委、区委督查室派出多个督查组，日夜督导领导和劳力到岗到位情况、防汛工作开展情况。对督查中发现违反防汛纪律的人和事，给予严肃处理和通报批评。

及时处险　抗灾救灾

16 日—20 日，全区共发现大小 25 处险情，均得到有效处置。特别是被称为湖南第一险的特大型溃垸性西站 9 组险情，7 月 18 日凌晨 2 时 16 分，区委书记接报后带领区委副书记车世忠、水利局局长王成猛第一时间赶到西站管涌现场，到场后发现险情异常严峻,立即成立西站抢险指挥部,靠前指挥、果断决策,连发三道指令:一、区防指立即接管善卷垸分指指挥权;二、火速请求部队支援;三、动用全社会力量参与抢险,湖区每个乡镇组织100名劳力驰援。就近取材,将险点旁28万块红砖装袋抛填,对延缓险情发展起到了至关重要的作用。指挥部会同各级专家现场会商,制订处险方案:区防指在多处险情人力严重吃紧情况下再调500名抢险人员投人战斗,11名区级领导赶到现场并成立了现场指挥部和物资保障、后勤保障、力量调配等小组。抢险过程中,指挥部会同各级水利专家现场会商,及时果断采取了一系列处置措施,包括抛红砖和块石压减水势、砂卵导滤、构筑围堰、修筑压浸平台等。同时,针对可能出现的极端险情,做好疏散转移群众准备,调集船只、车辆以及块石、大米等物资现场待命,应对可能发生的决堤危险。在区委书记刘定青和区长杨易等现场坐镇指挥下,在5000多名劳力和解放军官兵共同努力下,经过25个小时的奋战,最终成功抢住了这一溃垸性大险,确保了堤垸安全。

整体行动　形成合力

在此次防汛抗灾过程中,各级各部门按照防汛抗灾预案的要求. 拧成一股绳,形成一股劲,整体联动,合力空前。如水利部门迅速启动防汛编组分工,积极参谋,主动作为,协助区防指领导调度指挥,并派出抢险技术人员100多人次及时奔赴一线,科学指导抢险。各级分指挥部24小时灯火通明、运转有序、政令通畅、无一纰漏。气象部门加强天气预测预报,做到及时、准确、全面,及时分析预报,为防指领导决策提供了翔实准确的信息。区纪委、区委督查室日夜督查在防汛抗灾一线,确保责任落到实处。区人武部、武警中队、消防大队紧急调集解放军、预备役民兵、武警官兵,全力投入抗洪抢险,涌现出许多可歌可泣的先进事迹。民政、农业部门迅速深入灾区勘查灾情,及时展开救助,保障了受灾群众基本生活。宣传部门调集精兵强将,加大报道力度,切实营造防汛抗灾的浓厚氛围。财政、卫生、公安、住建、农业、电力、保险等部门主动服从防汛大局,积极工作,尽职尽责,形成了抗洪救灾的强大合力。

(作者系鼎城区水利局办公室主任)

’2014善卷垸处置“7·18”特大管涌群

■ 姚 瑶 帅泽鹏 焦 阳 李 白

7月18日，鼎城区善卷垸紧邻桃花源大桥的红云街道办事处西站社区9组，防汛值守人员凌晨2时左右发现在距临洪大堤50米处发现一多发性管涌群，市、区两级防汛抢险指挥部迅速组织力量赶往现场抢险。经过陆续增援的1000名解放军官兵和2000名鼎城居民的共同努力，凌晨3时，该处溃垸性大险基本得到控制。紧急增援常德防汛的老水利专家、原省水利厅洞庭湖水利工程管理局调研员黄昌林告诉记者：“像这样的险情属于溃垸性的大险，是今年我省到目前为止出现的最大险情。”

西站社区地段是砂石底层构成的透水地基，每遇高洪总会出现一些险情。因此，鼎城区防汛指挥部在汛期到来后，十分重视对该地段的巡查防守。险情发现后，区防指连夜组织力量展开处置。

18日上午，得知险情的省委副书记孙金龙、副省长张硕辅、省军区副参谋长程佐胜，在市委书记王群，市委副书记、市长周德睿等的陪同下，实地察看了管涌险情处置情况，并现场进行指导。孙金龙指出：这次汛情来得急、来得猛，防汛形势十分严峻。要坚持严防死守，克服麻痹思想和松懈心理，强化防汛救灾人员、物资、技术保障，切实加大查险处险力度，确保人民群众生命财产安全。

由于险情重大并在处险过程中出现多次反复，王群从中午开始坐镇指挥西站社区应急抢险工作。晚8时许，市领导周德睿、宋冬春、刘明、董正武、黄清宇、张绳道、朱晓平，老领导钦时中、徐万发等齐集处险现场，对下一步的处险方案进行了现场会商。

王群、周德睿在讲话中强调，要坚决贯彻落实省委、省政府提出的“不惜代价，确保安全”的要求；要加强抢险队伍的组织，合理调配好抢险队伍的分工，做到不打乱仗，要对现场已经围合的围堰进行加牢、加固、加高，并迅速对围堰四周的二级平台用块石垒牢，对现场还在翻沙鼓水的地方要继续填充砂卵石；要加强落实巡堤巡防任务，工作要落实到具体责任人；针对可能出现的极端险情，要做好充分准备，在不影响抢险交通的情况下，调配装好块石和砂卵石的车辆、船只在现场待命，同时，要做好疏散转移群众的预案，一旦出现险情，要维持好转移秩序，确保遇险时的群众疏散工作万无一失。

针对这处险情，现场处险人员主要采取了两项措施，第一是采用导滤、压石等抢险方法，随后以搭建围堰的方式，抬高围堰内水位，以此平衡内外河对河堤的压强，这一做法将会对管涌群的导滤起到辅助作用。第二，针对外河水位正在下降，地基覆盖层以下的细砂可能被退水带走，导致堤坝下形成坑道的情况，指挥部决定在河堤内面搭建压浸平台，以延长渗水渗径，防止河堤出现滑坡现象。

18日凌晨3时，鼎城区各乡镇、所有科局级单位均已派出党员干部、老水利专家加入到这场保卫家园的处险恶仗中。特别是近千名部队官兵克服连续作战的疲劳，正发挥着顶梁柱的作用。18日9时许，天降暴雨，记者在现场看到，全身湿透的解放军、武警战士们在齐膝深的水中传递沙袋构筑围堰，斗志昂扬，在洪水面前筑起了一道道坚固的防线。

5000军民经过25小时奋战终于降服洪魔

’2017 抗击高洪进行时

■ 杨 斌 江一舟 武大为 魏仙耘 吕 俊 刘忠祥 等

自6月22日起，鼎城区连续遭受特大暴雨袭击，叠加的降雨量使得多个乡镇受灾严重。区防汛指挥部迅速启动防汛3级应急响应，要求全体区级领导、区防指各成员单位、各相关乡镇全力投入防汛抢险救灾工作中。

6月24日上午10时，正在北京中央党校学习的鼎城区委书记、区防指政委杨易根据鼎城雨情水情和汛情，作出指示：

要突出重点　在开展全面防汛救灾的同时，要突出对水库的防守，按照防汛预案上足领导和劳力，及时查险除险，水库下游的群众该转移的要转移，不能有丝毫犹豫和迟疑。要加强对山洪地质灾害的预测和监测，镇村干部一定要坚守岗位，及时搞好查险

沅水南岸的钢筋水泥防洪墙

除险和群众的转移疏散等工作，确保人员安全；

要严格落实防汛岗责　所有区级领导、区直单位负责人、镇村干部，要迅速赶赴责任区，开展防汛救灾工作，一律不休息，一切按防汛岗责调度处置；

要加强指导　水利、国土等部门的技术人员，要到现场进行实地指导，做到及时发现、及时处置险情；

要严防死守　确保全区防汛抗灾取得胜利。

区委副书记、区人民政府区长朱金平在主持召开的防汛会商会上，研判雨情汛情，安排部署防汛抢险救灾工作，要求进一步强化责任落实、强化组织指挥、强化科学调度、强化救灾补损、强化安全保障、强化督导检查、强化宣传报道，尽最大努力抵御洪水灾害、减轻灾害损失、保障人民群众生命财产安全。

镜头一：高洪来袭

6月29日，鼎城区又迎来新一轮强降雨，加上高洪水位来袭，防汛形势骤显严峻。

7月2日17时，五强溪水库水位107.62米（汛限水位98米），较2日16时下降0.10米，超汛限9.62米，入库19600立方米/秒，出库22100立方米/秒。导致鼎城区沅水善卷垸建设碈、八官垸牛鼻滩6月30日24时超警戒水位，6月30日21时已提前布防。7月1日10时五里溪渐河超警戒水位，18时超保证水位，高水郑家湾16时超警戒水位，7月1日20时八官垸牛鼻滩达保证水位，20时30分民主垸牛屎湖达警戒水位。7月2日9时善卷垸超保证水位。

7月2日下午3点，鼎城区全区受灾人口约5.05万人，转移人口565人，农作物受灾7.15万亩，成灾1.27万亩，倒塌房屋5户8间，严重损坏房屋5户9间，一般损坏房屋295户721间，山塘损坏27处，渠道损坏56处，桥梁损坏20多处，公路损坏71处3500多米。初步统计直接经济损失约2564万元。

镜头二：迅速部署　积极应对

汛情灾情发生后，鼎城区委、区政府迅速部署、积极应对防汛救灾工作。

鼎城区防指迎战高洪紧急会商、调度会

准备三梯队应急抢险队伍　在区防汛抢险应急大队200人作为第一梯队，兴隆公司600人作为第二梯队的基础上，明确城管队员100人为第三梯队，加强应急抢险力量。

备足器材　在商储的基础上，山区准备了小型挖掘机、手扶拖拉机等机械，一线大堤准备了大型挖掘机的机械，以备随时调用。

备足物资　在搞好商储调度、衔接的基础上，按照二级应急响应的要求，将块石、沙卵石、钢管等物资装车装船，随时待命。同时，将全区所有块石、沙卵石等防汛物资全面摸底、登记造册，确保随调随用。

挂牌上岗，强化责任　分防汛指挥、防汛督查、技术指导、防汛值班四种类型，所有上岗人员挂牌，进一步明确职责、落实责任。并要求共产党员佩戴党徽上堤，发挥先锋模范作用。

查险报险有奖，进一步提高积极性　巡堤查险人员及时发现并报告险情后，由各分指挥部根据险情大小给予200—500元的奖励，当场兑现。

镜头三：保卫家园　一线有我　抗洪大堤　党旗飘飘

2017年6月29日，连续强降雨形成高洪水位，沅水流域防汛应急响应提升到2级。面对突然而来的雨情、汛情、灾情，区长朱金平要求全体党员干部以饱满的精神、迎战的状态，确保防汛抗灾取得胜利。

防汛战地工棚

在“七一”这个特殊的日子里，我们看到了沅水善卷垸、沅水八官垸，枉水、冲柳高水、渐河的大堤上党旗飘扬、党徽闪烁。我们深刻感受到，一面旗帜就是一种力量、就是一种信心、就是一个标杆、就是一座丰碑，这群坚守防洪一线的党员干部，在用自己的实际行动践行诺言：危难险重时有我！广大党员干部带头上阵，充分发挥先锋模范作用，成为防汛抗洪的中坚力量。

镜头四：这个“七一”，注定了会有一些不同寻常

此时此刻的香港，正迎来回归祖国20年的隆重庆典。20年前，中国人民解放军驻港部队进驻香港，香港回归祖国交接仪式盛典上冉冉升起的五星红旗，一雪中华民族百年屈辱，令全天下华夏儿女扬眉吐气！如果，不是这场雨，和这一场随之而来的沅水流域汹涌洪流，今天的我们，一定会继续着日常里的悠然与从容，把关注的目光送往南方，再一次感受一座城市的光华灿烂。

这一场持续不断的强降雨从6月下旬开始，几乎席卷了整个南部中国，内涝外患，

许多城市与乡村陷在了被洪水围困的险境，四川茂县那一座被崩塌山体掩埋的村庄让我们心痛不已。洞庭湖畔的常德也在接受着暴雨侵袭和沅澧两水持续上涨的考验。常德城是幸运的，经过近几年城市提质改造，尤其是海绵城市建设试点之后，应对强降雨的能力很有些卓尔不群。6月30日一夜暴雨之后，大街小巷清爽洁净，前些年曾经困扰这座城市的内涝终于不再。暴雨之后一座城市的悠然，是这个“七一”一个特殊的生日礼献！

洪水的侵袭还在持续。汛情就是命令！2017年6月30日午夜，市防指发布命令，沅水流域防汛应急响应提升到2级。省市领导走上了抗洪一线，党员干部坚守在了抗洪一线。跟随着前线记者的目光，我们看见：紧急除险的堤段，有鲜艳的党旗高高飘扬。暴雨如注的暗夜里，巡查大堤的队伍中，一枚枚党徽闪烁着坚定的光芒；我们看见，鼎城区花船社区63岁的老党员杨启忠为了方便上堤防汛的群众不趟水路，暴雨中拆下了自家的门板，在积水1米多深的路上搭建起简易浮桥。武陵区汇金社区主任周宏去年底刚刚做过喉癌手术，年近五旬的周宏坚守在一线的理由是：自己经历过多次抗洪抢险，经验更丰富，关键时刻可以帮帮这些年轻的党员干部；我们看见：已经两天两夜没有合眼的鼎城区草坪镇丰林口村年轻的党支部书记刘惠，为了说服3户群众转移到安全地带，从6月30日午夜到7月1日的午后，终于完成了转移任务。28岁的刘惠是今年村(居)“两委”换届后新当选的支部书记，年纪轻轻党龄却也有7年。他说，共产党员守岗履职，是本分，是职责，更是一种习惯；我们看见：有着21年党龄的现役军人徐建新抢险归来换下一身泥水的迷彩服时，第一个动作是小心翼翼的摘下泥衣上的党徽，然后又庄重的戴在了胸前……

党徽戴在胸前，责任担在肩上。刻不容缓的汛情，是大自然对我们的严峻考验。我们毫不犹豫的接受考验。我们坚守，我们担当，我们不畏艰险，时刻把群众的安危放在心上。这个“七一”，我们，曾经在党旗下许下铮铮誓言的共产党人，就以这样的方式，践行诺言。无论艰险，无论危难，我们，一直都在！

镜头五：“我不上谁上”

7月2日上午12时，天气放晴，鼎城区沅水大堤斗姆湖段，65岁的陈贻建已在防洪大堤上连续坚守了 18 个小时。每隔 20 分钟，他就会拿起铁锹在 500 多米的责任大堤上巡查。去年那场手术加上年事已高，陈贻建的步伐虽有些蹒跚，但眼神却异常坚定，“这个事不能有任何懈怠，出了险情不得了。”

严阵以待

陈贻建是斗姆湖街道斗姆湖社区二组组长，有着 26 年党龄，在他的记忆里，自参加工作以来，每次防汛他都在第一线。1996 年，沅水大堤斗姆湖段发生特大险情，当时“水都块溢过大堤了”，时任组长的他立即组织村民配合抢险突击队员装运沙袋，硬是将围堰加高了一米。那场“战斗”从当晚 9 时一直持续到第二日 8 时，宣布险情暂时排除的那一刻，陈贻建累瘫在了大堤上。可即便如此，倔强的他仍不肯下堤，就着大堤上的临时指挥棚短暂休息。那一次，他足足在大堤上守了半个月，直到洪峰完全过去。

去年，陈贻建股骨头坏死，在医院进行了割除手术，术后恢复虽还算顺利，但身体大不如前。6 月 30 日，得知沅水水位暴涨，他来不及多想就向社区申请带队上堤防守。巡堤、查险、值班，陈贻建总是冲在最前面，他说：“我是共产党员，我不上谁上。”

令陈贻建倍感欣慰的是，自己的付出不仅保卫了家园，也感化了同组的村民。今年，斗姆湖社区二组的防洪大堤范围有 500 多米，陈贻建安排了两个班 24 小时严密防守，村民们积极配合，真正做到了“一喊就到”。截至记者写稿时止，陈贻建负责的沅水大堤未发生一处险情。

镜头六：防洪大堤上与党同庆生

7月1日是七一建党节，鼎城区桥南市场管委会的一名普通党员龚明在沅水防洪大堤上度过了他的50岁农历生日。

龚明的农历生日是六月初八，昨天原本并不是他值班，但由于沅水水位的持续上涨，接近历史最高水位，在乡镇工作多年、有着10多年防汛查险经验的龚明主动请缨，和单位同事一起上堤查险。

在同事陈栋的眼里，龚明是个热心肠，“昨天，他家里都给他打了好多次电话催他回家庆生，但他一直在河堤上坚守，这种精神值得我学习。”龚明却不以为然，他说，今年的生日虽没和家人团聚，但和同事一起坚守在防洪大堤上，尽自己的责任，保证大堤的安全也是一段难得的回忆。

认真排查险情

镜头七：群众的“顶梁柱”

举着雨伞，穿着雨靴，头发灰白的4个人弯腰在河堤内的杂草丛里四处观看，查找有没有涌水点。7月1日上午11时许，在鼎城区红云街道花船社区负责的1000多米长的堤段上，一群平均年龄50多岁的党员，4人一组来回巡堤查险，开展拉网式排查，筑成一道牢不可破的“防洪堤”。

6月30日20时至7月1日8时，全市普降暴雨。面对汹涌汛情，基层党组织就是群众的“顶梁柱”。“虽然我在桃源县城做生意，但是只要社区通知我，我立马就回来防汛。”26岁的郭俊刚成家，是社区为数不多的年轻党员，7月1日下午，接到防汛通知的他兑现承诺，迅速往回赶。

0.5平方公里的花船社区紧邻沅江，过去有6000多常住人口，因为棚改拆迁，现在只有1200多常住人口，112名党员也因此分布在各地。面对汛情，共产党员们挺身而出，冲锋在前，带头值班、带头巡堤……

7月1日凌晨的暴雨，把上堤的一段道路淹没，就在防汛人员四处找寻木板和砖块搭桥未果时，63岁的老党员杨启忠主动站出来说：“就拆我家门板吧。”于是，他二话不说，自己动手拆下了两块门板，搭到积水处。

“虽然我们这里是回水窝，过去也没有出现过大的险情，但我们也不敢放松警惕。今天，我们就在巡堤时发现了两处涌水点，还好专家看过说没有问题。”花船社区党总支书记许会自己的孩子才5个月，她将孩子交给父母，全身心投入到防汛工作中，自己值完白班，又让丈夫帮忙接着值晚班。她告诉记者，白天值班相对来说轻松一点，所以安排的大部分是女党员，时间从7时到23时，加上后盾单位的工作人员，白天值班的有30多人，晚上因为光线不好，危险更大，所以安排了60多人值班。

中午时分，30多名分散在河堤内外值守的党员才陆续聚拢到临时搭建的休息棚内，他们三两口吃完饭，不曾有丝毫松懈，又冒雨出发了……

镜头八：迷彩服上的党徽

7月1日下午4时许，徐建新回到办公室，开门的时候，他有点不好意思的对记者说："办公室有点乱"。一进门，他迅速拎走摆在门口的迷彩鞋，两只湿透的袜子还装在里面，地上留有一滩水渍。接着他翻弄起桌子上一身湿哒哒沾满泥水的迷彩服，在那身湿衣服里，他小心翼翼的摘下衣服上那枚小小的党徽，然后佩戴在自己的胸前。他说，党员应该时刻把党徽戴在身上，更何况今天还是党的生日。这是一个有着21年党龄的军人的信仰。

这天上午9时，一支180人的防汛抢险大队在鼎城区委党校的院子里集结，他们是来自鼎城区直机关单位的预备力量。因为一句防汛的指令，他们迅速从各自的工作岗位上站了出来，组建成一支保卫人民群众生命财产安全的生力军。这支队伍的大队长就是区武装部副部长徐建新。

就在这支新队伍刚刚组建并集结完毕时，10时30分，他们接到了一个来自鼎城

区防汛抢险大队集结待命

区防汛指挥部的命令:灌溪镇常德大道兴发花苑附近一家具厂的仓库严重进水,群众的财产安全受到威胁。徐建新立即调集队伍奔赴受灾地。担任抢险任务的是鼎城防汛抢险大队中的第五中队,该中队全部由退伍军人组成,一共 24 人。到达现场后,由于巷子狭小,加上受灾地地势低,路面已经被水淹没,抢险队的车进不去,队员们毫不犹豫下车走入水里。在徒步前行的三百米里,周边的群众围了过来,人群里不时有人喊着“解放军来了!”

受灾的一个家具厂有两个仓库,面积大约三百多平米,在抢险队伍到来之前,现场已经有几名群众和两个民警在帮忙转移货物。抢险队员立刻开始抢搬转移货物。由于很多家具海绵和软包,泡水后非常沉重,给转运带来了很多不便。31 岁的抢险队员黄启明是一名共产党员,曾多次在部队立功受奖,在搬运中被包装中的钉子扎破手指,他吮了一口吐掉血液,又接着搬运,直到所有的货物被抢搬出来。

经过近 2 小时战斗,两百多件家具被转移到了安全地带。在这一行踏着水离开的长长的背影里,徐建新已经忘了,他前不久脚上做手术后缝的线还没有拆除。

镜头九:既是指挥员又是战斗员

连日来,鼎城区委副书记、区长朱金平在防汛救灾工作中身先士卒,既当好运筹帷幄的指挥员,又做好敢于吃苦的战斗员。

此轮强降雨防汛战斗打响后,朱金平就几乎没有停歇过。6 月 30 日晚 19 时,他组织召开全区防汛抗灾会商会,宣布进入即时三级应急响应,详细安排部署防汛抗灾工作。20 时,他马不停蹄赶赴花岩溪片区,督导防汛抗灾值守工作。先后到了花岩溪镇指挥所、跃进水库、五溪水库、超美水库,对发现的问题提出了严厉批评和具体要求,直到半夜才回到指挥部。7 月 1 日 1 时,顾不上休息的他,又在区防汛指挥部召开防汛抗灾紧急调度会,对督导值守存在的问题进行通报,并紧急调度如何整改落实。忙完这一切时已是凌晨 4 时许。

7 月 1 日 6 时,在办公室仅仅打了个盹的朱金平,又在区防汛指挥部忙碌起来。7 时,朱金平组织召开全区防汛抗灾会商会,宣布从 8 时进入二级应急响应,安排部署

干群共研除险大计

相关工作。同时，按二级应急响应要求在区防指坐阵指挥。9 时，向市委常委、政法委书记黄清宇等领导汇报防汛抗灾相关工作。之后，接着在区防指与请来的几名老水利专家进行专家会商。14 时，组织召开全区防汛抗灾会商会。16 时，向市委领导汇报防汛抗灾相关工作后，朱金平便立即赶赴乡镇和沅江大堤进行现场调度，直到半夜过后才回办公室。

7 月 2 日天刚亮，朱金平就已在区防汛指挥部调度工作。8 时，他组织召开全区防汛抗灾会商会后，便立马赶赴沅水一线大堤察看沅水水情、善卷垸和八官垸值守、查险处险等工作情况及沿线机埠、电排运行情况……

忙碌的汗水，拼搏的身影，布满血丝的眼睛。不知疲倦的朱金平，是因为心中有神圣的责任！

镜头十：洪水临城 一张温情照片刷爆常德人的朋友圈，刷亮央视荧屏

6月23日晚，湘西北普降大到暴雨，鼎城前河区域多地山洪暴发，河水猛涨漫灌，村落顿时成为一片汪洋，多人被洪水围困，抢险救灾、转移群众紧张展开、有序进行。此时，一张充满温情的图片刷爆常德人的朋友圈。照片拍摄于抢险的冲锋舟上，照片主人公是吴梅清和王顺清，故事发生地是鼎城区草坪镇丁家坪村。画面中两位获救的年过八旬的老人，面对滔滔洪水，手紧紧地攥在一起。镜头外，82岁的吴梅清对老伴王顺清说，"莫怕，我在这里。"

他们是最朴实的农民，有着最真挚的爱情，最朴素的表达。常德人纷纷点赞"莫怕，我在这里"，称赞其为"最动人的情话"。中央电视台一套在新闻黄金段第一时间报道了这感人的一幕。

——老人说"莫怕，我在这里"的底气，来自于这汪洋中的一条船，和他身边穿迷彩服的一群人。

"莫怕，有我在！"

水之治

（一）

洞庭天下水，治水天下难。

大禹治水，于松滋开采穴，至长沙降孽龙，登巴陵禹山，凿通洞庭门户，足迹踏遍湖之南北。

鼎城人治水，气壮山河，大风当歌。洞庭作证，沅澧作证，雪峰武陵作证。

（二）

江湖治理千策百计，归根到底“疏”与“堵”。

疏则通，通则流，流则平。堵则塞，塞则涨，涨则溢。疏堵之功，建管之法，短长得失，系于谋划。

陡山河坝：草坪镇境内，1951 年 5 月建成，是中华人民共和国建立后全省最早修建的河坝工程。该坝倚陡山而建，拦截枉水东、西水源干流，控制集雨面积 150 平方公里，灌溉面积达 1.5 万多亩

治理西洞庭，意气风发，战友留影（1953 年）

1954 年 4 月，全县出动民工 4000 多人，组成常德县总队，郑建华任总队长，参加著名的荆江分洪工程的修建，完成土石方达 17.91 万立方米

1954 年 11 月下旬，全县动员 8.5 万民工，2020 名干部，组成 3 个总队，分别由县委书记张立木、县长王炳申、县委副书记李新革带领参加治理西洞庭湖，历时 120 天，完成土石方 985 万立方米。治理后，县境内堤垸由原来的 26 个并为民主、阳城、八官、崇孝、护城、丹洲 6 个大垸。图为县治湖指挥部首长及办公室全体工作人员合影

指挥部直属机关总支委员会委员（1955.4.20）

治理西洞庭，治湖指挥部直属机关总支委员会委员合影（1955 年）

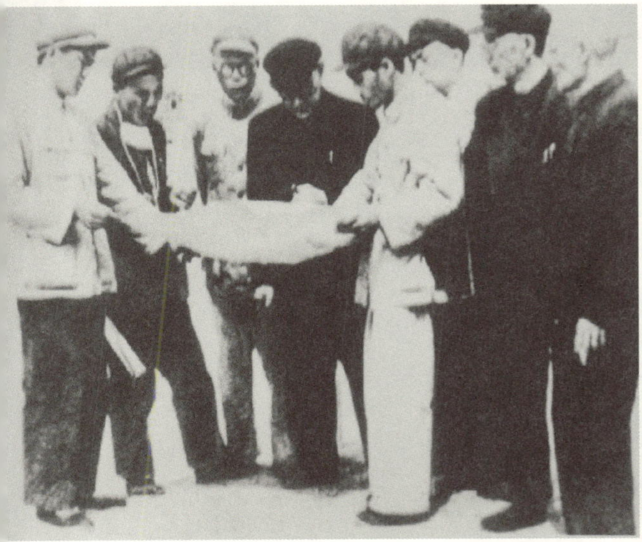

苏家吉水闸：省长程潜、省委副书记谭余保验收苏家吉水闸

获得国务院嘉奖的治水工程：为根除水患，治理好渐、柽两水，1958 年 11 月 1 日，向全县发布消息并成立了县水利工程指挥部，县委书记李新革任政委，副书记尹文华任指挥。共调集 18 万民工组成 10 个兵团会战两水，此工程曾获得国务院嘉奖。图为县委书记李新革在沧山工地现场指挥

奋战在五溪水库的洞庭兵团

河洑闸：1958年开工，位于河洑镇。南临沅水，北通渐河，属渐水撇洪河中型节制闸，全闸共10孔，单孔最大泄流量为每秒86立方米。1959年7月1日，全省竣工人员留影

超美水库运土浮桥

开挖金石河：金石河位于县以东，八官崇孝垸以南，是工开挖的沅江尾闾洪道支流。1971 年冬，常德、汉寿两县织 6 万名民工开挖了金石河

黄土店区委书记郑景阳：1972 年，为加修沧山水库，郑(前)亲自走访调研，动员全区力量加修水库，使库蓄由原来的 2400 万立方米增加到 3300 万立方米，增加旱涝保收面积 4 万多亩

1973 年冬开始，全县打响了治“三湖”的总体战。“三湖”是指冲天湖、柳叶湖和肖家湖(后柳叶湖划归武陵区、肖家湖划归德山开发区)

1973 年冬开始，全县打响了治“三湖”的总体战。三湖是指冲天湖、柳叶湖和肖家湖(后柳叶湖划归武陵区、肖家湖划归德山开发区)。冲柳两湖治理工程北起八宝湖，南至苏家吉，东至泥港口，西达蔡家岗，跨县境 15 个乡镇，纵横 30 多千米，是一项以撇为主，撇、蓄、挤、排相结合的水湖治理工程，到 1978 年才基本建成。整个工程全县 10 个区 44 个公社先后近 50 万人投入建设，共耗费资金 2100 多万元，其中国投 586.4 万元，社队自筹 1600 多万元，共开挖土方达 4461 万立方米。该工程增加了保收面积，扩大了耕地和渔池面积，筑固了血防成果。但由于蓄水面积减少加之后来配套设施没有跟上，给下游带来行洪压力，造成 1980 年 1988 年，八官垸两次溃决。图为县委领导刘春樵(左三)、雷恭政(左二)等在土硝湖畔察勘、论证冲柳治理工程。肖家湖在区南三合垸境内，跨当时常、汉两县。1973 年冬至 1974 年春，由县调集黄土店、港二口、石门桥三个区 25000 民工开挖了石门桥撇洪河，对肖家湖进行了治理。

全县人民治理山、丘、湖、平

刘春樵获得的部分奖章

奬 狀

刘春桥 同志在偉大的治澌工程中，发揮了高度的共产主义精神，冲天的干勁，事事奋勇当先，样样积极带头、敢于理想、敢于独創，实干巧干、干出了卓越的成績，經民主評定，党委批准为 [illegible] 希再接再励，争取更大光荣。

常德县澌水治理工程上游兵团

团　　長　胡瑞華
政治委員　戴修慶
付 团 長　葛錫吾
　　　　　陈协和

公元一九五九年七月九日

常德县澌水治理工程上游兵团颁发给刘春樵的奖状

1974年，副省长王治国（中）在县委书记雷恭政（左一）的陪同下，视察常德县水利工程

1978年，县水电局副局长、工程师姚腊根（右一）受派斯理兰卡共和国，援建第三世界国家

1987年10月，全国政协副主席陈再道（中）在冲天湖视察，右二为县委书记韩林安

兴建小河口电排：1989年10月开工，投资1800万元，装机4×1250千瓦，是八官垸高水八年两溃垸后的冲柳治理配套工程，也是区内最大电排，对冲柳地区26万亩农田的水患有很大缓解作用

1990年冬，县委书记胡前松(前)、县长卜功富(后)参加善卷垸大堤建设

1993年5月，国务院副总理朱镕基来到洞庭湖区考察，在芷园宾馆召开座谈会，区委书记胡前松代表鼎城区参加了座谈(左一)

1996年5月，国务院副总理邹家华视察我区善卷垸水利工程

1996年10月，全国政协副主席钱正英（左二）视察鼎城区水利建设。区委书记曹儒国（右一）、区长文承保（二排右二）、区政协主席朱昌远（二排右一）陪同

2000年苏家吉排洪站：区政协主席徐政国（左），在苏家吉大电排工地现场指挥

2000年11月苏家吉排洪站动工建设，2003年6月竣工。位于沅澧大圈冲柳高水出口处，工程总造价5500万元，装机6400千瓦，是一座自动化程度较高的大型水利工程。图为区委书记吴生元在工程竣工典礼上

2004 年 7 月，国务院副总理回良玉视察善卷垸水利工程，区委书记吴生元、区长车德斌陪同

退田还湖：2004 年 9 月，区委书记吴生元（右一）、副书记谭弘发（二排中）、副区长刘友善（左一）与市老领导韩林安（右二）、钦时中（右三）、郑景阳（二排右）在沾天湖与冲天湖交界处商讨制定退田还湖、建闸调蓄方案

2010 年 11 月，省水利厅厅长戴君勇（右三）视察鼎城区西洋陂水厂

2011 年全市堤防管理现场会在八官垸召开

江南防洪墙建设：2010 年，区委、区政府筹集巨资 2.1 亿元，修建主城区沅水大堤 3.76 公里钢筋砼防洪墙

建设中的沅江风光带

建成后的沅江风光带

2014 年 7 月，省水利厅厅长詹晓安一行参观鼎城区农村饮水安全服务中心

2014 年 10 月，水利部副部长李国英视察鼎城区农村饮水安全服务中心

2014 年 10 月，长江委观摩组视察沧山水厂建设情况

2014 年，区委、区政府
资 3 亿多元实施善卷垸
洪大堤水利综合治理工
：机械压浸（平台）8.7 公
、高喷灌浆 4 公里、大堤
修 4.6 公里

2015 年 3 月 9 日，区委副书记、区长杨易视察善卷垸水利综合治理工程

2015 年 12 月 23 日，区
委副书记、区长杨易视察善
卷垸水利综合治理续建工程

2017 年 10 月 10 日，区委、区政府再次投入 3.57 亿元全面启动善卷垸水利综合治理工程：修建钢筋砼防洪墙 5.1 公里、新建防汛道路 8.6 公里、改造涵闸 3 处、新建交通闸 3 处，共移动土石方 61.6 万方，2018 年 3 月竣工

建设中的防洪墙

2017 年 10 月 27 日，区委书记杨易现场调度善卷垸水利综合治理工程

推进河长制开展“十大专项”整治行动动员大会会场

2017 年 10 月，拆除镇德桥镇迎风河段违章建筑

沧水河河长公示牌

2017 年 11 月，区委副书记、区长朱金平督导“河长制”河道整治

沧山水库白竹坳渡槽

肖家坪渡槽

八官坑低水拦马口泄洪闸

樊溪闸

荆江分洪闸

老五甲拐闸

五里溪灵泉寺闸

土硝湖泄洪闸

沧山水库

跃进水库

五溪水库

西洋陂水库防汛责任人
政责任人：刘耀锋 13975655867
胡建平 13055029323
张 权 15273658168
术责任人：刘庆元 13975684173
户责任人：聂红旗 15886679703

西洋陂水库

冲柳河道

五里溪渐水河道

杠水东支河流域治理工程

沅水善卷垸流域治理工程

八官垸防汛抗旱指挥部

民主垸防汛抗旱指挥部

善卷垸防汛抗旱指挥部

冲柳垸防汛抗旱指挥部

枉水局沧山管理处

五里溪水库管理所

跃进水库管理所

沅水善卷垸堤防

澧水民主垸堤防

沅水八官垸堤防

民主垸内垸水利血防工程

善卷垸内垸水利血防工程

沅水八官垸内垸水利血防工程

2012 年苏家吉新闸建设工地

2013 年苏家吉新闸

沅水善卷垸物资储备库

低水八官垸防汛物资储备库

澧水民主垸省防汛物资储备库

牛鼻滩谈家河电排(改造后)

老八台排灌站：常德县第一座农用电力排灌站(1957 年)

沙河口排灌站

汪家洲排灌站

新六台排灌站

蒿子港水厂

西洋陂水厂

尧天坪水厂

牛鼻滩水厂

沧山水厂

牛鼻滩黄溪堰白云生态农庄

八官垸贺家山休闲基地

常德县解放初期治理西洞庭湖工程

■ 魏呈贵

常德县土地改革刚结束，正在领导群众建立互助合作组织，发展农业生产的时候，1954年又遇上百年未遇的特大洪灾。从6月初开始，降雨39天，沅水的常德市南硒水位高达39.69米，澧水沙河口水位高达37.27米。县委、县政府领导和6万多名干部、党员及群众，日夜奋战，抢险53天，但大水仍然溢过堤顶，全县湖区八官障、民主、阳城等19个堤垸溃决，淹田62万多亩，56个乡，25万多人受灾，死31人，冲毁房屋2.3万多间，冲走粮食68.5万多公斤。在党和政府领导下，共产党员、各级干部坚守岗位，安全转移群众，减轻溃垸的人畜伤亡和财产损失。随后发动群众开展生产救灾工作。这年9月，省委领导谭余保、省长程潜带领省水利厅和有关部门负责人来灾区慰问，调查堤垸溃决情况，征询修复堤垸意见。后报中央批准，确定了治理西洞庭湖的方案。11月，常德县动员8.5万民工，2020名干部(包括县、区干部、基层干部、省支援治湖干部)，组成3个民工总队，33个大队，由县委、县政府领导担任总队长和政委，区级主要领导担任大队长和教导员，乡级主要干部、党支部书记担任中队长和指导员，担负省治理西洞庭湖指挥部分配的建闸、堵口、筑堤任务。治湖工地上，这年冬季又遇到冰冻大灾，最低气温达摄氏零下12度。广大民工、干部又投入与冰冻作斗争的战役。在河湖冰封、寒风刺骨的情况下，战地民工士气高涨，小雨小雪不停工。一总队第四大队被省治湖指挥部命名为“钢铁英雄大队”。他们住的是在冰天雪地上搭起的稻草棚，在工地上过春节。经过四五个月的战斗，胜利完成治湖任务。3个总队完成土石方1000多万立方米，将26个堤垸并为民主阳城、八官崇孝、护城、丹洲等6个大垸，实现沅、澧两水分流，防洪堤线由623公里缩短到127.4公里(沅、澧两水临洪堤线)。

这年的抗洪救灾和治理西洞庭湖的斗争，锻炼和考验了经过土地改革运动发动起来的群众和民主选举产生的乡级组织和新发展的共产党员。党的基层组织在抗灾、治湖中带领群众艰苦奋斗发挥了战斗堡垒作用，在土改中吸收的共产党员不怕苦不怕累，在群众中起了模范带头作用。例如：同兴乡民兵队长，共产党员李家友，在防汛抢险中担任阳城大垸抢险突击队长，组织30多名身体强壮、有抢险经验的抢险突击手，吃、睡在抢险准备的木船上，在修防会和区的直接领导下进行抢险。哪里出了较大险情，他们就迅速赶往险段。在阳城修防会住地教育局(地名)以南有段两水夹一堤的堤段出了险情，李家友接到通知立即带领突击队迅速赶到险段，经过一昼夜抢修，终于转危为安。一天下午刮起大风，大堤临洪堤面上已抢修起来的一米多高的挡水子堤难以保险，乡农会主席、共产党员宋崇厚，带领群众跳入水中，靠人墙挡水奋斗一个晚上，保护子堤，堤垸没有溃决。当洪水溢过子堤，阳城垸溃决，垸内部分群众被困在水中，党支部书记李爱金带领干部和群众亲自架木船到垸内救人，避免了溃垸后出现人畜严重伤亡的后果。三合垸邱家碚出现漏水险情，工人刘小和跳入8米多深的水中去堵漏眼，被碚门卡住，光荣牺牲。共青团常德地委通报表扬并追认他为“模范共青团员”，湖南省政府追认他为“烈士”。完成治湖任务后，3个总队共评选出基层干部、共产党员、民工张伯民、刘作好、周冬轩等133人和区级干部中的共产党员彭岳保、陈绪阶、张丕望等25人为省治湖指挥部特等劳动模范。

（作者曾任中共常德县委书记）

一项经得起历史检验的工程

——枉水、渐水治理的回忆

■ 张传德

20世纪50年代，枉水、渐水治理时，我在团县委做过宣传发动和组织工作。这么多年的实践证明，两水治理工程的确是一项功在当代、利在千秋的大业，经受了40多年的历史检验，没有人说半个错字。至今，广大干部群众还在称赞，全区农业生产迅速发展，粮食产量逐年稳步提高，得益于这一工程的治理。其规模之大，历来罕见，是全省时间最早，效益最好的，获得了国务院嘉奖的水利工程。

枉水、渐水源于山丘区，系武陵山和雪峰山之余脉，流域内南、北地势高，中部和东部低平，沅水自西向东，横贯其中。南部(前河)枉水河长57公里，汇流面积482.4平方公里。境内的插花岭、九龙山、沧山等山脉层峦叠嶂，西北部(后河)渐水河长37.5公里，汇流面积284公里。境内的太阳、大梁、七姑、白云等山脉逶迤婉转。两水跨县境内32个乡镇场，50万亩农田。境内属亚热带季风湿润气候、干湿两季明显，春季多寒潮阴雨，夏季多

开凿麻家溪隧道

暴雨高温、伏秋多旱。多年平均降雨量为1395毫米，主要分布在汛期(4—9月)，其水量占全年降水的70%以上，5月、6月最集中，约占全年降雨量的1/3。

由于地形、气候等原因，加上全流域内没有一座大中型水库，小型水库也很少，因而几日无雨成大旱，几日连雨遭洪涝，历来水、旱灾害不断。火田坪、官沧是历史老干旱地区，靠九人车提水灌溉，根本解决不了干旱问题，双季稻少得可怜，只能插一季，只要几天不下雨，就得用手车、脚车浇灌田地，还经常干了去，往往望天收，山冲头田基本上颗粒无收。官桥坪的夜干坪是干旱最严重的地方。据史料记载，境内自西晋以来，共发生洪涝灾害132次，旱灾71次，给流域内的人民造成无数灾难。解放前，每次山洪暴发，淹没良田万顷，淹没人畜、房屋无数。洪涝灾后，大饥大疫不断，人民四处逃荒，流离失所。解放后，党和政府为防御水旱灾害，组织全县人民治水兴利，做了大量工作，但一直未能根除。特别是1958年就涨了两次大水，山丘区连暴发了两次山洪。第一次在5月上旬，受灾28个乡，冲垮水库2座、山塘82口，河坝81座，压毁稻田75万多亩；第二次在7月中下旬，暴雨集中在枉水上游，黄土店、沧山、唐家铺等地受灾，冲压早中稻7.59万余亩，冲毁房屋254栋，家具1.6万多件，农具2200多件，冲毁山塘344口，河坝811处，淹死12人。

由于两水流域水旱灾害不断，境内解放后，农民虽然在政治上翻了身，但是农业生产、特别是粮食生产一直上不去。记得1958年前后，全县粮食总产量包括被划出去的四乡一镇一场只有1亿公斤左右，还不到现在(不包括划出去四乡一镇一场)的1/6，只有现在的15.38%。特别是山丘区，粮食产量少得可怜，一般亩产就是那么一两百斤，一遇水旱灾害，更是颗粒无收。当地农民往往饭都吃不饱，经常靠萝卜、蔬菜合在饭中煮着吃，有的甚至吃草根、树皮度日，有民谣“有女莫嫁火田坪，火田坪里饿死人”流传。广大农民强烈要求彻底改变山丘的水利建设面貌。

为治理渐、枉两水，彻底根除水旱灾害，发展农业生产，1958年夏天，县委第一书记李新革带领工程技术人员，赤脚草鞋草帽，身带干粮，几次走遍唐家溪、罗家溪、花岩溪、黄家溪等数条溪谷，翻越浪岭、插花、沧山等10余座山岭，查看地形和水源，走访群众和基层干部，历时30多天，制定出治理规划：在枉水上游建超美、五溪、跃进、沧山、五八等5座中型水库，拦洪蓄水；下游开挖二里岗河和金刚河撇洪。二里岗自响水垱处截枉水至茅湾，长5公里，其中开挖河段长2.6公里，最大挖深12米，河底宽20—40米，河底高程上段35.1米，下段32.5米。金刚河长3.5公里，自麻家巷起，由西向东经跑马岗、葛麻山，于响水垱处汇二里岗河，上纳丁家港、五泉山两水。渐水上游在宝林寺处建五里溪水库，下游于灵泉寺处筑坝，截断渐水，沿其两岸山麓开新河，长17.3公里，撇渐水至河洑出沅水，并在河洑口建闸，以泄洪、蓄水和拦截沅水高洪。

在一没资金、二没物资的情况下，县委、县人委会决心发扬愚公移山、人定胜天、艰苦奋斗、自力更生的精神，下决心根治渐、枉两水。当年10月，召开了县委扩大会议，作出了治理渐、枉两水的决定。11月1日向全县发布总动员令，县成立"水利工程指挥部"，由县委书记李新革任政委，副书记尹文华任指挥，调集17.8万名民工、干部，组成10个兵团，会战两水、五库等水利工程。渐水成立分指挥部，调红旗(今河洑)、上游(今石板滩)、英湖(今牛鼻滩)3个兵团4万名民工。枉水工程由县指挥部直接领导，调冲天(今石公桥、大龙站)兵团修建超美水库；洞庭(今蒿子港)兵团修建五溪水库；跃进

五里溪溢洪道

（今港二口、逆江坪乡）兵团修建跃进水库，及开挖吴家坝至大洋湖的渠道；金星（今长茅岭、尧天坪）兵团修建大洋湖河坝和开挖大洋湖至佘家冲的渠道；金霞（今黄土店）兵团修建沧山、五八水库（后两库合一，称沧山水库）和开挖水库至孙家冲的渠道；东风（今石门桥）兵团，开挖孙家冲至罗汉山的渠道和二里岗河出口段；金刚（今斗姆湖）兵团开挖佘家冲至葛麻山的渠道、金刚河，及二里岗河进口段和修建二里岗滚水坝、茅湾船闸（今坝、闸俱废）、金刚闸等工程。在施工过程中，各工地白天红旗招展，夜晚灯火辉煌，人山人海，歌声震天。广大干群团结一条心，拧成一股绳，齐心协力，男女老少齐上阵，自带工具、粮食（现在一些人还把这些修起来的堤坝戏称为“萝卜堤”“白菜堤”），靠人力挑，硪打，牛踩，鸡公车推等土办法，“轻伤不下火线”。抓晴天，抢阴天，麻风细雨当好天，老百姓落雨甚至落雪都是打的赤膊，真正是“日行千里，炮打万方”。五溪、超美等水库中工地因峪窄坝高，进土困难，民工们从山顶架上索道，在山腰架上天桥，山坳间劈出车道，水面扎起竹排和浮桥，采用“空中飞”“水上飘”“平地推”“坡上绞”“坝上做天桥”等办法，四面八方运土上堤。当时，几乎所有县级领导一齐赴工地第一线与民工同吃同住同劳动。县委副书记尹文华深入工地检查督促，同民工一道推鸡公车一满车一满车地运土。在资金、器材缺乏的情况下。组织民工自力更生，办起了 85 个木工厂，84 个铁工厂，183 个篾工厂，58 个炸药厂，创制了土火车、自动卸土吊车、杠杆垂直打眼机、自动卸土平轨斗车、竹制索道等 34 种，6.6 万多件新工具，自制炸药 60 多吨，保证了工程质量和进度。特别是在施工过程中，广大干群团结一心，齐心协力，不怕苦，不怕累，不怕风吹雨打雪花飘，甚至不怕牺牲，保证了工作的按期按质完成。在挖遂洞的过程中，广大民工发扬不畏艰险的大无畏精神，死伤后都不向政府讨价还价，真正体现了党和群众的鱼水深情和无私奉献精神。党的号召力、凝聚力和组织战斗力得到淋漓尽致的体现。至 1959 年春，第一期工程竣工，就靠人挑肩挑等土办法，完成土石方 2227 万立方米。

1959 年秋、冬，又动员 16.5 万名民工续修两水五库及新修金陵、五里溪两座中型水库。两年间共筑土、石方 4000 余万立方米，初步完成了渐、枉两水的治理任务。建成 7 座中型水库，89 座小型水库。枉水的治理，使三水（黄土店、草坪、丁家港）流入，截流五个溪的山水（上游莫家溪、罗家溪和花岩溪，下游唐家溪、桃花溪），集雨面积94.5平方公里。逆江坪超美水库蓄水量2100万立方米，五溪水库可蓄3000万立方米，港二口（跃进）水库可蓄水1700万立方米。使五库连通，使枉水经毛弯砖场船闸直入沅水。金刚河汇流面积63.7平方公里，库容296万立方米，是枉水的截流工程，起调节作用。枉水五库设计灌溉良田60万亩，实际灌溉26万亩，历史上望天都收不到的现在已水旱无忧。渐水的渐河是防洪灌溉两用工程，五里溪水库汇流50.25平方公里，总库容2040万立方米，正常库容1380万立方米，灌溉44000亩。河洑口闸起防外河涨水、排山水、蓄灌溉用水的作用。渐、枉两水的治理，增加蓄水能力1.2亿立方米，撇掉766平方公里山水，使两水流域当时32个镇、场，30多万亩农田解除了洪涝和干旱的威胁，起到了截流防洪、蓄水灌溉、防涝三大作用。

几十年来，大家一致评价，两水治理没有一点缺点，经济效益和社会效益明显，是一项经得起历史检验的工程，就是在1995年、1996年、1998年连续特大高洪席卷之时，也安然无恙。这一治理工程，彻底改变了鼎城山丘区的水利设施面貌，水利条件、生产条件得到了根本改善。全区的粮食产量稳步增长，总产由1958年的1亿多公斤，增长到1996年的6.5亿多公斤（1997年为6.56亿公斤），增长5倍多。粮、棉、油、牲猪、鱼、家禽产量，六个全国第一，使我区成为全国第一批商品粮基地县。

（作者曾任常德县人民政府副县长、常德县政协主席）

回忆1958年渐水治理工程

■ 胡昌明

渐水，在鼎城区西北丘陵山区，未治理前，渐水发源于临澧县的太浮山，流经雷公庙、蔡家岗、石板滩、灌溪等乡镇，注入柳叶湖，河长37.5公里，汇流面积284平方公里。

由于渐水河床浅窄，蓄水量小，故“十日无雨成大旱”。又由于积雨面积大，经常出现“日降暴雨发山洪”，上游的山塝冲田遭冲刷，水土流失，土地贫瘠。如龙雨庵一带，田无三寸土，谷无雨运半(亩产低)。下游的蔡家岗、灌溪的良田被山洪淹渍成灾，造成农作物歉收。解放初期，这里虽然每年冬修，但塘坝，抗洪能力仍很小，如1957年7月山洪暴发，3000多亩早中稻被淹没两天一夜，造成严重损失。

为了除害兴利，1958年11月，中共常德县委、县政府发布治理渐、枉两水总动员令，调集上游、红旗、英湖3个人民公社4万民工和干部，组成3个兵团，并成立县渐水治理工程分指挥部。

1958年11月至1959年2月春节前，在渐水工地上，三十里路红旗飘，四万民工铁臂摇。以雷霆万钧之势采取“先通后宽”施工方法(即先开通深水河槽，再向两边扩宽)一鼓作气，奋战一冬，完成开新河工程长17.5公里，同时，修建7条支渠、干渠，总长25.5公里。

在开河撇水战斗中，上游兵团在上游灵泉寺筑坝截断老河，接着横溶抵西边山麓修堤2.5公里，劈山2座。在苏公溪修夹堤，在河底筑氽涵闸，共开河3.5公里；英湖兵团从苏公溪起经铁山至岗市，劈山冈10座，开河6公里；红旗兵团从岗市起傍山筑8公里大堤至河洑镇，撇渐水入沅水。

1959年，在河洑建十孔节制闸以泄洪、蓄水灌溉和拦截沅水高洪。在渐水上游蔡家岗宝林寺，红旗人民公社组织3万劳力建五里溪中型水库，积雨面积50多平方公里。承接五里溪、高冲、泉垱三溪水注入，库容1380万立方米，能灌田4万亩。上游人民公社组织治理渐水支流，兴建丰盈、牛车垱、林家坪、大溪冲，加修鸽子湾等 5 个小(Ⅰ)型水库(1970 年代又新建 3 个)和 20 个小(Ⅱ)型水库。

通过 1958 年、1959 年两年的治理，使渐水流域旧貌换新颜。在上游，有五里溪中型水库是这个渐水流域最大的蓄水灌溉工程；有以新开的渐水河为总干渠(长 20.5 公里)，7 条支干渠灌溉；有河洑节制闸起排洪蓄水灌溉作用，加上支流兴修的 28 个小(Ⅰ)、(Ⅱ)型水库等设施。这样基本形成了一套长藤结瓜式的完整的水利系统，使流域(包括河洑、丹洲乡)15 万亩农田旱涝保收。

短短 15 个月的时间，完成 1000 多万立方米的艰巨任务，是史无前例的。是战斗在治理渐水工地 4 万名民工干部艰苦奋斗的结果。他们早出工晚收工，三餐萝卜白菜饭均无怨言，英湖兵团民工吃的大米和蔬菜，还要从远隔 50 多里的后方运来工地。为了加快工程速度，民工们风雪严寒不停工。如河洑乡聚宝营，1000 多名民工穿的破旧胶鞋大部分都是从常德市城区收购的旧货。雨后路烂泥滑，丹洲乡的民工带来楼板、谷壳、稻草、棉梗垫路防滑。

英湖兵团工地处于山丘地带，铁质粘土，质硬难挖，工效低。还有一段铁矿夹卵石层，十字镐也挖不动它，民工们想方设法多次实践，最后，他们采用木桩崩土的方法(既在高不超过两米、长 3—5 米的土墩上正面削平，两侧开槽进 0.5 米，挖空底部进 0.5 米，再在顶部平排打 3—5 个木桩把土崩下来)对付硬土。对铁矿夹卵石地层，他们采用炸药爆破。英湖兵团这一成功经验在所有工地得到推广，在渐水工地上普遍采用。木桩崩土、鸡公车移土等土办法使工效提高一倍。

在经费器材不足的情况下，民工自制工具和炸药，利用公路大石滚夯压、耕牛踩压。上游兵团在苏公溪修余水管，民工们到胡巴嘴打块石、烧石灰、伐竹子，自制直径 2 米、长百米的圆竹篓，然后用榨坊牛碾，碾匀的石灰砂浆，浇灌成水管，再砌块石，合成涵闸(后改为钢筋水泥块石结构以保证质量)。

河洑建闸所用的卵石和块石，由民工组成专业队，或到桃源穿石一带河滩上拾卵石，或开山炸石，船运到工地。十扇闸门的木材，由民工到远隔百里的太浮山砍大树，锯成材料从山上滚到山下，再搬运回来。通过这些土办法、土工具，保证了治理渐水工程的质量和速度。

（作者曾任常德县人民政府副县长）

1958 年修建超美水库的回忆

■ 盛仲成

前河的枉水和后河的渐水水旱灾害,千百年来为常德县人民的心腹之患。一旦暴雨时,洪水狂哮、横流沃野,下游地区遭受灭顶之灾。多日无雨时,旱魔肆虐、地赤禾枯,人民生产生活深罹其害。

然而两种元素组成的水,是宇宙间最宝贵的物质,是万物生命之源,是人类社会赖以生存和发展的命脉。洪水可以驯来造福,猛兽可以驯来跳舞,水旱成灾,是人们的无知与无能,非水之过也。

1958 年“大跃进”时,常德县委决定根治两水。改变山河,是造福人民的壮举,是水利建设史上的里程碑。

超美水库(1981 年后改为逆江坪水库)地处逆江坪乡上游,与安化县毗邻。库内从莫家溪、老屋坪、新屋咀、海鱼咀共长 14.4 公里,集雨面积达 44.5 平方公里,蕴藏水力资源约 3000 万到 5000 万立方米。这里高山环抱,起伏延绵,有 5 公里多长的浪岭坡,有高耸人云的插角殿,有曲涧清溪的幽静,有风景如画的茂林修竹、牧歌田园、异草遍岭、奇花盈山、流水潺潺、鸟儿翩翩,有如人间仙景,好似世外桃源。

“江山如此多娇”,水源如此丰富,然而在漫长的历史长河里,在“易涨易退山溪水”的岁月中,在人类改造自然智能低下的情况下,处在超美水库下游的逆江坪、胡江坪、廖花河及桃源县的水溪……等乡村遭受洪涝灾害的苦难不知有多少!白白流失的宝贵水利资源更不知有多少!风潇潇兮溪水寒,日夜流走兮不复还。令人惋惜,令人感伤。

屈原在《渔父》篇里讲过;“沧浪之水清兮,可以濯吾缨。沧浪之水浊兮,可以濯吾足。”沧水和枉水,都为常德县境雪峰余脉九龙山上之水,犹如一母所生,沧枉两水皆兄弟也。

屈原虽是楚人,却非常德县人也。在 2000 多年前就会利用常德县的沧水洗脚又洗衣服，2000年以后的常德县人民却不会利用自己之水为自己造福，屈老头九泉有知，一定会指着我们的鼻子骂我们是“酒囊饭袋”。因为他生前讲过：“彼君子兮，不素餐兮”就是教训当权者，要为人民谋点福利、办点实事，不要白吃人民的大米。

俱往矣!数风流人物还看今朝!

在“大跃进”的1958年，改变旧山河的号角吹响了，常德县委决定在此建一座中型水库，具体规划是：坝高40米(后为38.5米)，长220米，顶高129.5米、属土石结构，土石方各24万多立方米，共48万多立方米。通水隧道一条，洞长625米，总蓄水量为3000万立方米。水库建成后，不仅使本库下游乡村永久地、彻底地解除水旱之灾，做到

超美水库

自流灌溉。还可将大量的水源通过麻家溪隧洞倒流到五溪水库和港二口水库，将丰富之水进行联合调蓄和灌溉，灌区南起逆江坪，北至武陵镇，东抵南苑，西抵白羊坪。纵横480平方公里，使港二口、长茅岭、许家桥、丁家港、斗姆湖、武陵镇、黄土店、尧天坪、草坪等10乡镇和县桑场几十万亩面积及14万到20多万亩农田得到自主灌溉，做到旱涝保收。同时库内又可发电和养鱼，做到"一石三鸟""它山之石，可以攻玉"。这一哲理，在水利规划和实践中运用得惟妙惟肖。

这一宏伟的规划，这一美好的画图，这一艰巨的任务，谁来付诸实现呢?在1958年的9月份，县委把这块硬骨头分给当时最大的冲天公社。具体任务三条：①工地上劳动力保证1万人；②资金、物资一切自筹；③1959年春耕前(4月前)保证如数按质完成任务。

整体利益和局部利益总是有矛盾的，我当时反感情绪大，一是本公社水利任务大，1万劳动力调走后，自己的任务难以完成，根本无力支援他人；二是对资金、物资全部自筹，反感情绪更大。因为才从脆弱的小农经济组合而成的公社，根本无力做到自力更生……总之，对完成任务颇有微词。这些意见和申诉，在当时"共产主义是天堂、人民公社是桥梁"的意识形态下，在"人人为我，我为人人"的政治口号下，在"一平二调"大刮共产风的形势下，在民主极端缺位的作风下，任你申诉得舌枯唇焦，结果都是梦里南轲。

冲天公社人民在修建超美水库中付出了沉重的代价。谱写了悲壮的诗歌。原来的冲天公社就是现在的周家店、石公桥、镇德桥、白合山、大龙站、双桥坪六乡镇。当时人口106000人，耕地面积20多万亩，总面积620平方公里，等于新加坡总面积。冲天名称的由来，一是大部分乡镇处于冲天湖畔；二是"大跃进"中必须有冲天干劲，二者相加，取名冲天。

1958年10月左右，在县指挥部的催促下，由公社副书记刘向学、罗申甫带领1万人(实为8500人)，开赴超美水库工地，其中妇女占30%，《工地报》总编为周询同志。在自力更生，一切自给的精神下，资金、工具行李自带、油盐柴米自筹。当时的交通运输非常困难，既不通船，又不通车，完全靠肩背手提搞供应，每天搞物资供应的人是一个营(600 人左右)。一个多月后,县指挥部天天在广播里批评冲天公社工程进展慢、干劲差,最终点名要我亲自到工地指挥。我在 12 月左右到达工地,发现困难确是巨大:当时由于瞎指挥和浮夸风严重,原来统计粮食产量数字缺口大,缺粮现象严重。号召全体工地上的所有民工低标准、瓜菜代,每人每天不能超过一斤口粮、每人每月一斤油,吃餐鱼肉等于是过喜庆和节日,少之又少。一斤粮食的热量,不过两千大卡左右,一个重体力劳动者每天必须有 4000 大卡以上热量才能保证身体需要,群众吃不饱、力不足,连正常爬山走路都困难,根本谈不上大干快上。加之湖区人一下子到大山区水土不服,特别是妇女思家心切……等原因,每天到医务室看病人多,想开小差的人多,少数人因吃不饱到山上找代食品。此情此景,作为当时主要负责人的我,感到伤心和内疚。其实当时全县粮食缺口大,我们公社由于浮夸风和瞎指挥相对轻一点,粮棉生产当年取得了大丰收,除上交县里 2500 万公斤粮食外(是当时交粮最多的公社),自己完全有粮食实力让群众吃饱肚子,可以冲破县指挥部每人每天一斤粮的限制。我与工地党委和后方党委副书记王志远等商量后,决定把口粮标准提高。总之在不浪费一粒粮食的情况下,让大家吃饱肚子,并允许每周或 10 天改善一次生活。再把搞生活供给的运输队伍由 600 人增加到 800 人,保证 7 个人有一个人搞供应,作到生活物资及时供应。

工程上的困难

关于车子化问题,当时指挥部口号是:“革命化,车子化”。把工程上的劳动工具与政治紧密挂钩,实在有点庸俗。当时所谓的车子化,并不是现在运土的汽车,也不是拖拉机,而是农村一种木制的土鸡公车。长约 1.8 米,宽 1 米左右,工艺比《三国演义》里诸葛亮造的木牛流马还要落后。但在平原区和丘陵区使用,确是比人挑土要多些、快些。可是我们工地情况不同,整个工地长只 220 米,宽只 200 米,摆 7000 人的队伍在此劳动,已是人山人海,拥挤不堪。一张车子要占 3—4 人劳动空间,造成人挤人,车碰车,只见人成堆,不见土上堤,“英雄无用武之地”,严重影响了工程进展,同时车子坏得快,浪费大。我们观察后,立即同大家商量,把车子取消,换上了其他工具,结果空间宽了,人不挤了,工程进展加快了。指挥部耳朵真灵,听说我们取消车子化,大发议论批评,半个月后，指挥长尹文华亲自到工地观察，见到我们工程进展快，质量好后，不但不批评，反而说我们因地制宜的措施是对的。

如何解决土源问题

大坝的土方任务只有24万多立方米，这点任务在湖坪区只是小事一桩，在这里却困难重重。因为这里遍地是峥嵘起伏的石头山。“地无三寸土”，好多地方连一寸土都没有。有点土的地方在雨水一来就全部淹没。如何解决？群众是真正的英雄。在鼓足干劲，大干巧干动员下，发动大家在山上山下找，在坳里沟里找，特别是妇女积极性高，只有拳头大的土块都全部捡来。龙潭港中队妇女队长孙员秀每天完成0.4平方米，结果把周围几平方公里所有山上山下的土几乎找光挖光。在不便于用大型工具时，他们有的用撮箕挑，有的用篓子背，在200多个日日夜夜里，终于“集腋成裘”“集尘成山”，圆满地完成了任务。

掘石头中的安全问题

这里土源奇缺，而石头却遍地都是，真是取之不尽。我们有24万多立方米的石方任务，但如何把它请到大堤上来却绝非易事。原来民工带来的工具在这里根本不起作用，全部重新换上铁钎、铁锤，主要用炸药。这里指的炸药，完全是自制的黑色炸药，效力低，又容易爆炸，工地上人山人海，炮声一响，石块乱飞，最容易出现伤亡事故。整个工地先后炸死11人、重伤150多人、轻伤者更多。伤者大多是断腿、断脚、断手。有一次我在龙潭港工地劳动时，一块石头从天而降，幸被队长龚吉善拉开，才幸免于难。医务室伤者排队，缺医少药，医生叫苦不迭。现在想起来我很内疚，当时安全工作未作好，对不起死伤的战友。后来采取定时、定点，黑夜放炮等办法，安全形势有所好转。

打隧洞的一场“龟兔比赛”

麻家溪隧洞长652米，底板高程118米，是将超美水库之水引到五溪水库、跃进水库的通道，县指挥部把任务交给超美和五溪水库工地两指挥部，明确各完成一半。并要求两库领导人开展比赛，条件简单：输者帮赢者送大肥猪数头。再是输者帮赢者放鞭炮祝贺，从本工地一直放到赢者工地（两工地相距5公里），这么长的工地，该放多少鞭炮？真是荒唐之至。

五溪水库一直就是县指挥部的试点，资金和物资样样重点保证，处处事事优先，他们打隧洞的指挥是当时技术权威的水利局副局长赵云甫，而我们是一般技术员周维衡。他们打洞的炸药是高级的黄色炸药，而我们是自制的黑色土炸药。这种不公平的竞赛，使我当时火冒三丈，认为他们欺人太甚。但是，压力可以变成动力，回工地后迅速召开动员会，号召大家既要鼓足干劲，又要科学施工。我们隧洞负责人周维衡忠诚老实，工作极端负责任，对技术精益求精，特别能吃苦耐劳，在领导打隧洞的半年多时间里，他没请假回过一次家，没离开过隧洞一天，没享受过一次娱乐，日日夜夜带领群众苦干巧干。在他的指导下，不到一个月就把隧洞先打通了。五溪水库指挥部凭着巨大优势认为稳操胜券，结果麻痹大意，不仅比我们迟了半个多月，而且把洞打歪了，为后人留下隐患。跑得快的兔子，终于跑不赢爬行的乌龟，这就是活生生的辩证法。整个工程从1958年10月至1959年4月左右，经8500多英雄浴血奋战，千方百计的大干巧干，终于把一座雄伟的大坝耸立在人间。

1958年到现在已经48年，在这近半个世纪实践中，回首超美水库的修建，杜、渐两水的治理，全县所有水利设施建设和配套，完全是正确的，效果是良好的。不知多少年、多少朝代，一直没有解决老大难的旱涝灾害，而在共产党领导下，只用了半个世纪的短暂时间基本彻底解决了，做到了人民安居乐业，幸福康宁。

大禹治水，千古流芳。而真正的共产党人不会考虑个人千古流芳，更不会利用搞建设之机无耻地贪吃唐僧肉，而是考虑把“大跃进”中建水利工程改天换地的雄心壮志、艰苦奋斗的优良传统、全心为民的公仆作风、勤俭节约办一切事业的宝贵精神，永远、永远流传下去。

“时光催人老，青春不再来”，原来同甘共苦的战友“故人多乘黄鹤去，留下俱是白头翁”。

谨以此文，以志纪念。

（作者曾任鼎城区政协副主席）

水利建设大会战的片断记忆

■ 李华章

水利建设是农田基本建设的关键，我在农村基层工作 34 年，跟水利建设有缘。新中国成立以来，我县历次水利建设大会战，我不但是参与者，也是指挥者，率领成千上万民兵转战南北，对于上级党委的正确决策，人民群众战天斗地的冲天干劲，劳动竞赛的热烈场面，我记忆犹新，经常浮现在眼前。

艰苦创业

解放后，县委、县政府领导人民群众，征服、改造自然，进行了一次又一次的水利建设大会战。第一次是从 1954 年冬开始治理洞庭湖。1954 年，我国遭受了特大洪水灾害，灾后痛定思痛，省委根据中央的部署，于当年 9 月作出决定，调集 83 万劳动大军，治理洞庭湖。我当时在港二口区任区长，正在地委党校学习。按省委通知，全体党员参加治湖战斗。我被分配到常德地区治湖指挥部第七供应站任站长，带领从省银行学校分来的 20 多名学员和从直属部门抽调的干部共 40 人，负责南县、华容和大通湖农场共 4 万民工的后勤供应工作。工作条件特别差，驻扎在一望无际、渺无人烟的湖洲上。施工期间又遭受 44 天的大冰冻，气温降至零下 12℃。河湖冰封，给我们的工作带来极大的困难。省、地委高度重视这项工作，从全国各地调集了数百万斤大米、煤炭、蔬菜等物资。我带领全站同志，不畏严寒，精心组织，齐心协力，保证了治湖工地的供应，促进了工程的顺利进行。由于任务完成出色，供应站被评为分指挥部的先进集体，我个人被评为省、地两级指挥部的甲等治湖劳动模范。

1958 年，党中央“大跃进”的号召一经发出，全国上下奋起响应，在农村从水利建设大跃进开始，迅速成为大办这个、大办那个、规模宏大的群众运动。我县组织的水利建设第二次大会，就是在这个背景下展开的。县委书记李新革有胆有识，心怀“愚公移山，改造常德"的雄心壮志，为了改变前河靠天吃饭的局面，他带领赵云普等工程技术人员，踏遍了前河枉水的山山岭岭，找水源、定方案，历时30多天，制定出了治理规划：在枉水上游兴建超美、五溪、跃进、沧山四座中型水库，拦洪蓄水，并库库相连建成水利网；下游开挖跃进河（长8公里）、二里岗河（长5公里）、全刚河(长3.5公里)，并新筑4.5公里的茅湾大堤（含火田坪至二里岗进口一段）。10月，召开县委扩大会议，作出治理渐、枉两水的决定。11月1日向全县人民发布总动员令，并成立县水利工程指挥部，由县委书记李新革任政委，县委副书记尹文华任指挥，调集全县18万民工、干部，组成10个作战兵团，会战两水。我当时任大金刚公社党委副书记，分管农业。党委决定，由我带队负责完成县委下达的开挖枉水下游总长15.5公里（二里岗河出口处1公里是东风公社开挖的，未计算在内）的三条河道，修筑4.5公里大堤的任务。随即成立作战兵团，我任兵团的团长，副书记刘昌林任副团长，以大队为民兵作战营，指挥部驻扎在工地中心火田坪，集中了两万民兵打总体战。三条河同时开挖，全面动工，开展竞赛。特别是二里岗河的开挖，极为艰难。高处要往下挖30多米，河底有两米多厚的岩石层。卸土极为困难，要翻过山岭卸土，而且经费、器材奇缺。在这样的情况下，这里当时流传着这样两句话："讲起二里岗，心里就发慌，看到二里岗，两腿就敲梆。"但是我们没有被困难吓倒，我们发扬自力更生、艰苦奋斗的精神，群策群力想办法，战胜困难。我们自制工具、炸药、架设天桥、木板铺车道、鸡公车推土、木棒夯土、炸药爆破、活钩倒土，通过这些小改小革，保证了工程进展。经过两个秋冬的艰苦奋战，1959年冬终于完成建库、开河等主体土建工程。1958年冬，地委召开表彰先进的群英大会，由县委书记李新革带队，我和刘体德、罗世秋等一行30多人光荣地参加了群英大会。1959年春，县委决定，除留下10%的劳力搞附属工程外，大批劳力下堤转入春耕生产。

我清楚地记得，在那大跃进的年代里，在农村搞了很多的大办，比如土法上马大办钢铁、大办公共食堂、大办万头猪场等。在大办的过程中，以过高的指标，求成过急的要求，靠大辩论开路的领导方法，由此引发出以浮夸风和共产风为主要标志的"五风"错误，严重泛滥。不少地方的农民患水肿病，劳动能力急剧下降，吃不饱饭，逃荒、非正常死亡的悲剧时有发生。1959年，又继续开展反右倾运动，使左倾错误愈演愈烈，这个教训是深刻的。但是在生活极苦、劳动强度极大的情况下，人民群众还是听党的话，发挥冲天干劲，克服难以想象的困难，在3年大跃进的困难时期，治理了渐、枉两水，修了一批中型和小一型、小二型水库，对于改善我县的生产条件打下了坚实的基础。这段历史是在党的领导下，同人民群众一起，苦干、实干加巧干，忍饥挨饿，艰苦创业的历史，经验和教训都极为深刻。

送走瘟神

为了落实毛主席“一定要消灭血吸虫病”的指示精神，1968年，常德县革委会作出了开发茅坪的决定，成立了“茅坪开发委员会”，并从县水利局、血防院等单位抽调了20名干部，组成开发茅坪规划队，明确我为队长，实地调查，勘测并在此基础上作出根治水灾、血吸虫两害的开发规划。通过3个月的实地工作，我们掌握了第一手资料。

茅坪地处德山脚下，沅水河畔。四周与县良种场及斗姆湖公社的二里岗、杨兰桥、红星、火田坪等7个大队相邻。这里地势低洼，水系紊乱，成了方圆数十里下雨一片海洋，退水露出处处荒洲，长满茅草、渺无人烟的“渍水桶”。由于得不到治理，常年潮湿，给钉螺生长、繁殖提供了绝好环境，致使该地钉螺密布，血吸虫横行，水灾和血吸虫病就象两把利剑架在当地人民头上。旧社会，这里流传的一首歌谣中说：“走进茅湾坪，‘大肚子’先进行”，肚子像“烧箕鼓”的晚期血吸虫病人随处可见，有不少的人被血吸虫夺去了生命，害得家破人亡，“万户萧疏鬼唱歌”是这里的真实写照。

我们规划队的同志，根据调查的实际情况，认为要采取治水与血防灭螺相结合的措施才能根除茅坪的水、虫两害，而且关键在于治水上。根据这里水系紊乱、水位不定、地势低洼、常年潮湿的特点，采取“高水高排，低水低排，等高截流”的办法，将高低水分开。高水在正常状况下，不用机抽，通过金刚闸，挤入沅水。为了上游大面积的山洪不流人茅坪，在海拔43点以上的高程地面，从南至北，横跨许家桥、斗姆湖两个公社，拦腰斩断开挖3公里长的“撇洪河”，把大量山水直接引人沅江；在二里岗山腰开挖8华里长的围山沟，把山水直接引入高水，在茅坪中间开挖一条5公里长的高排河，接高水，抢排出沅江，并将筑成两个低排堤垸；修建3个大机埠，排渍、抗旱。

这样的治水方案，能用较低的成本，从根本上消灭茅坪的水虫两害。我们向县革委会写了规划报告，得到了县革委会副主任赵树立同志和县革委生产指挥组负责人张传德同志的高度重视和大力支持。1968 年冬，县革委批准我们的规划方案，并组织实施，成立了治理茅坪指挥部，赵树立同志亲自兼任指挥，我任副指挥。

我带着规划队的同志，又转入前期准备工作。首先是跑资金、器材。我与蔡寿熙、刘尚老同志 30 多次跑地区、跑省里，求支持。1968 年 12 月的一天，我们在一个工作在省城的老乡的帮助下，终于在韶山找到了当时的省革委会主任华国锋，他在我们呈交的报告上亲笔批示："请农业生产指挥组接待、处理"。结果由生产指挥组出面，同省水电厅共同落实，戴帽解决资金 11 万元、130 千瓦电动机两台，地区解决了"三材"（水泥、木材、钢材）和 75 千瓦电机 1 台，县里也给了 8000 元和 75 千瓦电机 1 台。

1969 年秋，中共常德县委核心小组决定调集斗姆湖、黄土店两个区 3000 多劳力，大战一秋冬，开通了 3000 米的"献忠河"，开通了 5000 米的高排河，并筑成了张家堆和良种场两个低排堤垸。大型土建工程完成之后，为了修建 3 个机埠，完善配套工程，经县革委会批准，单独建立一支由 101 人组成的常年施工队，取名为青年突击队，选拔了年青有为、有干劲、有能力的青年人田光明任连长。我与规划队的同志也和常年施工队一起，长年战斗在改造茅坪的工地上。

我们这支一百多人的队伍来自机关、农村，思想不一致，条件艰巨，时刻有感染血吸虫病的危险。特别是"文化大革命"风潮时时波及我们，不是我被揪回港二口批斗，就是规划队的同志被揪回原单位批斗，更有甚者是当地的几个造反小丑，时时窜到工地，要"教育臭知识分子"，要"批斗走资派"，要"抓革命"，弄得我们不安宁。我们只得策略地应付，天天的"早请示"变为当日的工作安排，"晚汇报"变为工作小结，跳"忠"字舞变为开展青年文娱活动。我们还自己养猪、种菜，生活得到改善。通过学习，加强了我们对工作就是为子孙造福这一使命感的认识。在这里，知识、知识分子得到了应有的尊重，经过努力，我们把工地变为来者安心、文化和物质生活都还丰富、脱离了动乱的世外桃源。

两年苦战，终于建成了 260 千瓦的茅湾电排站、75 千瓦的张家堆排渍机埠，75 千瓦的二里岗抗旱机埠，修建了节制闸、潜水管等 5 处口闸。在这些工程的基础上，70 年代后期，又增修了1085千瓦的电动机埠，加长了高排河，完善了配套工程，整个根治工程发挥了最大的效益。

根治后的茅坪，彻底消灭了洪、涝、旱灾害，茅坪的“特产”——茅草，成了稀罕物，片片荒洲变为可耕种的良田好地，低洼处变为高标准鱼池。更为可喜的是，我们找到了兴修水利与血防灭螺相结合的消灭血吸虫病的有效途径。因为通过治水，消灭了钉螺赖以生存的环境，依靠钉螺生存、繁殖的血吸虫，因失去了钉螺也随之不能繁殖而灭绝。经多年的实践证明，茅坪的血吸虫已彻底消灭，送走了瘟神，斗姆湖血防站已完成了它的历史使命，随之撤销。现在的茅坪栋栋白楼耸立，有序的渠水环绕田间，昔日的“渍水桶”变成了今日的鱼米之乡。

梯级开发

1971年冬，由上级水电部门建议，县委作出决定，超美水库要保安、挖潜、配套，扩建高干渠，建立多处小水电，搞小资源梯级综合开发。1958年，修建超美、五溪、跃进三座中型水库后，逐年搞了一些保安配套工程，但经过几次大的洪、旱灾害的考验，工程效益不能充分发挥。特别是五溪、跃进两水库库容大，而集雨面积小，水源不足，蓄水不满，而超美水库集雨面积大(44平方公里)，水源充足，蓄水有余，虽有麻家溪隧洞引入五溪水库，但受地面高程限制，隧洞底板高，引水量小，而且只能将表层水引入五溪。超美水库常年只是死水一库，多余的水白白流人沅水，浪费掉了。全灌区20万亩良田一遇大的干旱，大部分还是不能保收，特别是下游的尧天坪、长茅岭、丁家港、许家桥等乡镇的大批大队、生产队连人畜饮水都成问题。县委书记关杰、副书记万祖钧高度重视枉水建设，两人带领赵云普、刘启寿等水利工程技术人员，跑遍了枉水灌区，作了大量调查，听取技术人员和当地干部群众的意见和建议，决心扩建超美高干渠，把超美水库的水引人五溪主干渠。根据超美水库地层高、水源充足、水路长、落差大的特点，决定充分利用资源，搞梯级综合开发，建立多处小水电，解决灌区水和电两大问题，这是为子孙造福的百年大计。

扩建超美水库高干渠工程全长5.1公里，这里地势险要，需要架设渡槽，凿通长

250 米的岩石洞，盘山渠道从高岩塘，横穿寨冲、朱家冲，到达岩土当冲，大部分都在悬岩峭壁的山腰，工程极为艰巨。另外，还要在深山谷里修建两座土石混合附坝。整个工程由黄土店、港二口和斗姆湖 3 个区承担，由于斗姆湖受益面积大，要承担整个工程量的 70%。斗姆湖区委书记熊士前同志在县里领受任务回来后，当即召开区委扩大会，统一思想，具体部署，成立斗姆湖民兵作战团，县委指名我为作战团团长，带领 5000 名精干民兵，会战水利工地。对于这项工程，区委指导思想非常明确，态度非常坚决，熊士前同志在公社书记动员会上明确表示：枉水工程要人给人、要钱给钱、要物给物，他这样说了，也这样做了。区委"三要三给"的精神，极大鼓舞了水利工地指战员的士气。5000 名民兵群情激昂，干劲冲天。从北往南，全长 5.1 公里的崇山峻岭、悬岩峭壁的山腰上，摆成一条长蛇阵的水利大军，开挖渠道，修筑附坝，穿凿隧洞，工地上红旗招展，爆破声惊天动天，场面极为壮观。

整个工程中，穿凿隧洞最为艰巨，坚硬的岩层，进展一寸都要付出相当大的代价。我们组织以共产党员为主体的排难小组，攻克难关。他们用双手拿着钢钎、铁锤，一锤锤打炮眼，用炸药爆破，一寸一寸地向前推进，更危险的是经常出现哑炮。在共产党员姚珍贤的带领下，冒着生命危险，一次又一次排除哑炮。一道道难关被攻破，一块块坚石被炸掉，民兵的双手磨出了血泡，双肩压肿得象馒头。艰苦奋战四个月，隧洞终于凿通了，经过一个秋冬的努力，枉水扩建、配套主要工程终于在春节前完成了。跨越山山岭岭、沟沟坎坎的各类水利设施，无一处不凝结着广大参战民兵的血和汗，为了驱走千年旱魔，不知付出了多少艰辛和努力。

枉水上游山河秀丽，这里是我的家乡，我爱这里的山山水水，工程竣工时，我曾作过带有诗意的赞美词一首，并刊登在水利工地简报上：

青山高高，
绿水滔滔，
秋高气爽红旗飘。
县委作出决定，
超美水库要保安、挖潜、配套。

全区上下齐响应，
水利工地起高潮。
民兵七千齐奋战，
地动山河铁擘摇。
穿山凿洞炮声隆，
人造天河效益高，
万米明渠绕山跑，
良田万顷靠它浇。
长藤结瓜小水电，
深山僻壤换新貌。
千年旱魔被驱走，
灌区经济促飞跃，
人人称赞党的举措好，
日月欢腾山河笑。

回首往事，感慨万千。在当年生产力水平低，经济非常困难的情况下，县委采取依靠群众打总体战的正确办法，自力更生，艰苦奋斗，建成超美、五溪、跃进三座中型水库，上中下成梯级连成一线。并根据水资源充足、落差大、水路长的特点，分高低水、长藤结瓜建成22处装机容量895千瓦水轮发电机组的小水电网。

实践证明，治枉水是成功的。现在的枉水是以灌溉为主，兼顾发电，加工办厂，通车旅游，综合开发，良性循环的水利工程。是艰苦奋斗办水电、科学的充分利用丰富的水资源变为巨大的电能，发展生产，造福人民的一座丰碑。

综合治理

20世纪70年代前期治理冲柳工程，是我县解放后第三次农田基本建设水利大会战。为了消除水患，1973年夏、秋间，县委书记雷恭政亲自带领部分县委常委和水利工程人员，绕山沿湖，深入若干偏僻小垸，作了大量的勘测、调查，在取得了大量第一手资料的基础上，作出比较方案，最终选定以撇洪为主，撇、蓄、挤、排相结合的治理方案。

按此方案，工程宏大。北起八宝湖，南至苏家吉，东抵泥港口，西达蔡家岗，横跨15个乡镇，纵横30余公里，需要开河、堵口、筑堤、建闸、修电排、渡槽和桥梁。

1973年冬，县委作出决定，按已定方案组织实施，分3年完成。当即成立了民兵作战团，会战冲柳。

我那时任斗姆湖区领导小组副组长，分管农业。县委提名我领队，明确为斗姆湖民兵团政委，区委成员贾新民为团长。5个公社成立民兵营，大队为民兵连，区委决定上8000名精干民兵。这一年的任务是开通从县园艺场山脚起，经过王家桥直抵三堰大队，全长约3公里的河道，修筑3公里的八宝湖大堤。我和贾新民一致认为，一是要高速优质完成县委分给我区的任务，要学习大寨思想领先的原则，在工地开展“五比五看”的劳动竞赛，即比团结协作，看互助精神；比工程进度，看质量标准；比自力更生，看克服困难想办法解决问题；比取土卸土科学合理，看还田整地效果；比工地纪律，看当地群众反映。工地设有广播站，天天表扬好人好事，通过这些活动，工地上出现了接受任务不讲价钱、难工争着干、人人争先进、正气压邪气的热烈场面。草坪营在大战黄瓜潭时，遇到非常严重的塌方，500多人连战5天，堤脚还没有冒出水面，民兵们斗志不减，日以继夜连续战斗8天，终于战胜了塌方，把黄瓜潭大堤的基脚固定了下来，修起了防洪大堤。

1974年的任务是开挖龙子岗河出口一段，修筑3公里丁家垸大堤。开河工地的土质是黄夹土，非常坚硬，工程难度大。当把任务分给全区最大的草坪营时，个别同志认为团里分配任务不公平，他们吃了亏，讲价钱，营长莫道宏（曾任常德市人大常委会主任）善于做政治思想工作。他说龙子岗这块硬骨头分给我们，这是对我们的考验，并响亮地提出：“我们民兵心红不怕工程难，志坚能破艰难关。”他们统一思想后，团结一心，敢打敢拼，硬是按设计标准挖通了河道。丁家垸大堤也筑起，巍然矗立在人们面前。经过两个冬天的苦战，冲柳全线的主体工程完成了。

1975年的任务是续修扫尾，综合配套。我区的任务是开挖同心河，还要开挖桔园和鱼池。这一年是贾新民领队,任务也完成得很出色。

在治理冲柳的过程中,充分发挥了艰苦奋斗、自力更生办水利的精神。斗姆湖区3年就自筹资金两百余万元,用于三材及生活和其他开支,工具全部由生产队自备。

此项工程的最大特点是山、水、田、林、路实行统一规划,综合治理。3年中,不但开了河、筑了堤、堵了口,还修了桥和路。更为可贵的是还将挖坏了的取土场、卸土场,平整成良田好地,表层铺上肥土,有的取土坑,整成养鱼池,还给园艺场开桔园。我区就还田300余亩,新开橘园500余亩,为了便民还筑路2.5公里。我区3年经县指挥部验收,都为优质工程,3年都被评为先进民兵团,多次受到县指挥部的嘉奖。正如区委书记熊士前传达县里总结治理冲柳时,雷恭政点评斗姆湖区的三句话:“三年治冲柳,三年(接受任务)不讲价钱,三年完成都领先。”

1976年,我在草坪公社任党委书记。当时草坪的主要问题是河东9个大队的干旱问题。这9个大队属沧山水库水系,处于15公里水路的尾水。远水解不了近旱,加之口闸不配套,管理混乱,遇上干旱,派出上百人接水,滴水也接不来,往往造成重大损失。我和党委一班人决心自力更生,艰苦奋斗解决这一难题。我们调集全社干部、群众3千人打总体战,在县委和县水利局的大力支持下,从1976年到1978年经过3个秋冬的艰苦战斗,兴建从枉水河提水上山的徒山电灌机埠(两台155千瓦)、新垸电灌机埠和稻罗岭二级提水电灌机埠3处,还修建了三角堆、香公店小(一)型水库两座,新隆、陆象窝小(二)型水库两座。至此,草坪河东9个大队的干旱问题基本得到解决。从1977年到1979年连年增产增收,仅粮食一项年增产300余万公斤,草坪连续三年被评为全县先进单位,我在县三级干部大会上发言介绍经验。

现在,每当我静下心来,回首自己风风雨雨的历程时,我深深地感到,根治水患是何等的重要和艰难。通过几次大的水利建设总体战,我既感受到社会主义的优越性,也感受到我们党高瞻远瞩、不怕挫折的毅力,全心全意领导人民治理水患的决心和魄力;也看到了人民群众在治水战斗中付出的心血和汗水。现在每当我们享受着这些水利工程带来的巨大效益时,我们由衷地感到欣慰和自豪。

(作者曾任鼎城区政协副主席)

我所经历的常德县水利建设

■ 周炳川

湘阴新泉寺开河建闸工程

新泉寺开河建闸工程是一项外援工程。湘阴县新泉寺这一带农村靠近湖水，地势低洼，年年汛期一到就要遭水淹。1952 年，省里为了尽快使这里的人摆脱水患，决定从全省抽调劳力支援湘阴。常德地区从常德县、安化县、桃江县抽 4500 劳力，组成常桃安总队，赴湘阴新泉寺开河建闸。1 952 年冬天，我在黄土店区工作，同区武装部部长张乃恭带领 300 民工，与斗姆湖、伍家坪、港二口、东山坪 5 个区的民工组成常德大队，赴湘阴县新泉寺开河建闸。那时我刚满 20 岁，初出茅庐，第一次出远门，带几百人，到离家乡 250 多公里地方，思想压力很大。到县里开会，确定我们区为先遣队，先去工地做好一切生活准备，搭工棚、打灶、买好油盐柴米，等待大部队到来后及时开工。

我们是坐一艘烧木炭的船拖两只驳船去湘阴的，日夜兼程，整整坐了 3 天，晚上上岸睡觉，第一天晚上睡到牛鼻滩，第二晚睡到沅江县的县城，我们初次带这样的队伍，也不知是怎样磨到工地的。做好一切生活安排后，大队伍来了就开工了。首先开河，开河任务完成后，回去了部分民工，留下的民工负责闸基的卵石工程，我继续留下了。在工地上，我见到了程潜及其他省领导。

这次工程是在冰天雪地里，在泥水中，在条件很不成熟的条件下完成的。回想起来，我学会了很多东西，如工地的思想政治工作、工程技术、工地后勤保障、领导方法以及队伍管理等等。参加这次工程建设是我人生的第一次，既是经风雨磨练意志的过程，也是见世面开阔眼界的过程，一生难忘。工程完成后，于 1953 年春胜利返回，县领导带领秧歌队在上南门迎接我们，并送我们回区。回来后休息期间，我回了一趟老家，看了我离家两年的父母及兄弟姊妹，他们个个都是含着眼泪。

修建跃进水库

常德县有 20 个乡(镇),常年受渐(在县西北)、枉(在县南)两水的危害。未治理前,峡谷流域间 10 日无雨成大旱,1 日降雨 70 毫米成洪灾。县委经过调查,决定根治渐、枉两水。采取上游修建 5 座水库拦洪蓄水抗旱,下游开河 26 公里撇洪,规划经群众讨论,上级同意后,于 1958 年冬天动工。全县动员 18 万民工,组成 10 个兵团,历经两年,基本上完成了开河建库主体工程。30 万亩农田解除了洪、旱灾害,获国务院嘉奖。我是修建跃进水库总指挥成员之一。这个水库有集雨面积 12.5 平方公里,正常库容 1700 万立方米,蓄水面积 4590 亩,水库大坝长 263 米,高 25 米。一个冬天,动员跃进公社 5000 名民工,完成土石方 40 多万立方米。工地离家仅一里路,妻子和孩子都在家里,我没回家住,天天同民工吃、住、劳动。时值下雨天,冰雪天,有很多的困难,我们千方百计采取各种措施抵御严寒。经过一个冬天的艰苦努力,水库建成了。1959 年就开始受益了,水库的水灌溉农田,改变了过去只能靠小山塘来灌溉的局面,消灭了天干 10 日就大旱的历史,不仅解决了农田的灌溉问题,山洪暴发时也可积蓄洪水,避免了山洪冲刷农田。

善卷垸田园化建设

善卷垸座落在沅水南岸的德山脚下,地势平坦,时常遭受水旱灾害。解放后,虽然历年都修建,到 1968 年,水旱灾害仍然严重,特别是垸内的地下水,严重影响农作物的生长。1968 年冬至 1971 年冬,我兼任郭家铺公社党委书记期间,狠抓园田化建设。园田化是有规划进行的,以垸为单位,按照经纬线,纵横都以 400 米开一条大渠道,200 米开一条小渠道。渠道分排渠、灌渠,排灌又分排高水的与排低水的,田地都成了方块,打破了原来的小块农田,比较成型,机械耕作、科学灌水都比较方便。田园化完成后,降低了地下水,渍水一日降雨 100 毫米,3 天可排到耐淹程度。干旱按机埠由各条灌渠分区域进水,减少了村组矛盾,保证了全垸旱涝保收。这项工程是 1968 年一个冬天集中打歼灭战完成的。遗憾的是,联产承包后,再未发挥工程的作用。

沅水善卷垸天井硚

唐家嘴堵口工程

冲天湖、柳叶湖是常德县境内最大的调蓄内湖，有太阳山一带310平方公里的山水汇入，每到汛期，常因外河洪水顶托，湖内渍水致使沿湖10万亩农田遭受渍灾。为了消除水患，县委决定在唐家咀等9处堵口，新开冲柳撇洪主河，经苏家吉挤出洪水。唐家嘴堵口就是在唐家嘴处腰斩土硝湖。口宽676米，填筑土方182万立方米，是冲柳工程最难的堵口工程。1974年冬天，我带领牛鼻滩区1.8万民工，800艘船只，仅42天就全部完成。县里开始并没打算安排我去，后来看到工程难度很大，考虑我搞工程比较有经验，最后确定我上。堵口是水利工程最难的工程，常因施工不利塌方严重。我们采取“箭头式”的进土方法，即从中间进土，泥两边挤，效果很好，最后完成的很漂亮。42个日日夜夜，我没下过工地，在一线指挥，大女儿从长沙回家探亲，我不但没回家，反而要她来工地看看工程建设的宏大场面。

谈家河电力排灌站

为解决牛鼻滩区垸内电力装机容量不足，县委县政府决定新建一处大型排灌站。该排灌站位于谈家河，1975年冬天动工，1977年夏天建成。排灌站由湖南省水利设计院设计，县区组织施工，我是组织施工的主要指挥成员。该排灌站排八官、崇孝垸内的渍水，经冲柳撇洪主河出苏家吉垸。装有5台单机容量各800千瓦的机组，配上海产的64IcB水泵，扬程8.3米，单机出水流量7.2秒立米。有主变压器一台，容量为5600千伏安。高压输电线路从断港头到谈家河，长10公里，电压为35千伏级。主体工程的水工部分为钢筋混凝土结构。出水管道5条，系驼峰式，峰顶高程37米，管径1.6米。集水池底高程为22米。主体工程修筑土方15万立方米，砌石9000立方米，钢筋混凝土7000立方米，耗资388万元，其中国家投资335万元。

新建善卷垸两处电力排灌站

为解决斗姆湖区善卷垸电力排灌装机容量不足，经县委县政府决定增建两处电力排灌站。1975年至1980年春，我任斗姆湖区委书记期间，完成了这两个电力排灌站。一处是茅坪电力排灌站，由斗姆湖公社组织施工，总装机容量1085千瓦，分装7台单机155千瓦机组，各配28zLB—70型水泵，有变压器2台，容量分别为560和570千伏安，其电压等级为35/0.4千伏，有两条钢筋混凝土结构的出水管，管径一为2米，一为1.8米，管中心高程33.28米，排渍面积为2万亩。另一处是天井硪电力排灌站，由郭家铺公社组织施工。总装机容量1085千瓦，装7台容量各155千瓦的机组，配28zLB' 70型水泵，有主变压器2台，容量一台为560千伏安，一台为750千伏安。电压等级均为35/0 .4千伏。有两条钢筋混凝土结构的出水管，管径一为2米，一为1.8米，管中心高程 32.28 米，站南有进水闸为 2 米见方的预制混凝土方涵，涵底高程 285 米，可从外河引水抗旱，亦可排渍。排渍面积 2 万余亩，灌溉面积 1000 亩。在新建上面两个电力排灌站的同时，还续修了由港二口至斗姆湖枉水的高干渠。

战胜洪涝灾害

1954 年 5 月至 7 月，阴雨连绵，雨日达 58 天，雨量 1335.7 毫米，沅、澧水同时暴涨，洪峰迭起。由于刚解放几年，水利设施不全，湖区堤垸，非溃即涝，常德县 26 个堤垸，溃了 19 个，其余 7 个未溃的也是内涝。共淹没田地 61 万余亩，毁房屋 25500 多间，受灾人口近 28 万。这一年，我在河洑区工作。河洑区大部分是平原地带，处在沅江边，防洪任务十分繁重。我和潘国忠负责防守河洑垸，眼铮铮看着河水漫过江堤，堤垸垮陷。垮堤时，我坚守在堤口上，直到领导命令退下堤，我才离开，刚退下堤口 20 秒，堤就垮了。如果晚走一步，我就会被洪水吞没。大水后的同年冬天，整修洞庭湖工程开始了，整修刚开始，出现了历史罕见的大冰冻，天寒地冻，湖面上，厚厚的冰上可以走人，可以行车。山林里，竹木全被冰雪压折，农业损失惨重。这年冬天，我没去前方治湖，留守在后方抗冰冻。

1969 年 7 月，我兼任郭家铺公社党委书记，双抢开始了，突降暴雨，沅水流域突发洪水，流量达 29000 立方米 / 秒，南碈水位达 40.79 米，超过 1954 年水位。当时我正在斗姆湖区里开会，立即赶往郭家铺，从腰堤上堤一看，沅水奔腾直下，水离堤顶很近了，伸脚就可以点到水，那个场面真是急死人。以往大水来临之前，上面都有预报，我们再做各方面的准备工作。这次来得突然，没接到预报，也就没作任何抗洪准备工作。面对这种情况，我不能临阵脱逃，只能想方设法带领群众抗洪。我沿堤走完善卷垸大堤，边走边安排工作。当时正在搞文化大革命，基层党组织受到冲击，可是我没想到，基层干部群众还是一呼而出，大队、生产队的干部自觉地带领群众巡逻查堤，群众自发上堤抢险。郭家铺机埠，进水碈出了问题，支部书记刘开兴下水用棉絮堵住，险些淹死。随即我调动区里其他公社来援助，一通晚没合眼。第二天，草坪和丁家港两个公社的支援队伍才到，在县领导没来得及到场的情况下，我带领区、公社一班人，坚守着。经过我们的抢救，大堤保住了。现在回想起来，也不知是怎么艰难地度过的！

与旱魔作斗争

1972年，我在牛鼻滩区工作。这年天大旱，持续百日无雨，水库干涸，溪河断流，湖底开裂，人畜饮水困难，农作物面临绝收。旱情发生后，全区上下奋力抗救，出动劳动力1.2万人，出动电动力59台，7200千瓦。为解决水源，沿垸内间破堤引冲天湖底水人垸内，共开朝天口4处。电排机埠因水位太低搁浅，就将芷湾的新老8台电机，16台1680千瓦转到外河架设临时机埠。面对如此大的旱情，通过我们坚持不懈的努力，农业仍然获得好收成。

（作者曾任鼎城区人大常委会副主任）

难忘茅坪大会战

■ 王 政

茅坪，位于常德市鼎城区境内沅水以南。

为什么叫这个地名？顾名思义，茅草很多，有点类似草原。

讲起茅坪，过去是有一些茅草，但不多，多的是血吸虫病。现在血吸虫病没了，茅坪也就不叫茅坪了。那时节只要一提到茅坪，就晓得那方圆 25 公里，差不多人人挺着大肚子，远看都象当官的，近看手上腿上都是枯干的。死的死、寡的寡，光讲有个叫郭家冲的屋场，本来有 210 多户人家，1400 多人口，因血吸虫病死的死，逃的逃，到解放时，只剩下 41 户，120 多人。全家人死断了根的就有 1 00 多户。惨不惨哪！官府又不管，自己没奈何，只好鬼哭鬼叫：“茅坪是个苦水窝，大肚子病把人磨。男子谁把性命保？女的全变寡妇婆。”

宰死的鸡还要扑腾几下，茅坪人挣扎着。

民国 3 4 年，有几个保、甲长派人敲锣告知，保、甲拟议公请郎中为乡人治疗大肚子病，每人丁须筹钱一元，粮二十斤。茅坪人喜出望外，百般筹集钱粮送到保、甲长之手中。回家坐等好音，等来了保甲第二次通告，说是因前次所请本县医生医术欠佳，故拟再攀请外地名医，方保痊愈，每人丁须加交钱粮若干。众人一听可保治好，便倾家荡产再集钱粮，相互搀扶，肩挎手提，送入保甲手中，然后再次返家安心坐等名医登门。于是月复一月，年复一年，望穿秋水，死不瞑目。

茅坪人叫天不应，叫地不灵，完全绝望了。

粟山窝，73 人中有 54 人成了大肚子，先后有 15 人悬梁或服毒。有一严姓男子，为了弄钱治病，便将自己的亲儿子带往常德城里出卖，岂料人家见了他那大肚，疑心小孩也患有血吸虫病，不敢前来问津。买卖没做成，于是他上山找到水莽(一种有毒野藤)吃下，在地上翻滚了两日两夜还没死，爬起来，闯进屠户家偷了一把杀猪刀，自捅肚腹才

“如愿以偿”，鲜血和着腹水流了一屋。

茅坪内有60多条沟港，条条沟港都流着茅坪人的泪!茅坪内有300多口堰塘，口口堰塘都装着茅坪人的血!

茅坪还存几个好死不如赖活着的人，血泪也快流尽了！

终于，茅坪的天换了，地改了。共产党进了茅坪。先是打恶霸，打土匪，第三枪就瞄准了血吸虫病。

1953年，常德县卫生院院长赵树立去北京开会，新中国的卫生部副部长贺诚约他单独谈话，两人谈到了茅坪。

1956年，赵树立到省里参加全省血防工作会议，一回常德，县委、县政府就开会听他传达中央精神和毛主席“一定要消灭血吸虫病”的声音，会场搬进了茅坪。那时节条件差，书记、县长们有的骑一辆破单车，有的索性搭轮船，全都赶到茅坪。茅坪人第一次见到了常德县的“父母官”。

到了茅坪，才晓得这里没有会议室，于是就在室外开会，一边走路，一边看茅坪的山水，一边讲话发言。路两边，渍水未退，杂草丛生。这些共产党的干部尽往泥路刺蓬里钻，便看到了树枝树叶间，草梗草片上密密麻麻趴着的钉螺。还没问人，茅坪人原先过着什么日子，心中就已明白了一多半。都说血吸虫病是该整治整治了。

至于怎么个整治法，大家各抒己见。有的说只要把病人治好就行了;有的说应当治土，捣钉螺的老巢。

有的说只要把水治住，血吸虫病就传染不了。当然也就有人说光治病还不行，有土必有螺，治土恐怕也治不了，治水更是力不能及。这些领导只看了几篇专讲防治血吸虫病的文章，能讲出这些话来已很了不起。

主持会议的县委书记名叫张琢。他发表意见，先不讲到底怎么整治才好。他讲才听到的一件事。说就在这附近，有个叫“马颈项＂的地方，一条土堤，分开上下张、刘两族。民国23年，这里血吸虫病闹得厉害，张家地势高，晚上就派人悄悄挖断“马颈项＂，让疫水全灌到刘家。这叫做:挖断马颈项，张家心不慌，刘家屋灌水，两眼泪汪汪。刘家不依，把官司闹到国民党县衙门，其他人都不屑一顾，只有一个人出面管这事。这人姓张，正是这张姓族里捧出来的人。亲朋戚友都在张家，他就专为张家管事。走门子，喊警察，硬把刘家压了下去。结果保得张家，亏了刘家。诸位，本人也姓张，现也在县里工作，但我是共产党员，决不学国民党里那位姓张的人只保一姓一族。我建议：茅坪的血吸虫病，要干净彻底地消灭！

赵树立也就发言。他此时以县卫生科科长身份担任县委血防领导小组副组长（后来担任过县委常委、县委副书记），他讲，茅坪的问题可以全面解决。茅坪虽是低洼之地，但其上游无钉螺，下游是沅水，通过治水、治土，治病，多管齐下，茅坪的血吸虫病可以干净彻底地消灭。

众领导认为这话有道理，可行，于是就研究，就决定在茅坪打一场大规模旨在歼灭钉螺的会战。

茅坪会战一开打，前后就打了20年，县里领导换了许多届，都没有松过手，交接卸任，总要提到茅坪。一来都认为灭螺治病自己有责任，二来上头也着实追得紧。卫生部副部长钱信忠、中央血防办副主任鲁光先后来常德，来了就看茅坪，每隔三五年，省里血防办、卫生厅总有个把两个主任、厅长下来，来了也不打声招呼，下车就去茅坪。1958年9月，全省第七次防治工作会议在常德县召开，200多名代表参观茅坪。常德地区原先有个副专员叫沙成章，分管文教卫，也抓血防。白天里事再多，也忘不了茅坪的血吸虫病，晚上睡觉老睡不着，迷迷糊糊时做梦也梦见常德大街上尽是大肚子，猛然惊醒，衣冠不整就摇电话，不喊别人，单找常德县委书记李新革，问茅坪会战情况。这事不只一次两次，常在深更半夜。李新革知道沙专员盯上了自己，再忙也得每隔几天就过问一次茅坪情况。一提到治茅坪，当地总还有年纪大点的人念李新革，说他一上茅坪会战工地，如果发现区社“一二把手”该到场的没到场，准会派人叫来，也不问青红皂白，先训上一顿。挨训的区社头头只好连声暗叫今天冤枉，倒楣、背时、不走运，因为自己刚刚离开茅坪，前脚走，县委书记后脚就来了。

1956年冬，茅坪上空烈火熊熊，浓烟滚滚。茅坪所在地斗姆湖、石门桥出动1600多名劳力，手持快刀利斧，冲入芦苇荡、茅草阵，手起刀落，钉螺之据点纷纷倒溃。浇油引火，焚草烧螺。会战开始了！

这是一场时间长、规模大、战型多的会战。照现在流行的话讲，又叫做是一场多角度、多层次、全方位的会战。

时间长：前后 20 年，中有几番曲折、多少磨难；

规模大：累计参战者达 16 万人次，大小战役 20 来次，万人以上参战的有 4 次，最多一次有 8 万多人；

战型多：有治水的攻坚、机械喷药的突击战、查病治病的持久战等，各显神通；

多角度：铲草、治水、垦荒、喷药、治病……

多层次：有省寄生虫病研究所技术指导组的指导、地县党政领导的指挥、毗邻县市人力物力的支援，参战者有农民、学校师生、工人、干部，男女老少，疫区的．非疫区的；

全方位：山上、水下，湖洲、荒地……

这更是一场战果辉煌的会战：修建中型水库 4 座，新开河流二条共 20 多公里，排灌沟渠 6 条共 50 多公里，整修临洪大堤、新筑横向间堤共 38 公里，改造或填平 60 多条废沟港，300 多个池塘坑洼，根除了茅坪的水患，堵死了血吸虫病传染渠道，4 万余亩土地上的钉螺被干净彻底消灭，6000 多名新老患者基本治愈，昔日的有螺土地全部变成为种植稻棉油等农作物的沃土，为常德县跨入全国农业大县的行列作出了突出贡献。

然而，即便我给诸葛亮做过几年徒弟，也无法推算出会战的全部情形。曾在当年参战的老人说，眼下都喜欢讲“世界之最”“中国之最”，我就讲点茅坪会战之最吧。

要说参战人员最多，场面最热闹的，算 1958 年冬天那次治水战役。8 万多人，蚂蚁一样爬在堤上堤下。飘着红旗，响着喇叭。这阵势，叫人在家里坐不住。就讲往日那个大肚子姚作学，刚做完穿刺放腹水手术，肚皮还象从没熨过的衣服尽是褶皱。见人修堤，转回家倒拖了把铁锹来，为人家撮箕上土，动不得三五下，气喘嘘嘘，汗流满面，人家赶时间，看他动作慢，脾气温和的就劝他去休息，脾气刚点的干脆叫他站一边玩去。这样被人瞧不起，他心中憋气，肚子险些又臌起来。望见堤下抛着一只烂撮箕，急颠颠捡起，自己装土自己抱上大堤。算得上是最早搞单干的人。

那时刚开始过苦日子，饭吃不饱。县里力保这次治水工程，想方设法筹了大米整车整船运进茅坪，当时流传这话：“要饭气(吃)(常德县地方口音吃同气)，修水利。”民工们个个吃得饱胀，上堤精神十足，齐呼硪歌，震天动地，比如今有些流行歌曲不知强多少倍，离堤一里之外的公路上有辆小汽车都被这壮观的场面惊住了，车里走下一个微胖的中年人，姓钱名信忠，是卫生部副部长，问是怎么回事，有人告诉他，这是常德县组织的8万人民正在茅坪治水灭螺。钱部长一听，心花怒放，踏上大堤，遇上李新革、魏呈贵等县委领导，就表扬：常德县消灭血吸虫病的声势大，劲头足，很好！身旁有民工用鸡公车(一种木制独轮小车)推土而过，响起公鸡啼叫似的声音。钱部长发现这种车在北京都难看到，眼下机会难得，定要尝尝推鸡公车的味道。便卷了衣袖，走到堤脚，要人在鸡公车上装了满满一筐土，足有150多公斤，推着爬坡。鸡公车没认出他是部长，还往左右两边大摇大摆，险些晃倒。两三个民工赶忙上前扶住，回家好对爱人说自己与部长共过事。一个回合，部长已满面红光，冒出细汗，还不罢手。他讲：至少还得推两车，这样，倘若下次来常德，才可以吹吹牛，说我修过这条大堤。民工们大笑，他们得了音讯，围过来几百人，直到看清部长也是鼻子长在嘴上面、耳朵挂在头两边，才散去。这就至少耽误了半个冲头。晚上结帐；结果却比前一天超出几万个土方。怎么呢?亲眼也看了，广播也听了，民工们都晓得国家的卫生部长也来推土，难道自己一个农民伯伯还舍不得用劲?于是原来一分钟只铲八锹的现在加到十锹，原先只挑一百斤的现在挑到一百二，傍晚还自觉自愿多干了一会儿，8万多人，每人吐口唾沫就得准备防汛，多出几万土方有什么稀奇?

可以说，钱部长是参战人员中级别最高的人。而年龄最小的应该算是小学学生。逢上暑假，老师带队，小学生们拖着两条鼻涕，舞动比人还高的锹锄，上茅坪铲草。如今才三十出头，就有资格讲：“想当年……”

最艰苦的算1968年那次机械药物灭螺。省地县50多名血防专业人员和本地100多民工，抬着笨重的灭螺机，杯口粗、近百米长的橡胶喷药管，都不走大路，专钻角角边边，沟沟坎坎，对着有些可能是几千年也没人望过一眼的地方喷药。天热气闷，耕牛还赖在水里浸凉，他们却每人裹一身粗布特制的灭螺服，套一双齐胯深的雨靴。收工回住地脱靴时脚还没出来，汗与水倒先流出几斤。药物名叫五氯酚钠，讲是讲灭螺用的，对人却也挺起作用．虽说人们不沾惹它，可它那气味药性，刺人鼻眼，还让人手上、脸上一层层脱皮，接触时间一长，它还使有的人肝脾肿大。

有位姓杨的拖拉机手，本可不上阵的，却是有福不愿享，有空就去掌喷药管头。两个月后回家，妻子客气地请他坐，又问他是哪里来的客，有何贵干。人都变形了。离家时体重 60 多公斤，回来再称，43 公斤多，秤杆细的那头还是下斜的。

持续时间最长的算血防医生们开展的查病治病战。1956 年秋，第一批血防医生开进茅坪，30 多人，多半都是从城里各医院抽调的，初进茅坪时还只能算是一般医生。到了驻地，看了住房。那几间住房是原来的“万头猪场”，早已破败不堪。不待安排，男的已脱得只剩背心短裤，女的也拔掉高跟皮鞋，动手整修房子，从此都变成了血防医生。所谓血防医生，就是指生活上能修房、搭铺、做饭，工作上能跑腿、求人、熬夜，业务上能收粪、查螺、看病、打针、发药，等等，总之是事事都动手，样样都会干的那种医生。

他们中间有个名叫杨德雅的医生，人称“杨胖子”，当时四十多岁，每次血防组开会，他都表决心：“定与茅坪共存亡。”后来，茅坪没了钉螺，茅坪这地名消失了，他也在茅坪去世了。

血防组组长叫胡家荣，进茅坪时才二十多点岁，一张娃娃脸，因医术好、待人好，当地人都叫他“胡大医生”，“胡大”“胡老大”，听得心中舒坦，就以为世界上只有当血防医生是最好的职业。别人尊敬他，他对别人好上加好，不免引起些年轻女患者的误会。有位姓蒋的农家姑娘在他手里治血吸虫病，病在一天天好转，心也一天天活动，先是感激，继而爱慕，后来就想，要是能对着这位医生的妈喊声婆婆，那该有多好!果然有天与胡家荣对面坐着，没管住自己的嘴巴，那心意竟从口里冒了出来。胡家荣到了男大当婚的年龄，心里翻腾了三天三夜。再次见面，蒋姑娘不好意思，说，那几天我正好发高烧，讲胡话，你莫信。你年轻，有手艺，吃国家粮，还当组长，说走就要走的。胡家荣不等她说完，就讲，我都想好了。茅坪不变样，我胡大是不得走的。要是你前头讲的不是胡话，俺两个就成家吧。

1958 年年底，血防工作走了弯路，血防组被撤销，医生们树倒鸟散，各奔前程。1962 年又恢复，有个别人死活不愿归队。通知胡家荣时，他正在县医院翘着二郎腿给人诊病，得了信，把二郎腿撂下就走。茅坪有他的亲人，有他的血防事业，还有一种说不出的味道。血防医生吃的千家饭，睡的百家床，与当地群众混得很熟。以前查病主要是粪检，血防医生们分头去收粪便。群众一见他，老远就笑着喊："那讨屎(死)的又来了！"

"不讨怎么办？该屎(死)的又没有屎(死)！"

这原是常德农村骂人的话，却被他们当成了相互之间的问候语了。自己边说边笑，格外开心，人生一世，各有所求，他追求的就是这种趣味。其实这也是一种人与人之间亲密、融洽的关系。后来他再也没离开茅坪。随着他一天天变老，那块土地正一天天变得年轻。

如今，这里有个武陵镇，是常德市的南大门，才修10年，楼房还高，马路还宽，人也一天天见多。有个湖南省棉科所，所里有10来名研究员、副研究员，20来个带"师"字的，30来个带"员"字的技术干部，邀着60来个职工，天天在150多亩试验地和周围区乡棉田里看棉花长苗、长叶、长蕾、长花。动不动就从北京，从长沙抱几个奖状、证书回来。旁边还有市砖瓦厂，区蚕桑场、良种场，还有一些渔场。还有一个飞机场……

这就是今天的茅坪。打从20年前消灭钉螺后每隔两三年普查时，任你把眼睛睁大如斗，任你用何等先进的仪器探视，终究觅不到"瘟神"的影儿了，真可谓"天翻地覆慨而慷"！

自然，茅坪这地名亦已成为历史，如今过着幸福生活的人们叫这里为福广、报国……

(作者曾任区委宣传部副部长、区文联主席)

众志成城治枉水

■ 余昭绪

鼎城区的枉水流域，历史上10日无雨成大旱，降水一日闹洪灾。为改变现状，实现旱涝保收，1958年，中共常德县委带领群众根治枉水，变水害为水利，打响了一场降龙伏魔治理枉水的战斗！

枉水记忆

枉水属西洞庭水系，东西二源均出自雪峰山余脉的九龙山麓，至草坪镇两汊港汇合，经陡山、草坪，斗姆湖镇响水垱、二里岗、茅湾至德山注沅水。德山原名枉山（或枉人山），枉水因而得名。屈原第二次流放经枉水去辰溪溆浦，留下“朝发枉渚兮，夕宿辰阳”的名句。枉水全长56.7公里，流域面积482.4平方公里，境内的搓花岭、九龙山、沧浪山等山脉层峦叠峰。

枉水流域历来水旱灾害不断。每遇山洪暴发，淹没良田万顷，漂没人畜、房屋无数。灾后，群众饥饿、疫情不断，人们四处逃荒、要饭，流离失所。境内解放后，党和政府组织人民群众治水兴利，做了大量工作，但一直未能根除，仅1958年就暴发山洪两次：第一次在5月上旬，有28个乡受灾，冲垮水库2座、山塘82口、河坝81座，压毁稻田7万多亩。第二次在7月中旬，危害更为严重。有史以来的水、旱灾害给当地群众造成了极大的痛苦。多年来这里流传着一首凄凉的歌谣：

养女莫嫁枉水边，不遭山洪遭天干，
吃穿二字且莫讲，山洪一发命归天，
大肚子病终年缠，沅水倒灌受渍淹，
祖辈万代遭灾难，枉水就是祸害源。

县委的决心

为治理“枉水”，彻底根除水旱灾害，变害为利，发展农业生产，1958 年夏，中共常德县委第一书记李新革、县委书记尹文华，分别带领县水利局工程师赵芸圃等工程技术人员和有关区社党委书记，赤脚草鞋，头戴草帽，身带干粮，顶烈日、冒酷暑，几次踏遍唐家、罗家、花岩、莫家等数条溪谷，翻越浪岭、搓花、沧山等 10 多座山岭，察勘地形和水源，走访基层干部和群众，历时 30 多天，制订出治理规划：在枉水上游建超美、五溪、跃进、沧山、五八共 5 座中型水库(简称“五库”)拦洪蓄水；下游开挖二里岗河和金刚河撇洪。二里岗河自响水垱处截枉水至茅湾，长 5 公里，其中开挖河段长 2.6 公里，最大挖深 12 米，河底宽 20—40 米，河底高程上段 35.1 米，下段 32.5 米。金刚河长 3.5 公里，自麻家巷起，由西向东经跑马岗、葛麻山，于响水垱处汇二里岗河，上纳丁家港、五泉山两水。

1958 年 9 月 30 日，中共常德县委向中共常德地委呈送《关于根治枉水的报告》：

“为了彻底消灭水旱灾害，保证农业生产更大跃进，争取明年更大丰收。县委根据枉水流域 24 万多人民的迫切要求，决定苦战一冬一春，彻底治理枉水。在枉水上游斩断唐家溪、桃花溪、花岩溪、罗家溪、莫家溪 5 条溪水筑坝截流，使相互沟通，合修成一座坝高 50 米，能蓄水 3 亿万立方米的大水库。在下游从响水垱至茅湾修筑拦洪堤，并在茅湾修建排水闸、船闸和滚水坝各一座，以节制通航，防止沅水倒流。并穿山劈岭开挖从唐家溪至石门桥、从港二口至斗姆湖、从唐家溪至草坪的大灌渠 3 条，总长近 150 公里。整个工程通过初步计算，共需完成土方 25217933 立方米（包括支渠与部分毛渠）,石方 437 万多立方米，需劳动工日 740 多万个。

枉水按照上述规划进行治理后，可使前河 24 万多亩水源困难的田全部变成自流灌溉，并保证抗旱 80 天以上，一年后一年不落雨保证无灾；在下游茅湾修建排水闸，可使历年遭沅水倒灌的 4 万多亩田再不遭受渍淹，永远摆脱洪涝灾害。茅坪围垦，不仅可扩大耕地 12000 多亩，还可使为害最严重的吸血虫钉螺得到全部消灭，保证人民身体健康，同时还可通航 140 公里，小汽船、木船由沅水直达港二口、唐家溪，可使上游的木材、楠竹等农产品、矿产品源源下流，繁荣山区经济。此外，可建大型水电站3处，发电2500至3000千瓦；小型水电站10处，发电1000千瓦，能使我县前河彻底实现电气化，而且电还有余。

这一工程修成后，效益巨大，幸福无穷。但该项工程相当艰巨复杂。灌渠穿过崇山峻岭，一般要挖深七八米，低处要填土修台渠高达十八、九米，特别是坝堤工程施工困难，需要开采石方很多，需穿山凿石，凿通5处长达2000米的隧道，修成自生涵洞。全部工程共需经费520万元、钢筋15吨、水泥671吨、黄色炸药80吨，开山炮钎、铁锤需钢铁16吨。这些器材来源缺乏，本县无法解决，所需经费数字浩大，除发动群众自筹外，须请上级投资150万元。为此，恳请地委予以大力支持，解决经费器材的困难，以便顺利开工，提前完成任务。”

在一无资金，二无物资的情况下，县委、县人委会决心发扬愚公移山、人定胜天、艰苦奋斗、自力更生的精神，下决心根治“枉水”。1958年10月，召开县委扩大会议，作出治理“枉水”的决议。11月1日成立“常德县水利工程指挥部”，县委书记李新革任政委、副书记尹文华任指挥。从11月开始，全县陆续调集17.8万名民工、干部，组成10个兵团会战“两水”（枉水、渐水）、“五库”（超美、五溪、跃进、沧山、五八水库）等水利工程。枉水工程由县指挥部直接领导，调冲天（今石公桥、大龙站）兵团修建超美水库；洞庭（今蒿子港）兵团修建五溪水库；跃进（今港二口、逆江坪）兵团修建跃进水库，并开挖吴有坝至大洋湖的渠道；金星（今长茅岭、尧天坪）兵团修建沧山、五八水库（后两库合一，称沧山水库）和开挖水库至孙家冲的渠道；东风（今石门桥）兵团开挖孙家冲至罗汉山的渠道和二里岗河出口段；金刚（今斗姆湖）兵团开挖佘家冲至葛麻山的渠道、金刚河及二里岗河进口段、修建二里岗滚水坝、茅湾船闸（今坝、闸均废）、金刚闸等工程。

1958年10月24日，“常德县水利工程指挥部”制定并公布《常德县1958年冬至1959年春水利兴修工程民工、干部奖惩办法》：“为了激发广大民工、干部冲天的干劲、大搞技术革新，创造各项最高工效，提前彻底完成水利兴修任务，一年实现全县‘三化’（农田水利化、排灌自流化、河渠航运化），为工农业生产更大跃进创造更有利的条件，特制订本办法。”11月，中共常德县委作出《关于1958年冬大力兴修水利工程的决定》,在全县范围内兴建大、中、小型水库225座,塘坝446处,整修水库468座,塘坝3910处。水土保持控制面积733989亩,在湖区培修大堤长244968米,新修渍堤长253412米,培修渍堤长244968米。山、湖区共开渠道5106156米,新建渠道附属建筑物7350处,船闸15处,水电站24处,共需土方20700万立方米、石方6290312立方米,同时治理危害最大的渐、枉两水。完成上述任务后,其效益是:在湖区大堤抗洪能力可保1954年的水量加6级风不溃不溢。连月降雨500毫米不成渍灾、洪灾,农田水利99%的田亩自流灌溉化,增添船路1750公里,水力发电4550千瓦,全县基本实现电气化。

1959年1月23日,“常德县水利工程指挥部”发出《关于加强政治思想工作的几点意见》,要求建立健全政治思想工作组织,加强共产主义思想的宣传教育;加强党、团组织思想教育;大力开展劳动竞赛,保证工程质量,提高工效。提出设广播、编写、演唱、板报“四组”,开展“打擂台”“插红旗”“标兵门”“光荣榜”“献光荣花”等措施。通过政治思想工作达到“两大”(干劲大、赛劲大)、“三多”(创造发明多、高工效单位多、先进人物多)、“四高”(出勤高、工效高、质量高、劳动热情高)、“五消灭”(消灭肩挑、消灭事故、消灭浪费、消灭窝工、消灭偷工减料)的目的。

人们憧景着往日肆虐的枉水,按照县委设计的蓝图改造以后的美丽图画:水库里的清水按照人们的意志,顺着隧洞、渠道、经过分水闸、节制闸自由流淌,人们看着绿油油的禾苗茁壮成长;多年的荒洲——经围垦后的茅湾,不仅增加耕地面积12000多亩,更使数百年严重危害人们健康与生命的血吸虫得到根除;小汽船在干渠和库容内自由通行;上游两岸的矿藏,开采后沿水路运至沅江乃至祖国各地,为社会主义建设事业发出它们的热和光;沿渠的19处水力发电站发出的电,输送到千家万户,通向漫山遍野,实现点灯不用油,耕田不用牛的理想;荒山秃岭变成了广阔的经济技术基地,成了山清水秀,鸟语花香的风景区。群众又唱出了枉水根治前后对比的歌谣:

枉水祸患无数年,河中流水尽辛酸。
泛滥灾达百余里,千林万亩半日间。
天旱河裂鱼虾死,灌田唯有泪涟涟。
人民痛苦无处诉,只求早换一块天。

※ ※ ※

红旗飘飘民歌舞，杠水面貌得改观。
公社遣调十万军，气吞山河改自然。
车推土石千万方，钻通隧洞六座山。
筑坝造海山峰矮，开河建闸渠道连。
打柴人收黄金谷，采茶女摘白银棉。
高山汽船穿梭过，抽水机响湖变田。
鱼米之乡名早有，真个却是在今天。

风流人物数今朝

县委在向地委的报告中，预想到了治理杠水在经济和物资方面的很多困难。但在实际施工中，具体实践中更是遇到了大量的、想象不到的困难与麻烦。这些都被英勇顽强、足智多谋的常德县人民一一克服和战胜了。下面的五个故事，充分证明了“群众是真正的英雄”这一千真万确的真理，展示了“数风流人物还看今朝”的大无畏精神与风采！

争先恐后上前线　根治杠水的消息象长了翅膀一样，迅速传遍全县的每个角落，人们欢欣鼓舞，奔走相告，争先恐后积极报名，要求参加根治杠水的战斗。金刚公社惠渠大队第一生产队副队长蒋作玉，被确定留在后方抓生产。但他急得跳了起来，说：“根治杠水是有利子孙万代的好事，我坚决要求到工地去大干一场，彻底治好杠水。”金星公社合力大队胡象湾生产队的 27 亩冬水田，原计划 11 月 3 日完成，为了水利建设早开工，社员们鼓足干劲，提前在 11 月 1 日完成了任务，提早投入到了杠水工地。后河湖区洞庭公 社庆丰大队 63 岁的老妈妈李桂兰，听说要组织队伍前往山区修水库，她想起了 1954 年湖区受灾后，山区群众帮助湖区重建家园的情景，随即跑到生产队队长代元青家里要求报名参加。队长见她年纪老了，没有批准。她回到家里，还是连夜准备工具、雨具，第二天一清早，带着准备好的东西到大队部找到教导员，少报了年龄，并表示，不批准她参加她就不回去。由于她意志坚决，终于被批准上前线参加修水库的战斗。不能直接受益的洞庭、冲天、太阳三个公社，充分发挥共产主义大协作精神，抽调 2

万多名精兵良将,自带工具、伙食,由书记亲自带领,经过100多公里长途跋涉,成营成连,整整齐齐地开上了枉水工地,在五溪、超美两座水库大坝工地,与枉水两岸的群众并肩作战。冲天公社金鸡大队党总支副书记崔华国,被评为水利标兵,群众齐声把他称赞:"为公忘自己,人赞崔华国。抱病修水库,赤膊任雨淋。肩挑二百几,车推一千零,苦战二十日,积极搞革新,高空飞土石,一人变五人。大赛红勤巧,实为一标兵。"

智勇双全战隧洞　"大跃进"年代,什么工程都是说干就干。治理枉水,属提前施工工程,所需器材没有列入国家计划。超美水库麻家溪一处仅修涵管共需钢筋500多吨、高标准水泥4000多吨。这些物资不仅价格贵、成本高,政府和群众难以负担,更何况没有计划,因此只有另想办法。开始计划改用条石,需12400多立方米。要从180公里外的望城县买来,加上运费要花68万多元(这在当时是一个惊人的数字),再从沅江港口运到相距60多公里的工地又要62万多个工日,每天出动2万人,要一个多月才能运完。不算不知道,一算吓一跳,这个方案也被否定了。县委经过认真研究,又召开工程技术人员参加的"诸葛亮会",决定将坚硬的岩山凿成隧洞,使其成为人造"自生涵管"。

麻家溪隧洞要穿过三座80多公尺高的岩山,全长659米,设计高9米,宽5米,通过它把超美水库和五溪水库连接起来,调剂水量,通行船只。有的人对此曾表示怀疑和担心:这样大几座岩山,又没有洋机器,就靠铁锤、钢钎,哪年哪月能打得通啊!但是,英雄们用铁的事实作出了坚定的回答。打眼民工高重廷、李吉尧等,在严寒的冬天打着赤膊,抡着14磅重的铁锤,一口气打了1200多锤还不肯换人;出岩渣的民工谭老二、涂逢先等,把100多公斤重的块石背起飞跑。大家不分日夜地艰苦战斗,隧洞迅速向前推进。

但是,铁锤打钢钎这毕竟是笨重的老办法,虽然民工们个个干劲冲天,但工效总是不高。他们经过苦心钻研,终于发明了"撞杆式打眼法",创造出一天进洞10米的纪录,提高工效3倍多。当隧洞凿进100米以后,新的问题又出现了。洞内空气稀薄,放炮后的硝烟很难消散。如果消极等待,势必大大影响施工时间。民工们响亮地提出了"浓烟吓不倒英雄汉,硬岩挡不住决心人"的战斗口号,当炮声响过,只稍等片刻,他们就冲进洞里,继续战斗,有的被浓烟呛得昏倒后爬起来接着又干。共产党员、抗烟英雄贺先中,曾在一个班内昏倒五六次，但每次一清醒过来就马上跑进洞里继续干起来。但是，这样对身体究竟影响很大，蛮干并不是妙法，工地党委号召人人献计献策，困难终于被群众的智慧战胜了！他们把食盐用开水溶化后撒在洞内压烟；把炒过的食盐粉加在炮眼里，降低炮烟的浓度；把树木搞成空心放在洞内代替输气管；在洞内放置开水、鲜花、带叶树枝等，大大缩短了散烟时间。洞深以后，照明也成了很大的问题，因氧气缺乏，点煤油灯光线不强，甚至点不亮。他们又想出了在洞口用镜子折射照明的办法，这样既节省了开支，又解决了照明问题，为提高工效创造了条件。进口连民工徐顶臣创造了 4 小时内单人打眼 1.86 米的纪录，提高工效 2 倍。二连共产党员唐占先在 200 公尺的运距里，一天运岩渣 180 多趟。最引人注目的是莫玉占领导的妇女们，整天推着满满的车子，象流星一样在洞内穿来穿去，跑得格外欢快，好象从不知困难与疲劳；她们不仅是推车的好手，而且打眼、放炮样样在行，开始拿起 14 磅重的铁锤打不了几下，就腰疼臂酸，喘不过气来，一天下来，手上打满了血泡，但是，看不到她们半点愁容，仍然坚持战斗，不下火线。到后来，有的就是连打一千锤也不感到吃力，而且越战越精神。这条全长 659 米的隧洞仅用 7 个多月时间就凿通了。当地 70 多岁的老社员张阳生听说隧洞打通了，连忙拄着拐杖，叫孙儿扶着前来参观，看到 600 多米的洞子打的笔笔直直，站在这头能看到那头，他捋着胡子，喜笑颜开地说："我皇帝经过了好几个，才看到在共产党领导下出这号奇事！"这真是：

英雄不怕万重山，根治枉水拼命干。

凿穿岩山成隧洞，流出万年幸福泉！

一炮要炸两万方　工程需要大量的块石，而且要得急，时间紧。如果采用小眼小炮的传统办法，每个工只能炸岩 1 立方米多，按照所需 430 万立方米块石计算，就要 286 万多个工日，即使每天出动 2 万人采石（这是不可能的），也要 140 多天才能完成，不能及时供应工程所需，延长施工时间。县委决定破除迷信，大胆革新，采用大爆破的方法炸岩。县委书记尹文华来到跃进公社桅子岗采石现场，要在这里创造出一炮炸岩 2 万立方米的奇迹，扫除施工障碍。

开始提出"一炮两万方"的设想时，很多人都不敢相信。老岩工沈明清说："自从盘古开天地，从来就没听说过一炮能打两万方！”岩工梁旺初也在一旁冷笑。工地党委随即召开民工大会，反复进行思想动员，说明事在人为，人定胜天，提出干翻天覆地的工作，做排山倒海的事情，发动民工进行讨论。在此基础上，组织16名积极分子为突击队员，由公社党委副书记李宏久带领，着手准备工作。在施工过程中遇到了一个又一个困难，但他们从不畏惧，战胜了重重困难，炮眼以每小时0.45米的速度顺利向深推进。经过一天一夜战斗，炮眼深度达到了12米，上端口径0.3米，下端口径0.5米。眼底的泥浆用洗把擦洗得干干净净后，随即装进黄色炸药40公斤和接上导火索的2个雷管，然后分层填入干土夯紧。当一阵急促的号声响起，人们迅速撤离现场，进入安全隐蔽地带，然后由点炮手点燃导火索。一阵黄烟过后，突然一声惊天动地的巨响，顿觉山摇地动，只见100多公斤重的块石飞出近100多米远，一座40多米高的岩山瞬间变为平地，梳子岗上产生了一炮炸岩25000立方米的奇迹。民工们欢呼雀跃，齐颂这次试验的胜利成功：“大炮一响岗不见，山神土地把家搬，移山倒海排仙术，群众智慧赛神仙！”

革新之花结硕果　坝高场地窄，取土很困难，窝工现象严重，这是施工中的又一难题。五溪水库工地洞庭兵团的民工们以其聪明才智，开出了鲜艳夺目的革新之花：在五溪水库的库溶里整整齐齐地铺着8条长达20000米的木轨道，一眼望去看不到头，2000米以外的土就用木制斗车沿着轨道直接送到坝上；在悬崖绝壁的高山腰里，他们凿开岩石，修成3米多宽的岩板大路，手推车在路上来往如梭；把山上炸开的块石推到山边上，通过扎好的竹排滑道直接送到坝上；山沟里做成木制滑槽，山顶上安着竹制高空索道，使山顶上的土很轻松地流向坝堤；就连溪沟里流量很小的水也没有忘记利用。他们将水堵住，提高水位，然后扎好竹排，帮助运土上堤。工地运土做到了空中飞、水上飘、平地推、上坡绞，海陆空齐向坝堤进发，大大提高了工效。

当坝堤上升到10多米高以后，而土场还在对面山上，运土车要从山上推下来，再从下面推上坝顶，的确是一件难事，真是“人吃了亏，戏又不好看”，每人每天最多只能运土两方多。超美水库工地的民工们，在工地党委的引导下又想出了好主意。他们仅用两天的时间就在山头与坝堤之间架起了长100多米、高17米的运土天桥4座，缩短运距280米，把难工变成了易工。民工们在天桥上跑得快，干得欢，一行行，一列列，满车大步，老远望去，象是悬挂在空中的跑马灯一样，工效提高了 5 倍。

为进一步提高工效，工地上深入开展了群众性的技术革新与技术革命运动。民工们编了一首快板，歌颂技术革新的效果：

鸡公车，呱呱叫，推起轻便又灵巧，
牛拉车，更是妙，一车半方还嫌少。
下坡滑，上坡绞，高空索道象箭镖，
园盘耙，大滚压，既省人力质量好。
消灭肩挑和手抬，实现“八化”工效高，
水利工程早完成，社会主义早来到！

土法上马克难关　枉水由响水垱改道，经二里岗至港口流入沅江，把多年的大荒洲茅坪、黄市港、官沟坪等常遭山洪冲刷和沅水倒灌的 8 万多亩田地变成内垸良田。为能及时排泄垸内渍水，保证这 8 万亩农田增产稳收，决定在茅湾兴建一座排水闸。枉水改道后，河底高程以吴淞口为起点，抬高 36 米，而茅湾老河底高程实为 29 米，因此在茅湾形成了一个跌水。为保证全年通航，决定在这里新建船闸和滚水坝各一座。初步设计排水闸为两孔，每孔宽 2.5 米，高 3.25 米；船闸长 50 米，宽 5 米，门高 11.2 米；滚水坝长 60.32 米，高 7 米；活动门高 1 米。这三项工程共需型钢 16 吨、水泥 400 多吨、条石 1755 立方米，块石 8623 立方米，总造价为 32 万元。

按照设计，最大的问题是缺乏器材，没有块石，条石也不多，特别是钢材和水泥更无法解决。开始打算将船闸闸门改为木制圆孤形闸门。通过计算，仅木料就需要 25 立方米，而且开启需力太大，死水困难，看来这个办法还是不行。县委号召工程技术人员破除迷信，解放思想，采用土法，攻破器材关。经过多次勘测，反复比较，决定将坝址上移，能节省大量器材。但新的问题又出现了，坝址上移后，需要开一条底宽 10 公尺的引河，需完成土石方 9.6 万多立方米，且大部分是岩石，开挖困难。同时滚水坝基脚高程与船闸基脚高程相差悬殊较大，无法处理。经过再三分析研究，决定将船闸与滚水坝分开修建。滚水坝移到船闸上游，傍山用半挖半填的办法，开一条长 880 米的引船渠道，只需动土 21000 多立方米，较开引河节省土方 7.5 万多立方米，同时也解决了基脚悬殊不好处理的问题。

将钢板闸门改为木质闸门，虽然解决了缺钢材的困难。但闸门有 10 多米高，又哪有这么长的木料呢？即使有也难以抗住水压呀！经多次研究，终于想出了办法，决定将闸门分为两层，将 11.2 米高的闸门改为每层 5.6 米。既克服了木料太长难得找的困难，又解决了闸门太高难以承受水压的问题。原计划修船闸所需的 16 吨钢材不要了，块石由 3700 多立方米减少到 1200 立方米，条石由 580 多立方米减少到 280 立方米。船闸进出水门改用木质反向自关式活动闸门，启闭设备改为木质绞车，水泥砂浆改用石灰砂浆，培厢改用石灰三合土，大大节省了水泥。

滚水坝往上移后，由原设计 7.5 米高降为 0.5 米高。原计划条石 810 立方米，只用了 31 立方米，块石 4397 立方米，只用了 473 立方米；活动坝门全部采用木质门，门上的铁夹条改用杂木条，节省铁件 562 公斤。

这三项工程共节约资金 25 万多元，原计划水泥 500 吨，只用了 2.8 吨，计划的 16 吨钢材一斤都没有用。

1960 年 7 月 9 日，常德县水利工程指挥部在《常德县依靠群众，自力更生，根治枉水的经验》中写道："这个工程的总造价为 720 万元(可能只是工程所用器材的价值，不包括人工及其生活消耗等。——笔者)，上级仅拨给 41 万元，其余全部资金就是在勤俭治水的方针指导下，依靠群众的智慧，自力更生，得到彻底解决，保证了工程的顺利进行。""事实证明，在党的正确领导和总路线的光辉照耀下，只要依靠群众，破除迷信，解放思想，就没有战不胜的困难，没有完不成的任务！"

根治枉水仅一年多的时间就彻底改变了面貌，枉水两岸的群众又发自肺腑唱出了新的歌谣：

开山劈岭造海洋，枉水从此变天堂，
不怕山洪不怕旱，遍地稻谷似金黄，
车奔船跑忙不停，深山宝藏得解放，
电灯一开花万朵，工厂机器隆隆响，
鱼儿肥壮满水库，牛羊成群遍山岗，

花木果树排成行，幸福歌儿到处唱，
共产主义早来到，子孙万代乐无疆，
饮水不忘挖井人，永远不忘共产党！

常德县依靠群众，自力更生，轰轰烈烈大兴水利的举措，极大地改变了县内的自然面貌和生产条件，因而获得了国务院的嘉奖。

（作者系副研究员、曾任鼎城区党史办副主任）

群众利益无小事

——忆1973年沧山水库扩建工程

■ 郑景阳　刘胜玉

沧山水库始建于1958年，总库容3360万立方米，灌溉面积6.5万亩，防洪面积17.4万亩。距常德市江南城区　公里，南抵安化县，是鼎城区库容量最大的中型水库。具有灌溉、防洪、供水、养殖等综合效益。

1969年下半年，我调任中共黄土店区委书记。该区辖黄土店、唐家铺、沧山、钱家坪4个公社。长期的农村基层工作实践深知“水利是农业的命脉”的道理，抓好农业生产，必须重视和抓好农田水利基本建设。加强沧山水库的建设和管理，对黄土店区的老百姓来讲至关重要。

1972年，常德县发生了百日大旱，沧山水库的有效水量8月中旬全部放完。当时“双抢”刚结束，灌区内几万亩刚插的晚稻才开始活蔸转青，如不及时灌溉，就会全部枯黄失收。在紧急关头，区委果断决策，在全区范围内调集内燃机20台（大的90马力，小的20马力）和20台水泵，提取库内死库容水240万立方米抗旱，保证灌区90%的晚稻用水，夺取了丰收。抗旱保丰收的实践，区委认识到必须增加沧山水库的蓄水量，才能满足灌区农业生产发展的需要。但是，沧山水库的库容能否增加？怎样增加？增加后效益如何？这一系列的问题摆在区委面前，当时我带着区委一班人展开了艰巨而细致的工作。

深入调查研究　寻找科学依据

当时，多数人认为沧山水库的库容量已经超过了它的产水能力，再扩大沧山水库已没有意义。毛主席教导我们，调查叫“十月怀胎”，解决问题叫“一朝分娩”，调查就是解决问题。于是发动、组织技术人员深入现场、实地进行查、测、算，从理论与实际结合上找准扩建沧山水库的依据。查：即查沧山水库1962年至1972年的降雨资料，得知多年平均降雨量达到1857毫米，其中1969年达2040毫米，比一般地区的年降雨量要多400—500毫米。测：针对当时有的人认为沧山水库库容不准确的观点，利用1972年大旱后水库底水位低的有利条件，对库容量进行复核，重新测绘库容地形图和计算水库的库容量。通过40多天的测绘和计算，证明沧山水库原测定的库容量是正确的。算：在核实库区降雨量和库容量的基础上，再结合水库历年开闸放水的纪录，推算水库历年的产水量。通过测算发现沧山水库每年的产水量不少于2500万立方米，最多的年份达到3000万立方米，比原认定年产水量1600万立方米多900万—1400万立方米。这一惊人发现，使区委找到了扩建沧山水库的依据，从而坚定了区委一班人扩建沧山水库的决心。认识统一后，及时上报扩建沧山水库的方案，很快取得了上级的支持，快速派专家到现场核实各项技术数据，帮助制订扩建方案。

广泛发动群众　上下形成共识

扩建沧山水库取得上级的支持后，要搞好扩建工程，关键是要调动群众大办水利的积极性。当时，基层干部和群众对扩大扩建沧山水库的认识也不一致。有的认为水源不足，扩大库容只能装“太阳”；有的认为农田基本建设任务大，扩建工程可以推迟几年；还有的认为扩建沧山水库不如另选址新修水库等等。针对干群的这些思想认识，区委广泛深入的进行思想发动，层层召开干部会、群众代表座谈会和以大队召开社员会。在各级召开的会上进行了“四大讲”：即针对沧山水库的扩建工程，大讲其必要性、可能性、紧迫性和优越性。必要性是灌区水量严重不足，必须扩建，同时，大坝严重渗漏，必须结合扩建进行加固整治；可能性是库区降雨量丰沛，连年溢洪，可以扩建；紧迫性是1972年的百日干旱，使灌区内不少地方不仅无水灌溉，而且人畜饮水困难，应马上扩建；优越性是效益显著，扩建完工后，可增加蓄水量1000多万立方米，等于新建了一座中型水库，而且不需要移民和新开渠道，淹没的农田少，扩建工程是一本万利的好事。通过“四大讲”，把全区干部、群众的思想认识统一到扩建沧山水库上来了。广大社员和基层干部纷纷向区、社党委表决心，坚决响应区委扩建水库的号召，要求早干、实干、大干，以最快的速度、最好的质量、最高的标准完成沧山水库的扩建工程。

精心组织施工　高标准完成扩建

干、群的认识统一后，区委决心集中精力组织施工，把扩建沧山水库作为全区当年第四季度的工作中心。集中领导、集中劳力、集中物资，总攻沧山水库扩建工程。当时上阵的区、社干部近 100 名，劳力近 1 万名，各个部门做到要人有人、要物有物，仅 100 天时间，完成主坝、两座副坝和溢洪道的填筑土方 13 万多立方米，干砌块石 1.5 万多立方米，浆砌块石 1200 立方米。原计划需要两个水利年度完成的工程，由于干群奋力拼搏，实际提前一年完成了扩建任务。当时的施工组织工作，有四个方面的经验值得回顾总结。

（一）技术措施到位。当扩建工程设计方案敲定后，在审定施工措施时，区委充分考虑了工程的有利条件和不利因素，做到在时间上分“三期安排”，在空间上分“三路进军”。“三期安排”：即分前期、中期和后期。前期工程从月底开始，到 10 月初结束，上劳力 1200 人，工期 40 天，完成三项任务：① 完成主坝、两座副坝和溢洪道的清基扫障；② 修筑宽 5 米、总长 4 公里的运土道路 12 条，架设每座宽 6 米、总长 120 米的木桥 8 座；③ 培训运土船工 300 名，开采块石爆破工 100 名，砌石工 800 名。这样为大会战打下了坚实的物资基础和技术基础。中期工程从 10 月中旬开始，历时 60 多天，上足劳力 10000 人。按工程设计标准要求，将主、副坝和溢洪道均加高 3 米；主坝内坡用粘土培厚 10 米；两座副坝内坡培厚 5 米，外坡用干砌石培厚 5 米；溢洪道的截水墙加厚 1 米。完工后经上级主管部门验收鉴定完全符合工程质量标准。后期工程从 12 月中旬开始，历时 30 天。从大会战队伍中留员 1000 人，主要进行取土后的土场平整；主、副坝的块石护坡 1.8 万平方米；溢洪道的径护面和主、副坝周围山头的植树造林 1.2 万多株。做到了主体工程竣工，配套设施和绿化同步跟上，整个扩建工程一气呵成。“三路进军”即根据水库工地山高坡陡，交通和取粘土困难等特点，采取陆路、水路、空中三路并进。主坝的地理条件较好，则采取陆路进军，培修土方 9 万多立方米。集中劳力，分成 12 条路线，从 700 多米远的土场挑土，每人每天挑着 100 多斤的重担，跑 20 多个来回，近 60 华里，工地上群情激昂，个个精神饱满，日以继夜，开展劳动竞赛，天天超额完成任务。两座副坝没有运土的陆路可走，其内坡培修需粘土 4 万立方米，就组织 300 名船工，用 100 条木船，从 2 公里外的土场采用船运土；外坡筑反滤导渗体需块石 1.5 万立方米，

沧山水库白竹坳渡槽

就架设8条空中索道和10处土滑槽进行空中索道运输。由于干群实干加巧干，土石方任务提前10天完成。

（二）领导责任到位。领导就是服务。只要加强领导，明确责任，服务到位，就能保证工程进度和质量。开工后，各级指挥机构设在水利工地上，区成立水库扩建工程指挥部，4个公社分别成立营部，各大队成立连部。指挥部政委、指挥；营部教导员、营长；连部指导员和连长分别由各级主要负责人和分管水利的同志担任。同时，分设工程、后勤、卫生、宣传等机构，由精明能干的业务骨干负责。干部实行“五包”岗位责任制，即包劳力出勤率、包完成规定任务、包质量标准、包施工安全、包人员稳定。参加会战的各级干部与民工实行同吃、同住、同劳动，做到哪里有困难，干部就出现在哪里调查情况，化解矛盾。如刚开工时，副坝运土的船队秩序比较混乱，100条运土船支在狭窄的水面上互相抢道，发生碰撞，时有发生船工落水的现象。当我得知这一情况后，便带领区交管站的人员到现场整顿，定航线、航标和航行规则，还亲自驾船示范。通过努力，不到两天时间，水上运土秩序井然。由于领导责任明确，干部带头参加劳动，扩建工程不管遇到什么困难，都能迎刃而解。

（三）思想工作到位。宣传是先行。只要加强宣传，做好思想工作就能把干群的士气鼓动起来。因此，区指挥部在工地上设立了广播站，有线广播架设在每个工地。各营部设有宣传员和宣传栏，做到好人好事能及时表扬，先进事迹能及时介绍，先进经验能及时交流。同时还开展了插流动红旗、戴大红花、系金色彩带的“铁扁担”评比竞赛活动。把榜样树在身边，大家都跟着学，你追我赶，工地上的先进单位、先进个人越来越多，“铁扁担”“红旗船”越来越多，不管走到哪里，到处是红旗飞扬，到处是红花在流动，高音喇叭里还不时传出激昂的歌声和先进喜讯以及各营、连互相挑战应战的豪言壮语，整个工地劳动竞赛开展得有声有色。

（四）后勤服务到位。兵马未动，粮草先行。扩建工程的后勤工作坚持做到：早、细、全面。早在7月份，就将造船所需的200多立方米木材落实到位；“双抢”刚刚结束，组织100多名木匠，兵分三处赶造木船，9月底所需木船全部运到工地。10月上旬，所需10吨炸药、5吨钢钎、200多吨水泥陆续运到工地，实行专库、专人、分类保管。做到工程新需各项物资、设备随要随有，及时供给，从未影响工程进展。抗旱能力由原来的50天增加到90天，副坝的渗漏问题基本解决，安全程度有了很大的提高，回忆实施沧山水库扩建工程，给了我们很多启迪，其中有三点主要启示：(1)调查研究深入细心。实践使我们认识到，调查研究一定要深入、细心。因为每一件事情既有共性又有个性。调查不仅要全面掌握它的共性，更重要的是找到其个性。试想在沧山水库扩建的决策阶段，如果不是通过深入的调查，详尽地掌握和分析可靠的数据，细心的进行比较，发现沧山水库库区的降雨量多，还流系数大这样一个特点，决策沧山水库的扩建就没有依据。从而也使我们深知办任何一件事情要实事求是、从实际出发的哲理。(2)科学决策坚定信心。无论做什么事情，都会遇到各种不同的困难和矛盾。“世上无难事，只怕有心人”，凡是看准了事情，不管难度多大，都要下定决心去做，事业就会在克服困难、解决矛盾中前进。当时实施扩建工程有两大困难：一是优质粘土少，而且运距很远；二是两座副坝运土的船支很难解决。在当时那么困难的条件下，快速筹集200立方米木材，打造好100条船是想都不敢想的事。由于区委认识到两座副坝的渗漏问题是关系到人民生命财产安全的大事，特别是沧山副坝渗漏流量达到0.2立方米/秒，如果不在内坡加固筑建粘土斜墙，严重的渗漏是无法解决的。而要完成副坝内加固筑建粘土斜墙，附近又没有土源，必须到2公里以外土场取土，加之坝堤周围全是悬崖陡壁，运土没有陆路可走，只得水运。走水路，船支又是主要矛盾。我们既看到了大坝渗漏问题的严重性，又看到筹集器材很困难的艰巨性。在困难面前怎么办呢？当时我想“只要思想不滑坡，办法总比困难多”。一是向上级汇报求得支持；二是发动群众献计献策。由于群策群力，在短短的20天内，筹齐了造船的木材，并打造好了100条木船，从2公里以外土场船运了4万立方米黏土，完成了副坝内坡的黏土斜墙加固任务，使大坝渗漏量减少了，水库的安全程度有了很大提高。(3)为民办事赤诚真心。我们工作中的细心和决心，源于区委一班人全心全意为民办实事的一颗赤诚真心。回想当时黄土店区委千方百计要扩建沧山水库，就是因为尝到1972年百日大旱的苦头，农田受灾、人畜饮水困难，觉得愧对于人民群众。区委有责任帮老百姓改变“汛期水白流，旱期水如油”现象，让老百姓安居乐业，发展生产、发家致富。在敲定大坝培修方案时，区委下定决心，依靠群众，科学决策，想千方设百计克服重重困难，加固加高大坝和解决大坝的渗漏问题，就是因为有一颗赤诚的心，想到灌区 20 多万群众生命财产的安全。总之，区委当时的胆识、勇气和决心，都是因为心里时时刻刻装着人民的利益，懂得“群众利益无小事”的道理。

（郑景阳曾任中共常德县黄土店区委书记、中共常德县委副书记，常德市人民政府副巡视员。刘胜玉曾任鼎城区水利局副局长）

建好大电排　确保大丰收

■　林敬初

20世纪70年代中期，特别是1974年，在农业学大寨的口号推动下，常德县出动23万多劳力，大搞农田水利基本建设。著名的工程有治理冲天湖、柳叶湖、八宝湖、肖家湖等，而沙河口大电排工程，就是其中之一。

为什么要修建沙河口大电排

蒿子港区是全县的粮、棉主产区之一，也是商品粮、棉贡献的大区。全区有耕地面积23万亩。据1974年的统计，全区产粮食1.4亿斤，上交国家粮食4200万斤，占全县上交任务的20%，上交皮棉4万担，占全县任务的25%。是名副其实的鱼米之乡。但是，垸内地势低洼，一遇降雨，渍淹严重，农业遇涝减产，给人民生活、生产造成极大灾害。

为了解决该区的旱涝问题，经县委研究，报地委批准，决定修建沙河口电排站。

为了工程的顺利进行，经常德地委下文，成立了沙河口田排指挥部，万祖钧任政委，林敬初任指挥长，罗丕显、杨如松、覃运满(西洞庭农场副场长)三人为副指挥长。指挥部下设办公室、政工股、技术股、后勤股等职能部门，还有驻常德、驻长沙采购组等机构。所需工作人员共计60多人，均是从县、区有关部门抽调配备。

大电排的工程概况

沙河口大电排，位于民主阳城垸澧水大堤的沙河口处。工程从1974年年初动工兴建，1975年夏建成，历时一年，是湖南省首批兴建的大电排工程之一。工程由省水电勘测设计院设计，县、区组织施工。施工该电排在当时，属于大型电排工程，电排站装有4台单机容量各800千瓦的机组，配的上海产64TCB-50水泵，扬程8米，单机出水流量

7.2 立方米 / 秒。有主变压器 1 台，容量为 5600 千伏安。高压输电线路自蒿子港至沙河口，长 4.8 公里，电压 35 千伏安。主体工程为钢筋混凝土结构。集水池底板高程为 25.5 米，有 4 条出 管道，内径各为 1.6 米，管底标高为 28.1 米。

主体工程修筑动土方 28 万立方米，砌石方 7500 立方米，混凝土工程和钢筋混凝土 7500 立方米，用工 62 万个，共耗资 384 万元，其中，国家投资 260 万元，属于全省大电排之一。

大电排的良好效益

沙河口大电排兼有排涝和抗旱两大功能。排区开有南、北两条干渠，共长 23 公里。南干渠在电排站的西南边，自罗家铺起，由西南向东北，沿沙糟故道，经黑山嘴、芷流洲、十美堂至沙河口，全长 17 公里。南干渠下游渠底宽 100 米，渠底高程 26 米，上游渠

沙河口排灌站大门

底宽15—30米，渠底高程27—28米，渠首有节制闸与牛屎湖相通。北干渠在电排站西北，与青茅港相通，自三叉河起，由西北向东南经蒿子港至沙河口，全长6公里，渠底宽15米，渠底高程27—28米。

电排站整个排渍面积23万亩。当四台电机同时开机时，只见100米宽的沙糟内河水缓缓向电排站流动。如果遇到日降雨100毫升时，渍水可在10小时内全部排人澧水洪道，做到不成灾、不淹田。如果遇到干旱时，可抽渍水抗旱，抗旱面积达5万亩，受益单位有蒿子港镇、中河口、十美堂、黑山嘴、黄珠洲5个乡镇及县黑山嘴农场等单位。

群策群力，艰苦奋斗修建大电排

修建这样的大电排，当时在省内还是第一个，不仅投资大，技术要求高，而且物资消耗也多，人力、物力、财力的需求都较大。特别是钢材、木材、水泥等物资，在计划经济的条件下，就是国家下达了指标，也要用大量的人力才能组织回来，其他物资就更不需说了。

修大电排，蒿子港区的人民，付出了大量的劳动。主体工程虽由国家投资，但是，几条干渠及附属工程约50多处，均系自筹资金投入修建，仅投入资金就达120多万元。当时该区的群众，只要接到任务后，都是自带工具、口粮及生活物资等，以班、排、连的组织形式，由乡、镇主要领导人带队，开赴工地，日夜奋战。仅主体工程就投入3000多劳力，奋战了一个冬春。

除此之外，电排指挥部的领导及工作人员，也是艰苦奋斗搞建设。领导同志经常在工地上挑土，既当指挥员又当战斗员。

强调节约建电排。指挥部号召节约一寸钢材、一斤泥、一寸木材，做到精心计划，节约使用，共计节约经费30多万元。其次是，强调保证质量，注意安全。整个工程质量，完工后，经省、市主管部门验收，工程全部合格。安全方面，整个工程施工阶段未死一人，大的工伤事故也未发生。

生活方面，指挥部机关及工作人员特别注意艰苦奋斗。机关未办食堂，是在民主阳城垸修防会食堂搭餐。开饭时，每人都是吃的钵钵饭，每人一小盘菜，食堂里照常是萝卜、南瓜、辣椒等小菜为主，晕菜很少。来客时，也是在食堂就餐，很简单的招待，整个施工阶段，指挥部基本没有什么招待费。副指挥长罗丕显想喝酒时，都是从自己家里提两瓶去喝。他说：沙河口大电排，是吃萝卜、南瓜修出来的工程。

在工作上，强调艰苦耐劳精神。指挥部领导成员勘测渠道走向时，都是背着仪器步行。有一次正是双抢季节，遇到三十六七度的高温，一行 7 人病倒了 5 人，照样克服困难，带病坚持工作。“为人民服务”的口号，不单纯是在嘴上讲，实际行动也是那样做的。

沙河口大电排的修建，给蒿子港区的人民带来了极大的好处。近 30 年来，民主阳城垸内，水旱无忧，旱涝保收，粮、棉年年增产，对国家的贡献年年增加，人民过着安稳、幸福的生活。

（作者曾任中共常德县委常委）

水政执法第一剑

■ 孙启林

1990年春节刚过，我从鼎城区电力排灌管理站站长兼牛鼻滩电排修建指挥部财物科长的岗位,调到新组建的水电局水政股任股长,沈建湘同志奉调给我当助手。当时全区水利监察队伍可谓队伍整齐,兵强马壮。局机关在编专职水政监察员3人,兼职9人。办事处、乡镇水电站、区属水利水电工程管理单位专职监察员定编68名,兼职73名。水利部为各级水政监察队伍配备了执法专车,水政监察员全部着装执法。我到任不满一周,就带队参加市里举办的水利执法上岗培训。紧接着开展了为期三个月的水利违法大清查,澄清各类水利水电工程遭到人为侵害、破坏的情况实底。经过调查摸底、详细统计发现,在沅澧水、高低水大堤有违章建筑3837处、面积51300多平方米,其中严重人为损害破坏水利工程的有1700多处,达到立案标准的数据,令人触目惊心。这些水事案件,根本无法得到及时有效的处理,严重地损害了全区人民生命财产的安全,严重降低了江河湖渠行洪能力,严重地影响了水利水电工程的安全运行,严重地制约了水利水电工程排灌效益的发挥。维护水电工程的完好！维护水利人的尊严！维护法律的尊严！严肃开展水政执法迫在眉睫,势在必行。

主汛期水政拆违　马家吉首战告捷

4月下旬,时任鼎城区主管农水副区长的胡宗清,在全区防汛抗旱动员大会上,严肃通报了全区水事违法案件。强调指出,五年多,沅水大堤马家吉段约3200多米大堤,违法建房建棚385处,违法建筑面积1.1万多平方米,严重影响了防汛堤面车辆通行,严重影响堤身安全和汛期巡堤查险。曾好几次受到市防指的通报批评,政府要求水电局水政部门重拳出击,在洪水到来之前,彻底整治清除,打响水政执法第一枪。

会后,按照防汛动员大会的要求,我们认真研究布署,组建专门班子,抽调基层水政人员上违建户的门做过细的思想政治工作，再次组织14辆车的宣传车队，带上24块大宣传牌上门宣传，100瓦的大高音喇叭连续三天广播拆违要求，再次下达拆除通知书，再次召开违建户主自拆动员大会。5月13日，正式召开依法强拆协调会。水利、水政、司法、公安、法院、检察院等相关部门负责人共商强拆方案和具体事宜，定于5月16日对马家吉大堤上的违法建筑实施强拆。16日上午7:30，168名着装整齐的水政监察员、政法干警汇集到了水利局的操场，整装出发。由16台车辆（大型挂牌的宣传车10辆、执法车4辆、铲车2辆）组成的车队于上午8时准时开出。一路上红旗招展，彩旗飘扬，高音喇叭的宣传播音响彻云宵，经沅水大桥，贯穿江北城区，直奔马家吉沅水大堤的强拆现场。上午9:30到达目的地，宣传车队启动高音广播宣传，执法人员再次分头上门耐心疏导。这时，有一姓肖（据说是杀猪屠夫）的违建大户，眼看肉铺、商铺开不成了，手持砍刀、斧头扬言：谁动我家的铺子，我就和他拼了！看谁先成我的斧头魂、刀下鬼……这时，水上派出所的4名干警迅速机警地从肖某身后围上去，缴没了肖某的斧头和砍刀，将其按倒在地，戴上了手铐。随着2台铲车的开动，仅用了20分钟，肖某130多平方米的违法商铺就销声灭迹了。在强大的执法攻势下，300多处违法建筑开始主动拆除。正在这时，水上派出所干警电话请示公安局准备将行凶未遂的肖某押送去看守所，十几位自拆完的户主闻讯赶来为肖某求情，不要押走了，让他去给另外几户业主做工作，给他将功赎罪、重新做人的机会。在法律的震慑之下，在强大的政治攻势面前，大堤上所有违法建筑仅仅四个半小时，全部拆除。

此次依法强拆战役，没花一分钱的拆迁搬运费，没给一分钱的拆迁补偿，没逮捕一人，真正达到了安全、低耗、圆满、快捷的强拆目标，开创了鼎城有史以来大规模水政执法的新局面。省市区电视台、《人民日报》三版、《中国水利报》头版、《湖南日报》《常德日报》都在第一时间报道了沅水马家吉大堤强拆违法建筑的新闻。这次水事执法社会反响好，鼓舞士气，为鼎城全面清除水利水电工程的违规违法建筑物，指明了方向，吹响了进军号角。

百姓诉棉纺厂抽地下水影响生产生活一事惊险开始圆满结局

1990年8月下旬，沅水河床水位已经下降到吴淞基点29米以下，晚稻和旱地农作物因旱而严重受灾，全区掀起了抗旱高潮。一天上午，武陵镇的三滴水、报国两村7名党员和群众代表集结在区水电局局长办公室汇报情况，并呈递了投诉的书面材料，反映常德棉纺厂，长期在两村境内抽取地下水供生产设备降温，影响两村3800多人和牲畜的饮水问题，5800多亩农作物无水源灌溉。局长姚碧初当即将其投诉材料批交水政股调查处理。接到投诉材料，我们分头到市水电局水政科和区政府法制办汇报共商。按照《中华人民共和国国务院水资源管理条例》和省市相应的管理办法，决定受理两村的诉求，并立案调查。8月28日，市、区、镇三级组成的5人水政执法联合调查组正式进入两村，进行为期两天两夜的走访、调查、取证、测试采样，结果表明：①在主汛期，外河（沅水，下同）水位高于32米时，棉纺厂3台75千瓦的泵房同时开机抽取当地地下水不会影响两村群众的生产生活正常用水。②外河水位低于30米后对当地群众的生产生活有不同程度的影响。③外河水位低于28.5米后，两村农户灌溉用的小机井和生活用的手压井大部分干涸。当时已久旱不雨，外河水位已低于28米，2800多亩农作物因无水灌溉而枯黄，650户农民约4900多人畜饮水困难。④棉纺厂的3台泵房若同时停机，群众的灌田机井和饮水的手压井都能出水，难怪两村群众不断的上访市、区政府和相关部门。

9月1日下午，我们联合调查组成员市水政科刘凤奇科长与棉纺厂办公室负责人通电话，通报了两村群众上访的诉求和现场干旱的严重情况，并预约9月3日，三级组成的联合调查组到棉纺厂向领导汇报情况，协商处理意见。9月3日上午9时，我们联合调查组来到厂办公室，厂党委办段主任和生产科林副科长接待我们，并告知：工业大战三季度9月是关键，厂领导们都很忙，不能亲自接待，请理解。我们见不到厂领导，只能给段主任和林副科长汇报。当我们汇报到两村的要求和处理方案的建议时，段、林两位同时说，我们二人做不了主，也不能口头给领导汇报。见此情况，我们只好将调查材料和协调处理的具体方案交给段主任。走时再三交待，我们联合调查组过两三天后再来登门汇报协商调处，并说明两村群众迫不及待了，下次他们一定有代表参加。

第二天下午刚上班，接到市水电局办公室打来的电话，得知市局丁孟春局长中午下班时接到了吴定宪市长很不满意的电话，批评丁局长没管好自己的队伍，市、区、镇几级干部无事惹事，跑到棉纺厂无理取闹，要我们马上去丁局长办公室汇报情况。我们大吃一惊，我们一行人到棉纺厂汇报文明友好，建议认真负责，怎会一下成了无理取闹呢！而且还通了天，惹火了市长大人？我和建湘同志迅速赶到市水电局丁局长办公室，市水政科的同志早已等候，听完我们详细介绍去厂协商全过程后，丁局长紧绷着的脸缓和了下来。他心里有了底，指示我们，你们没有错，也不会错，是厂方领导不客观，并要求我们头脑要保持清醒，依法、公平的调处好这起地下水资源的纠纷，不畏权势，还老百姓一个公道。水事纠纷执法，特别是地下水资源纠纷的执法调处是一个难题，这是新生事物，头一炮必须打响。丁局长这一席话给了我们联合执法调查组勇气和信心。到市水政科后，又进一步商议办法和对策，并定于9月8日上午9时和两村代表一起再去棉纺厂汇报协商停抽地下水和经济补偿的事宜。刘科长事前将我们的决定电话告知了棉纺厂段主任，并反复要求请一个能拍板的厂领导参加。

9月6日，联合调查组又进一步收集、完善材料，核实、监测取证，找到泵房负责开机的师傅对3处泵房的开机日志、水位变化、流量测试进行再次核算复查，真正弄清了当时因抽地下水而影响两村的机井和手压井无法出水的规律和原因。同时请市局、区局两位地质高级工程师进一步论证地下水资源在不同的水位、开机时间的长短、出水流量的变化规律，出具核算鉴定书，确保我们的处理意见科学、公正、理由充分。

9月8日上午9时，联合调查组和两村代表一同来到了棉纺厂小会议室，一进门，只见大胡子厂长、主管生产的副厂长、生产科正副科长、办公室段主任和3处泵房的抽水机手早已等待着我们。招呼入座过后，市水电局刘科长再次讲明来意，鼎城区水政部门汇报，介绍了调查取证的详细情况和联合调查组商定的初步协商处理意见：①通过多次观测、取样、复核和地质专家的鉴定结论，厂方3台泵房日夜长期抽取地下水使两村的128台小机井和286台手压井的取水完全干涸失效，建议靠近两村的1#、2#泵房白天停止抽水。②多年来造成对两村生产、生活的重大损失，建议厂方给予一定的经济补偿，供两村和厂方协商参考。这时小会议室的气氛一下子紧张起来，只见大胡子厂长满脸"阶级斗争"，严肃至极，没等到两村代表任大初支书发言完毕，忍耐不住，怒气冲天地说："市里吴市长已经严肃批评了市水电局丁局长，你们一行今天来后不但没有改变态度和观点，反而变本加厉，索要更明显，还要关闭两处抽水泵房，这是胡闹，市里的企业还要不要?”这时，两村的代表火气也上来了，吵着:“这完全是你厂长胡闹，不但没有丝毫处理好厂村关系，同情百姓的诚意，反而恶人先告状，跑到市里给吴市长汇假报，协商还没入题，你厂长就来我们的神，不让老百姓说话伸冤，只顾企业利益，不顾老百姓的死活是吗? 既然这样，我们两村老百姓就自己回去做主了。”协调会就这样在吵闹中不欢而散。两村群众知道协调会被大胡子厂长弄砸了，200 多人第二天清早汇集到抽水泵房停电、封门。厂方得知后，立即将这一紧急情况电话汇报给市政府，市长责成鼎城区卜功富区长立刻赶到现场制止，严防事态扩大。区长赶到现场后眼见干旱缺水的惨景，群众的情绪，又了解到厂方的鲁莽，便心急如焚，马上拨通厂长电话，请求厂方领导面对现实，慈悲为怀，请求群众支持理解，镇村干部做好稳定工作。电话结束后，卜区长转告厂长的承诺，等厂长上长沙开会两天，回来后亲自带队来两村协调处理。一天过去了，两天过去了，一个星期过去了，旱情更加严重，由于地下水过度抽取，两村 90%手压井、地下水灌田的机井已抽水不上来，90%的群众、牲畜饮水必须用自行车到 3 公里外的沅水河去拖。区政府用洒水车、消防车送水到组。两村群众在迫不及待的情况下，又计划在 17 日对 3 处抽水泵房采取行动。这时，市政府办打下通知，9 月 18 日上午 8 时，由区长卜功富带队，水电局长、法制办主任、武陵镇镇长、水电站长、两村支书到市政府办参加协调会。第二天中午，市政府协调会散后，我们得知，市里的会议不是解决问题的协调会，而是治理经济环境的整风会。吴定宪市长、主管工交的李会刚副市长听了棉纺厂的汇报后，大发雷霆，严厉批评市水电局，说水电局要整垮棉纺厂，对市委、市政府提出大办企业设障碍、卡脖子，纯属无理取闹，并责成纪检部门严肃查处带队的市、区负责人和市、区水电局两位高级地质工程师，要求公安局派出警力，对泵房停电、围堵者现场处置，指示常德日报社、电视台要头版、头条报导整风会议的精神。两村支部书记气愤地进行了反驳，针锋相对地指出，厂方领导玩弄群众，欺骗群众。区长同时证实，厂长说话不算数，给区镇两级政府在大灾中添乱。两村支部书记在忍无可忍的情况下，离开了市政府的会场，并赌气地说:“咱们老百姓的大事政府不管，我们老百姓就自己去管，看去现场抓人是共产党还是国民党！”下午 2 点，武陵镇政府传来消息，两村几百群众自发地将3处泵房停电、堵门，棉纺厂一部分需冷却的车间被迫停工。正在同领导喝酒的厂长们，顿时手忙脚乱，再次恳请市长派人到现场解围。下午3时，市政府喻斌龙副秘书长一行7人赶到了现场，耐心听取了群众的诉求，察看了现场和旱情的严重程度。同时，卜区长再次给市长汇报了真实情况。高级地质工程师(全国第一批享受国务院特殊津贴的)武令如也找到了李会刚副市长，质问市政府会议上凭什么法律政策拿我们工程技术人员问责，请李副市长给一个说法，不然，就找上级评评理。这时的吴市长对事情的真相有了一定的了解，知道是厂方责任重大。厂长汇假报，大小会上无理取闹，预约三天亲临现场却不见人影，是造成厂村关系紧张的关键。喻斌龙副秘书长按照市长的授权，邀请卜区长和市局的陈光通副局长一起召集联合调查组及镇村代表连夜在棉纺厂会议室召开会议。首先，厂长对联合调查组和镇村代表表示了真诚的歉意，并诚恳地表态愿意接受联合调查组的协调处理意见，请两村支部书记转告两村群众，厂方在处理厂村关系上实在是对不起大家，请予以谅解。见此真诚的场景，两村代表也发言，一致表示不计较。一个多月来的不愉快就此达成谅解。两村克服困难支持厂方晚上加班抽地下水供机器设备冷却。厂里白天停抽地下水保证两村饮用水和农业用水有水源。喻秘书长见双方都能支持理解，便开始小结拍板：首先代表市政府对两位专家的劳动成果给予首肯和尊重。二是联合调查组的工作深入细致，认真负责，合理、合情、合法，计算补偿的总体思路和方案大家基本满意。三是厂方本着改善厂村关系，抗旱救灾，每年给两村各解决5万元的经济补偿。四是大旱当前，厂方3台抽水泵房和相关生产车间采取白天停机，晚上加班，两村的机井、手压井在上午8时至下午8时启动，晚上停机，会后形成了文字纪要。晚上8点多钟，协调会议圆满结束，厂方主动宴请与会人员。饥饿后的丰盛晚餐呈现出了一片厂村关系、干群关系改善的和谐局面。

毁江堤权法博弈　水利人扬眉吐气

1990年国庆节过后，按照上级要求和布署，对全区各类水利水电工程再次开展水政执法大检查。通过检查发现仍有156起不同程度的侵占损害水利水电工程的违规违法事件。特别突出的是康家吉乡秋修指挥所借培修大堤为由，挖低苏家渡丁头沅水一线大堤，平整做为乡办企业扩建预制件厂等23起严重破坏水利工程的违法行为。我们检查时就当即制止，并专题汇报区政府。10月下旬再次下达了责令整改通知书，半年修水利，到年终水利工作总结检查评比时，基本没有异常现象发生，只有三合垸的苏家渡丁头挖毁的大堤没有完全整改达标。春节过后，我们再次下达整改达标紧急通知，并约见了该乡分管农水的副乡长黄永红，他表示一定马上给书记乡长汇报，在主汛期前解决好整改达标问题。

1991年4月上旬，我们再次开展全区水利执法大检查。到三合垸的苏家渡丁头，发现大堤上有30多人抢挖大堤，现场询问民工，他们坦诚相告：这与我们无关，我们是做工的，乡政府要发展乡镇企业，扩办预制件厂。这里堤身大，挖低1米，对防洪安全没有多大影响和危害。这时三合垸主任邱良全找来了乡管企业的副乡长和预制件厂厂长，厂长要我们找乡党委书记，他说是书记要我们扩预制件厂的，水利部门又不让我们干，我们也很为难。当时，检查组人人议论纷纷，“真是胆大包天，主汛期挖毁大堤，土方量已达280多立方，这简直是犯罪啊！”我们现场出示了水政执法证，拍照取证，毫不客气的对分管企业的副乡长说：责令你把民工解散，不能再挖了，你如果不制止，主要责任就由你承担！这样才解散了民工，停止了毁堤的违法行为。三天，我们执法检查结束了，再从澧水流域的民主阳城垸重返沅水三合垸。邱主任联系上了康家吉乡党委书记。上午9时许，我和洪道站长曾益安、水管站长雷敦学、沈建湘、王洪尧等一行6人一车开进了乡政府，找到书记。逐一握手介绍后，主管堤垸洪道的曾站长就挖堤扩建预制件厂事宜，详细给该书记汇报。话音未落，书记便大动肝火，凶气十足地吼道：“你们不要对此上纲上线，把大堤丁头降低1米是我开会定的，大办企业是区委政府要求的，区委书记支持的。你们水电局的几个假洋鬼子能把我抓起来？”我们几人听得真不是滋味了，同时说，你当书记就是你的天下，你就通天啊！?你就可无法无天了啊！?这时的书记更是恼羞成怒连骂带吼道：娘的×，康家吉书记是我当的，我说了算，你们当不到，瞎搞胡搞，还执法到我们党委政府头上来了，共产党就你们几个反天了……!? 作为地方一把手，为维护一方利益情急之下也就失去了理智。我们只好给在场的几位副乡长交待一下，实在无法继续汇报和谈判，请他们代转给书记，我们只有回去给领导汇报。这是天大的事，我们绝不会放过。下午上班后，我们找到了姚碧初局长，汇报了前前后后的情况和经过。局长听了一大概后，对我们说，你们一行人到康家吉乡里气受够了，我中午未下班就知道了，小兄弟们，水政执法不是那么容易到位的，何况人家是党委书记，是区委书记信任的人，据说区委近几天就召开常委会要提拔他为石门桥办事处主任，现在是大办乡镇企业的风头上。水利局是部门，部门只能步领导的门。等会该书记会到局里来，我会给他说，大堤是不能再挖了。姚局长的一席话，让我们深感意外和灰心，只好忍气吞声回到各自办公室。曾益安气得当晚胃病发作，脸色苍白。近一个月时间，这件事如泥牛入海无消息，只见这位书记为摆平这事提着包到处拜领导、跑汇报。

5 月 13 日中午快下班时，只见从长沙省城开过来两辆越野吉普，冒着倾盆大雨停在局长办公室楼前。不到十分钟，姚局长就通知我们水政的同志到会议室去研究案情。其他几位有些惶恐，但我不慌也不忙，心中有数，暗自窃喜，预感水利人能出气了，水政执法又有希望了。上楼就遇上了市局水政监察执法车里下来的周栋明副局长一行。进了会议室，周副局长接过省防指彭局长递过来的三合垸群众联名举报信件，上面签满了国家防总、水利部、省防指水利厅主要领导要求从速、从快、从严查处在主汛期挖毁一线防汛临洪大堤，并公然对抗水政执法的恶劣行为，责成当地党委政府追究相关领导的责任，政法机关严肃查办首恶违法者。会议只十几分钟。姚碧初局长深知事态升级了，麻烦惹大了，立即电话报告了区委胡书记。胡书记指示姚局长把省市来的 12 位领导，接到区委接待处的宴会厅来共进午餐。省里来的 4 位处长、2 位科长婉言拒绝了，而是用 15 分钟到局机关职工食堂吃了一个工作餐。下午 1 时，省市区共 5 台越野车顶风冒雨往三合垸案发现场驶去。风雨太大了，路太乱了，艰难的行走了一个多小时才到达目的地，停下车就发现 30 多人和两台铲车挖土还土的现场。还是那位乡党委书记和党委政府一班人和机关部门负责人个个被大雨淋得像落汤鸡，显得十分可怜。省局彭副局长、法规处长现场寻访该书记时，他只得当着随行的省、市、区三级电视台记者的镜头深刻检讨赔礼道歉，表示一定立即恢复原貌，现在就在行动，保证天晴后还原真正达标，并虚心接受各级领导的批评，诚恳接受组织处分。

下午4时许，车队返回鼎城区水利局，进入会场，只见区委胡书记和相关领导已等候多时，彭局长再次通报国家、省防指领导对三合垸沅水大堤挖毁一案和现场调查、录像、电视采访的情况。姚局长接着将个人应负有的领导责任，向各级领导诚恳的进行了自我检讨，表示今后一定强化水利管理，严格水政执法，公正为人处事，不为情所动、不为权所惧，理直气壮地为水政执法队伍撑腰壮胆。区委书记听完领导讲话和大家发言后表态，一定按照上级领导的批示，抽调专人、组建专班子迅速将人为破坏挖毁的苏家渡临洪大堤高标准的恢复原貌。对全区范围内损害破坏水利水电工程的案例，坚决依法查处，不留隐患；一定要加大宣传力度，对水政执法案件特别是三合垸主汛期以扩办企业为幌子，挖毁大堤办预制件厂的事件要剖析报导。康家吉乡党委书记的现场检查道歉的录像要在全区反复播放，引以为戒；一定按照几级领导追责的要求，今天下午我们区委责成纪委监察局抽调6人组成专班子，立案查处，他们午饭后就已经下去调查取证，落实材料，为今晚的常委扩大会研究提供依据。当天晚上区委书记亲自主持召开了常委扩大会议，通报案件的始末，根据纪委、监察局联合调查取证的情节，研究决定：一是乡党委书记身为防讯指挥所政委，违法决定汛期扩办企业挖大堤，情节严重，并造成恶劣影响，给予撤销党委书记职务的处分。二是分管企业的副乡长为办企业不顾大堤安全，时间长达半年，反复组织挖堤，危害防洪安全，给予撤销党委委员职务，并提交乡人大主席团罢免副乡长职务。三是预制件厂厂长几次带头组织民工和机器挖毁大堤，为本部门谋利益创政绩，负有重大责任，本应按上级批示交由公安机关刑事拘留，因事发后积极组织恢复原貌，知法认错态度好，给予留党察看一年处分和罚款2万元的经济处罚。

第二天，省市领导收到鼎城区委常委会议处理该事件的会议纪要后，又再次征求我们水政执法人员的意见，并吩咐我们尽量寻访举报人，给予一定奖励，弘扬正气。我们表示大快人心，非常满意。这一场权与法的较量让水利人扬眉吐气，为依法治水解决问题开了先例。

（作者曾任鼎城区人民政府副调研员、时任鼎城区水利局水政股第一任股长）

我修苏家吉大电排

■ 徐政国

那年,我把胸膛一拍,毅然接受了筹备修建苏家吉大电排的任务。消息一传开,各种各样的议论就传出来了:

“谈何容易,还想在机埠林立的八官垸里再修一座机埠,要投入半个亿,这是白日做梦”;

“这是睡在碓盔(音 kui,方言,指“臼”)里打磕睡,‘想冤’了,当个政协主席快活得不愿了,还揽这号事”;

“还不是想捞几个钱。谁都知道如今搞工程,捞不到一个鱼也要捞个虾呀”!

“……

我当然知道这不是一桩美差。听闲话事小,可以不理他。但是,它是“无米之炊”,一切都要靠讨。我很清楚:在八官垸里的机埠,每平方公里的装机容量的确已经大大超过了全省、全市乃致全县的平均水平,再找省、市申请立项,争取国家投资在这里修一座机埠,那是难上加难的事,而且这一项目当时又没有纳入洞庭湖二期治理的“计划笼子”,一切要靠“挤”。

谁叫我是常德人呢?谁叫我又分管过农业呢?谁叫我防汛也守过“高水”呢?谁叫我知道八官垸里的“水恶、人穷、路难行”的根本原因所在呢?有诗为证:

千人诅咒万人怨,挑堤防汛年复年。

任你庄稼千般好,一夜倾盆水连天。

这里曾八年两溃垸。这个“心腹之患”不治理好,八官垸里的“小康”就是一句空话,我们经常说的“为人民服务”也是一句假话。

保留要彻底解决高水防汛问题,只有在苏家吉修机埠,别无选择!”我曾经又这么断言过。如今,这一历史的任务偏偏就又选择了我,我又怎么能推脱呢?

“任务我接受，但是筹建人员要让我选择。”我向区委书记提出了要求，我认为搭建好班子是第一位的事。

“行！”区委书记文承保的拍板只有一个字。

于是，我和王军、甘诩初，还有司机孙志祥同志，一起组成了“四人帮”集团，开始了从常德到长沙、从长沙到北京的艰辛的、漫长的、有时甚至是屈辱的“讨米”生涯。饿了，车上吃块饼干；渴了，车上喝口矿泉水；疲倦了，车上躺阵“皮沙发”。就这样，我们四人相依为命，我们四人以车为家，我们四人各尽所能，到处“求奶奶、拜姥爹”、递报告、送请示、遇冷脸、寻支持。遇上天晚路远实在回不了家，我们就会四人住下一个“标间”。那风格可高啦，他们总是把最好的铺位让给我睡，而他们三人就都要去争着睡地铺。王军心宽体胖，打起酣来可以说是惊天动地，为了不影响我们休息，他要么把书看得很晚，要么就干脆外出逛街，等我们睡熟了，他才悄悄的入睡。我们总是笑他“夜不归”，他也只是傻笑。

也许，我讲的这些有人会不相信；也许，我讲的这些有人会不理解；也许，我讲的这些有人会说不值得。但是天地良心，我们确实是这么做的，因为穷啊。

我也坦白地说，我们也有慷慨的时候。那一天，我们请了不少的大客人，我吩咐王军：“马虎不得，‘当家神、卖土地’也要把客人招待好”。那天的客人来得格外的整齐，我又高兴又着急。眼见有坐不下的危险，当机立断：“小孙，你把司机招待好，另外开一席，全权代表。”小孙欣然答应。

等客人们一走，我就叫服务员把菜单拿来审查，天那，这餐饭花的钱对我们来说简直就是天文数字啊！好家伙，司机桌上的餐费竟然比主宾席上的还要多。我发火了：“好你个孙志祥，你比我还慷慨，行，从此以后你来当指挥长，我来当司机。”心想这公家的钱难道就是这么好用的么！小孙被我吓得话都说不出来了，老…老板……都……都是你开的口，又都是他们自己点的菜呀。”我这才意识到，那些头儿们的司机也是不好对付的。但是，我还是有些热财难舍，又加上酒意发作，硬是把小孙狠狠地臭骂了一通。小孙他伤心地哭了，后来我又有些后悔。

要说建苏家吉电排的头功，当数王军。当我们忙上忙下把请示报告、专家论证、可行性研究都送达并顺利通过后，最难过的是省长的批文那一关。我们这些平头百姓能轻易找到省长吗?可想而知。但是我们想到:愚公能移山，刘备能三顾茅庐，大禹能三过家门而不入，难道我们就拿不到一纸批文么? 找、再找，等、再等，钻、再钻。

机会终于来了，庞省长要去北京开会，将乘坐几点几时的好多号的班机，有可靠消息告诉我们说。

我当机立断:“王军，你随机飞北京，在飞机上找省长批文。”王军欣然照办。省长感动了，省长批文了，王军成功了;我们成功了!

那天晚上，我们跟着围着领导去了一躺北京，然而到北京机场大门都未出，就凯旋了。那天四人一起破天荒地进行了一次”举杯同饮、共同庆贺。王军侃侃而谈，甚是得意。

“王军，你是功臣，干! ”，甘翊初说。

“王军，你是英雄，干! ”孙志祥说。

……

大家就像夺冠的女排一样，欣喜若狂，每个人都抱着啤酒瓶,你敬我、我敬你。最后是王军醉了，小孙和我也醉了。我们大家都为这成功的喜悦而陶醉了。

不要以为我们几个就那么神通广大，一个投资5000万元的工程就那么容易立项。如果没有王孝忠厅长的支持，给我们做最大的“后台”“内线”，这件事也是要“泡汤”的。我们大事小事反反复复地找他、磨他、烦他，他也上上下下不厌其烦地为我们筹划、拍板、下劲。《红楼梦》里的王熙凤说过:大有大的难处，小有小的难处。厅长办事当然也有厅长的难处，但他不管事情有多难，总是和颜悦色、满面春风地接待我们，为我们解难排忧，我们常常感到尴尬，又感到激动。

一次，我们又碰上了一个难题，只好又麻起胆子去找他。他风趣的说:“谢谢你们啊，经常来看我。” “不好意思，又要麻烦您了。”等我们把事情向他说了之后，他笑了笑说:“基层的办点事情也真不容易。好吧，你们先去找一个地方休息，等我把其它事情办完了再说。”刚等我们走到门口，他又把我们叫住说:“记住，等会要把你们住的地点、房间号码用电话告诉我。”

我们办好住店手续，一切也按厅长的要求办了，我们几个就呆在房间里耐心等待。过了一会，外面有人敲门了，我们把门打开一看，原来是厅长来了，后面还跟着两个人。厅长他笑容可掬地说："老师(他总是跟着我的那个学生这么叫我)，我来看你们这些家乡的父母官来了。"我们受宠若惊，顿感不知所措。他招呼大家一一坐下，又给我们相互作了介绍，我们才明白：原来那后面跟的两个人就是我们办事要找的"实权人物"。厅长也只是和我们拉起了家常，问起了家乡的生产，问起了家乡的朋友，叙说了往日的趣事，其他什么事情也未说，就依依地告别了。

第二天，我们的事一路"绿灯"，办得非常顺利。厅长的良苦用心，厅长的工作方法和领导艺术既让我们佩服得五体投地，又让我们感到骄傲自豪。

厅长还是一个喜欢开玩笑的人。一个星期天的下午，他打来电话批评我："你就只会找我，我们有个处长好想和你交个朋友，人家就是找你不着呢，晚上你赶到长沙来，他请你吃晚饭，不要误事。"我知道，这个处长是一个"重量级"的人物，苏家吉电排的好多事情还得请他帮忙，我还正为怎么求动他犯愁呢。

我叫上王军直奔长沙。路上，厅长又打来电话告诉我："这个处长很能干，也很仗义，就是不喜欢摆架子的人，喝酒要放开一点。"还说他因有事就不参加了。

那处长果然豪爽，对我开口一个老领导闭口一个厅长的老朋友大杯大杯的敬，大杯大杯的干。厅长又三番五次地给我打电话，反复强调这餐酒与工程的关系。那处长的电话也是接个不断，他一个劲的只是回答："好的、好的，一定、一定。"等我们两人都醉得有个八开的时候，厅长他匆匆忙忙的赶过来了，"来，为了友谊，我们再干一杯。"后来，我和那位"重量级"的处长都醉得一塌糊涂、胡言乱语起来了。

事后我们才知道，原来这一切都是厅长精心组织、精心策划的，又在电话里亲自指挥，才挑起了那场"没有硝烟的战争"。厅长有时也好"坏"哟。

眼看工程就要破土动工了，可耳边的"杂音"还是不断：有的说："好一个政绩工程"，"好一个钓鱼工程"；也有的说："苏家吉又要修第二个闸门了。"他们不相信这泵站能修起来，他们还在说风凉话。恰好在这时候鼎城区又换了新的区委书记。新任区委书记吴生元的态度怎么样呢？苏家吉大电排的命运又决定在他的手中了。

吴生元不愧是一个有名的土水利专家，也不愧是一个实干家。他到任不久，就利用国庆长假，带着区水利局的同志，围着“高水”、八官垸整整转了三天，还组织召开了各种座谈会。这些，我都有意回避了，因为不能影响“老板”的正确决策啊！后来，他明确的表态拍板了：“修，尽快修！要解决八官垸里的水患，要使这里的老百姓早日脱贫，除了在苏家吉修电排，别无选择！今冬一定要破土动工。”我如释重负，长叹一声：“苏家吉电排有希望了！八官垸，冲柳垸有希望了！”

正规、系统、权威的指挥班子、工作班子全面的建立起来了，我千推万脱，好容易才辞去了指挥长的职务，还是当了个协调小组的组长。工作班子也充实了不少的鼎城精英，他们中有陈时生、戴正英父子、曾宪德、丁大勇、覃文先夫妇、姚九斤，还有公安、计划、国土、建设部门的同志。吴书记亲自参加，法人代表、区长李大平主持的高规格的动

苏家吉排洪站

员大会在区水利局会议室召开。我作报告:千万不能一个工程建起来,一批同志倒下去。我从廉政建设讲到工程建设,从安全第一讲到质量第一,又从严格落实“三制”讲到了全面实现政府采购,要求一切按程序办事,作了一个在我的从政史上最长的报告。

我知道,历史是无情的,这个工程就是将来的历史;我知道,法律是威严的,这个工程将要接受法律的验收;我知道,这“组长”是沉甸甸的,这工程造就的不是一座历史的丰碑,就将是一桩历史的罪证。我严肃郑重地要求、告诫、指示我的朋友、同事和部下:“不要把自己的生命和信誉当赌注,儿戏不得!儿戏不得!千万儿戏不得啊!”

会议是严肃成功的,思想是高度统一的;掌声也是响亮热烈的。这效果能够成为现实的、历史的效果吗?这晚,我翻来覆去地想着这神圣而又艰巨的历史使命,怎么也睡不着,我又失眠了。

接下来是我们的分工更加具体:王军当法人代表,负责全盘又兼对外联系;甘诩初负责机电、水泵的配套安装;戴正英负责土建工程;陈时生负责工地的安全、保卫、督促和协调。省有关单位负责设计,施工、监理的也都一一各就各位。

区委决定,2000年11月8日正式破土动工。可“麻纱”又来了,要在沅水大堤上破口,必须经省水电厅的有关部门批准。他们不同意,理由很简单,在有限的枯水季节里能不能把这么大一个出水涵闸修好,保证来年防讯不受影响,他们不放心。天有不测风云,开始,在我们这些人当中谁也役有过这样的经验,谁又能保证老天爷能给足有效的施工日呢?这是关系到要杀头的事啊!

我把科学算账的任务交给了甘诩初、戴正英他们,又组织建设、施工、监理各方权威代表参加研究讨论会议。我们似乎比决策“三大战役”还慎重。那甘诩初是一个懂技术、又敢于直言和承担责任的人,他一番精心的估算后说:“什么怕影响防讯那是一句屁话,他们是怕动工就会木已成舟,他们的真实思想还是不同意修苏家吉电排。这工期‘除七丢三打对拆’也能搞拢来。我相信他的拍胸是有把握的,我相信他的拍胸是负责任的。我给吴书记汇报,他态度坚定:坚决搞。我把电话打到了在北京开会的王厅长,他态度明确:尽快动工。可是就是那纸批文难到手、

又是王军出马。他从常德赶到长沙、从长沙又赶到岳阳。好不容易赶到那位签字

人，谁知道他不仅字不签，而且对着王军发了好大的火："不要以为认识领导就有天大的狠，还把电话打到北京去了。"他毫无情面地数落了王军一顿。王军聪明，他知道一定是厅长发了硬话那人才找岔发火的，便只是一个劲地赔小心，一个劲地赔不是，只要能把那批文弄到手，要他做什么都愿意。

在十分不情愿的情况下那人签了字。王军好不高兴！等他出门把喜讯告诉我时，这位七尺男儿、东北大汉竟然在电话里"抱筒痛哭"起来："主席，我，我这究竟是为的什么啊！呜、呜、呜……"我强力挺住："为了人民，为了鼎城人民！全区的人民会感谢你的！"我好不自量，我好大的口气，我打起了不小的官腔，但是，除了这些，我又能用什么去劝慰他呢？

工地上彩旗招展、机器轰鸣、车来人往、热火朝天，一场在沅水大堤上破口、修好出水涵闸的决战打响了。建设方、施工方、监理方配合井然有序；月进度、旬进度、日进度环环紧扣；市检查、区督察，定时、定点、定方位的抽样检查项项到位；日碰头、周调度、旬小结的会议简洁利索。我们提出了"不少工程一根筋，质量才过硬；不抽乙方一只烟，监督才过硬；不安排一个亲戚朋友，队伍才过硬....." 的口号，实行上下监督、互相监督。"用一流的工程，向全区人民交一分满意的答卷。"我们的队伍一鼓作气，我们的队伍一身正气。

区委书记吴生元对工程的建设更是牵心挂肠，尽管他日理万机，但总是三天两回的往工地跑，白天没有空，他深夜也是会跑一趟的。他很明确的提出了向工地"三要"的要求：要质量、要进度、要安全。记得那是20世纪最后一天的深夜，他开完常委会，又风尘仆仆地赶到了苏家吉，仔细视察了建设工地，热情地慰问了建设者。我被他的这种敬业精神所感动。于是，情不自禁地写下了下面的这篇通讯：

为了解除人民的心头之患

——吴生元书记夜访水利建设工地

夜深了，浓雾笼照着的苏家吉排洪站建设工地，灯火通明，彩旗飞舞，马达声声，机器轰鸣。建筑工作者们正在紧张地施工作业，忽然从大堤上走下一行熟悉的身影。

工地负责人马上迎了上去："吴书记，都这么晚了，您还来视察工地了？"

“怎么?嫌我来得太多了?”书记打趣地回答着,“睡不着呀,鼎城有史以来的第一大水利工程,国家投资在我区的‘大二型’水利建设工程,又是开口在一线防洪大堤上的工程,你们这么操劳,我就不该操点心吗? 我来看看你们嘛! ”

吴书记一行一个个慰问辛勤作业的工作者,处处检查施工的程序和质量,件件询问施工的机械。

吴书记这已经是第五次来施工现场了。从泵站的选址到地质情况,从施工方案的拟定到机械设备的投入,从日施工强度到物质准备,从桩基础的施工到垫层砼的浇筑,无一不详细过问,无一不仔细推敲。他的尽心,他的在行,他的踏实,给人们留下了深刻的印象。

吴生元是去年9月初调来鼎城工作的。早在市委组织部工作时,他就了解到冲、柳高水的水患不仅是鼎城人民的心腹之患,也是常德城区人民的心腹之患。所以,上任不到三天,他就带着水电局的技术人员,围着冲柳高水扎扎实实转了三天。他访百姓、算水帐、究根源,反复比较各种方案的利弊。

十天后,他在全区的骨干会上说:治理高水,迫在眉睫;治理高水,别无选择——抢修电排!

他说到:根治高水,固堤无土。高水流经的地方都是冲积平原,在沙基上沙筑的堤再大再高也是枉然,“八年两溃”的教训是对堤防情况的充分说明。要是从远处运土来又“豆腐拌成肉价钱”不合算。

保住高水,泄水无湖。按照原设计,冲天湖、沾天湖、柳叶湖都是调蓄湖面,如今都已经成了旅游开发区,平时不能放干、汛期不能调蓄,高水已经成了一条割了胃的直肠子。

严防死守,抗灾无法。由于河床的抬高,五强溪发电,水位的变化,过去设计的“挤”的机遇减少,近年来每年的防汛都达30多天,最多的1998年防汛有88天,一年中的四分之一的时间是防汛守堤,群众守穷了、干部守烦了、田地守荒了……再加上高水水位处于高危水位时,沿线的机埠就要“封机、停排,再好的庄稼也只能眼巴巴的让它淹掉,实际上已是不溃垸的溃垸、不受灾的大灾害,年年如此,还谈何“小康”呢?

“要修电排，要快修电排，要高质的修好电排，抓好这个跨世纪、越千年的民心工程。”在简陋的工地办会室里，吴书记招拢工地的一班骨干，反复交代：“只有把电排修好了，我们的衣食父母才有好日子过。”

新的千年，新的世纪，新的一年，也是新的一天又开始了，吴书记才登上那辆半新的越野车，挥手告别，缓缓地离开工地。

在茫茫的夜幕中，那明亮的车灯显得格外的醒目，也照得格外的远……

（写成于2001年1月1日清晨）

这篇通讯刊发在最有意义的2001年的《鼎城工作》第1期上，《常德日报》也进行了报道。它是历史的真实写照，它给修电排的人们带来了最大的精神鼓励。后面，工地办公室的同志，基本上按照这个模式，还忠实地写下了吴书记“六访”“七访”“八访”苏家吉… …

成功，召唤着我们！

2001年3月30日，苏家吉排洪泵站出水涵闸胜利关闸。我在这一天的日记里写道：“今日胜利关闸，安全度汛无恙了。”胸中的石头终于落地，我暗暗祈祷，感谢上帝，首战告捷。

最让我为难的事情是设备的采购招标。那些“关系户”“老朋友”的嗅觉灵敏得很。我的要求很明确，一定要找一流的厂家，定一流的设备，将来能发挥一流的效应。我郑重地说：“没有质量就没有一切！弄不好老百姓是要骂娘的，我们就会成为历史的罪人！”抱着这个目的，甘诩初他们偷偷地看了好多的厂，暗暗地访问了好多的名人学者，老老实实地看了好多的资料和类似的全国有名的机埠。“一流”“一流”“一流”的担子始终压在他们的肩上。

为了不受干扰，正规的搞好招标，时机一到，我们把评标师、公证员、监督人都请到当时还“与世隔绝”的花岩溪国家森林公园里，神不知、鬼不觉地搞了几个通宵。那些“关系户”“提篮子”的还没有回过神来时，我们的“中标通知书”已经早就通过了新闻媒介，广泛地向社会公众进行了公布，并发到了厂家。他们大呼“迟了，迟了，大意了，上当了”。

但是，他们还是不甘心、不松手、不忘“亡羊补牢”。他们牢牢地纠缠着我们硬要软磨，还请来了方方面面的老领导、老朋友、老同学、老战友反复地给我们讲友情，讲利害关系，讲区域经济，讲下级服从上级…… “哎呀，你们讲得太迟了，多不好意思。”我们统一口径，一个鼻孔出气就回绝了。他们也没有办法，又不好发火，可是眼看着“到手的银子化成水”，还是不甘心，于是他们就去找书记、区长，还有的干脆去找到了厅长，甚至找出更大的领导来直接给书记、区长们加压。对我来说，反正是船到码头车到站的人了，倒是无所谓的事。但是，书记、区长他们又得罪得起那些人背后的人吗？现实地说，

苏家吉水利枢纽工程

这种体制下，书记、区长的权力又是谁给的呢？他们年纪轻轻的，前途命运就为这么一件事情不要了么，这一件事我们确实给书记、区长添了难。但是又有什么好办法给他们解忧排难呢？

“应该开一个常委会，集体研究一个意见，集体担担子，适当照顾一些关系。”有人给书记出主意。我反复地寻思着这个担子要怎么一个担法，又如何才能担当得起这历史的责任呢？

“这是情、理、法的较量。在法律面前，我们应该理智。这样的事过去在我们区里也是有教训的。”我在常委会上发言了。“如果说常委会有权要做出一个什么样的决定，把已经招标的都不作数了，主观的要谁搞谁不搞的话，那么，我也就有权利，我先向常委会辞去指挥长（开始的职务）职务。”我摊牌了。

后来，有人夸我有胆略。我只是满脸的苦笑。是性格、是教训，也是正义和历史责任把我推到了风口浪尖啊！

我没有办法，还给一位对于我有着知遇之恩的，也给我打过招呼的大领导写了一封很长很长的信，请他理解我的处境、我的无奈。

这就是我。是命运把我无可奈何地逼上了一个神乎其神、六亲不认、众叛亲离的境地……

我病了，我的高血压、心脏病复发了。我躺在雪白的病床上打点滴，我睡得好熟、好宽松、好舒服。一觉醒来，我发现只有我的妻子忠实地守伴在我的身旁。她见我醒来了，热泪盈眶地求着我说：“徐，答应我，把这个工程搞完了就再不要搞工程了好吗？！”她停了一会儿又说，“你已是二线的人了，也该休息休息了，何必呢。”我知道她是为了我好，也是这件事使她受了不少的委屈。比方说就有我的一个弟弟，为了揽工程的事，当着她的面骂我无情无义、神乎其神，还不听她的解释，怎么也不理解我，从此他和我绝交了。

我们会心的笑了，她乘着我的不注意，偷偷揩去了眼角的泪水，又回过头来对我说：“你说这世道为什么好人办点事就这么难呢？”我说：“你也知道，这事不是都已经好好生生的过去了，也都办好了吗？一切都会好的，历史是会说话的。”我只有“大道理”讲，她也还是点了头。毕竟我们是几十年的老夫老妻了，她是最理解我、最支持我、也是最疼爱我的，我们静静地听着对方悄悄的安慰、劝说。

2003 年 6 月 28 日，苏家吉排洪泵站建成庆典在热烈火爆的场面中进行。高飘的气球拖着大红的条幅，欢乐的锣鼓伴着喜庆的锁呐，雄劲的军乐合着悦耳的礼炮，盛妆的湖湘妹跳着多姿的秧歌舞，省、市、区的领导来了，常德县的历届老书记、老领导、老“水利”来了，四里八乡的父老乡亲来了，来庆祝这造福一方、惠及子孙的德政工程；来驱逐肆虐无情、遗害百姓的洪水猛兽；来告别贫穷落后、“路烂”“水凶”“人恶”的历史。这一天，人们欣喜若狂；这一天，人们期盼已久；这一天，使人们更加憧憬未来、踌躇满志。

如今，装机 6400 千瓦、耗资 5500 万元的苏家吉排洪站在省委、省政府的大力支持下，一举建成受益。“高水告急”“停排”“死守”的历史从此结束了。党和政府为群众办了一件大好事。这是一件利国利民、惠及子孙的好工程，这是一个实践“三个代表”重要思想的好行动。

虽然如此，但是，我的心却一致是忐忑不安的。历史会承认么？现实会证明么？群众会满意么？

可喜的是：通过 2003 年、2004 两年汛期的初步检验证明，苏家吉排洪泵站的运行情况完全符合设计要求，也完全达到了预期目标。我终于可以向历史、向人民、向法律交上一张满意的答卷了。我好高兴、好庆幸、好自信的！

2004 年 8 月，“高水”在苏家吉电排的巨大威力下再一次渡过了大汛，且没有伤及一人一畜。令人高兴的消息传来，终于撩发了我的“少年狂”，从不会填词写诗的我，也写下了一首《浪淘沙·高水防汛》：

暴雨似倾盆，
水漫洞庭。
“停排“”死守”任侵吞。
满目凄凉通夜守，
高水惊魂。
往事化烟云，

泵站呜呜。

闸门喷水若龙腾。

今又遇洪于七月

柳下游春。

苏家吉电排修好两年来,高水两岸的人民就再也没有防过汛了。这就是成功的铁的事实……

我修苏家吉大电排,我们为人民办了一件大好事。

(作者曾任鼎城区政协主席、区人大常委会主任)

水利建设和防汛抢险二三事

■ 何福珍

我 1970 年参加工作,2008 年在人大退休,38 年的工作经历中，有一半与农田、与湖区、与水利打交道,先后经历了肖家湖、冲柳湖、三合垸、民主阳城垸、善卷垸的水利建设,经历过防汛抢险的严峻考验。那时,水利会战或防汛抢险都是军事化建制,县为团,公社为营,大队为连。我曾带领我所属营的指战员团结奋斗、南征北战,一次又一次完成了水利工程建设和防汛抢险的光荣任务。这里说说我所经历的三件事。

热火朝天的肖家湖“开河工地”

那是 1972 年的夏天,我刚担任赵家桥公社党委副书记不久,常德县委发出了大兴水利、大搞农田基本建设的动员令。派县里的干部李树斌任石门桥区分指指挥长,石门桥、康家吉、赵家桥、谢家铺、官桥坪 5 个公社带队领导任教导员和营长。我任赵家桥营的营长,二话没说立马带领 1500 名劳动力奔赴肖家湖治理工程工地参加大会战。指挥部给我们分配了开河任务,我们细化落实到各连,连分解到排(生产队)。开工后首先第一条就是要体现热火朝天,工地就是战场,就是阵地,每个连队要红旗招展,每个阵地要宣传标语铺天盖地。战斗中干部要身先士卒,要严格质量和进度,一天一检查,两天一验收,做到“打针不漏水”、保质又保量。通过半年艰苦卓越的战斗,终于完成了指挥部交给我们的开河任务。

雷厉风行的“冲柳会战”作风

1973 年的秋天,常德县委组织“治理冲柳大会战”,各公社参加总体战。我和杨立人带领我们公社 1850 名民工参与战斗,我为营教导员,杨立人为营指挥长。那时条件非常艰苦,公社只有 1 台拖拉机,只能运送吃住的物资,我和杨营长背着行李和群众一起步行到冲天湖郑家湾机埠。我们营分的是最艰难的一段,要从水中筑起一道堤来,治湖工程对于地处丘陵区的民兵来说没有这方面的施工经验，这对我们营是个严峻考验。面对这种情况，我和杨营长现场召集骨干“诸葛亮”会，琢磨土法上马，组织运输队运岩石在水中打钉子，然后倒土填充。这个方法运作了几天后还是觉得不稳固，有的人就说要想稳固就要碾滚车夯实，一打听只有西洞庭有碾滚车。听说地委书记詹顺初在西洞庭四分场工作过，且明天会在冲天湖地段检查，这是一个争取支持的机会。果然第二天詹书记上午 9 点就到我们工地检查，我麻起胆子敢忙上前汇报，说我是赵家桥营教导员，我们这个地段是从水中筑起来的堤很不稳固，需要一台碾滚车请您支持。也许是被我这“铁姑娘”般的作风感染，略微想了想后立马表态：好啊，就给你们来一碾滚车，只是你们给那位驾驶员保证三餐饭莫饿到他就行。没想到一个堂堂的地委书记想得这么细致入微。第二天上午 9 点钟一位年青的小伙子开着碾滚车来了，我们营好多人都很激动，党的干部说一不二、雷厉风行，非常敬佩。我们营部士气大涨，通过二个月的奋力拼搏、顽强战斗，通过区指挥部验收，如质如量的完成了水利工程任务。

决策担当善卷垸

1996 年和 1998 年两次特大洪灾，水位都到紧急防水位。当时我的职位是区委常委兼计生委主任，在斗姆湖飞机场处理一件事情，刚到斗姆湖时就接到善卷垸分指挥部的通知，“水位上涨，你就地到斗姆湖氮肥厂沉水堤段防汛，并明确为责任人，还给你安排两位干将龚严程、顾孔阳”。我们 3 人就地了解情况步行近 3 华里，黄土店、沧山、许家桥、丁家港、斗姆湖近 8000 多名劳力战斗在氮肥厂的沅水大堤。当时最困难的是防汛物资少、取土困难。有干部提醒到：没有土但有磷肥，袋装磷肥筑堤可以。当时氮肥厂同时生产磷肥，我立即和磷肥厂负责人联系：我是区委常委，和你商量一事，你的磷肥我们全部征用，当时这位负责人一时作不了主，有些犹豫迟疑。我说出了问题我负责，造成的损失全部赔偿。这位负责人意识到防汛是大于天的事，也就先应下了。我们立马组织 20 多台手扶拖拉机将袋装磷肥迅速拉到一线大堤。同时还特事特办征集了附近木材场的木材、粮店的袋装大米等物资。因为及时决策和担当，沅江漫堤甚至决堤的危险终于化险为夷，完成了保卫善卷垸、保卫武陵镇抗洪抢险的任务，确保了垸内人民生命财产的安全。

（作者曾任中共鼎城区委常委、区人大常委会常务副主任）

退田还湖

■ 源自《鼎城区志》

1996—1998 年，连续 3 年的特大洪水给鼎城区经济和人民的生命财产造成了较大损失。为了根治区境有关堤垸和部分低洼区的水患，扩大江河行洪段面，解除群众的水患之忧，区政府根据党中央、国务院 1998 年关于“封山植树，退耕还林；平垸行洪、退田还湖；以工代赈、移民建镇，加固干堤、疏浚河湖”的精神，从 1998 年起在全区实施平垸行洪、退田还湖、移民建镇工程。

退田还湖分四期进行，工程涉及 12 个堤垸 11 个乡镇（场、厂）。至 2003 年，共计还湖 46232 亩，移民 2850 户、9001 人，国家投入移民建房材料补助和配套基础设施建设资金 4734 万元，并设置专门管理机构——区移民局。全区的移民以分散安置为主，特别是牛鼻滩镇建设村低洼区移民 1139 户、3217 人，全部分散安置到区内 27 个乡镇。

退田还湖、移民建镇工程扩大了内湖调蓄能力，全区内湖退田还湖 19200 亩，按平均蓄洪 2 米，可增加调蓄能力 2560 万立方米以上，减轻了防洪压力，保护了人民生命财产的安全，节约了防汛开支；解除了堤内群众的水患之忧。垸内和低洼区的群众搬迁安置到安全地带后，免受水灾之苦，生产生活都有了保障；为调整农业产业结构创造了条件，蓄洪垸的低洼区均属能源农业，一般产量较低，即便增产也难增收。实施还湖工程后，所退堤垸和低洼区改植林木和发展水产养殖业，使农民收入大幅度增加。

苏家吉—打造湖南“第一闸”

■ 罗远文　唐　静　罗明福

走芦荻山，过牛鼻滩，进贺家山，这片平坦的黑土地风光无限。信步登上巍峨的沅江大堤，极目远眺，北面阡陌纵横，大地被染得一片金黄，栋栋民居似乎掩映在风景画中；南边江水潺潺，连绵不断的沙洲上欧美杨争相吐绿，数十只水牛不紧不慢啃食着青草，只有轮船汽笛声，能够偶尔打破它们的宁静。

新建的苏家吉水闸，以其伟岸的身姿，矗立在沅江大堤上。两台高耸入去的塔吊，正在移动输送修建启闭机台的材料；三台大型挖机，有条不紊挖去“外八子”多余的泥土，为浆砌石护坡工程腾出空间；消力池前，三四个篮球场大小的河床上，混凝土底板正伸向远方……

苏家吉水闸，从2012年10月16日正式开工，2013年3月底全面竣工，前后只有160多天(其中雨天36天，雪天8天)，创造了湖南省大型水闸除险加固速度最快、质量最优的奇迹。

一栋水工建筑，就是一串凝结的音符；一处穿堤工地，就是一场欢快的表演。苏家吉水闸除险加固工程，无疑是常德水利人书写的崭新篇章。

抉择　千方百计夺第一

水是生命之源，没有水利，常德现代农业无从谈起。

忆往昔峥嵘岁月稠。

1954年，古老的沅江边，由苏联专家援建的苏家吉水闸，一度在沅水两岸傲视群芳，成为优良工程的代表。然而，经过近60年的岁月洗礼，加上自然沉降，河床抬升，大堤培高等物理作用的共同影响，她的光环早已褪色，像人一样，从青年走向暮年，开始“疾病”缠身，排水功能不断“衰弱”，逐渐演变成为防洪保安的心腹大患。

排除隐患，推倒重来，刻不容缓。

市水利局局长陈安生亲自披挂上阵，看现场，找上级，督促设计，反复汇报；市水利局副局长刘青山、山区站站长傅功年与上级沟通不断，不达目的不收兵。

功夫不负有心人，2011年7月28日，长江水利委员会下达批复，同意苏家吉水闸除险加固初步设计方案。

常德水利人的不懈努力，湖南省第一座大型水闸除险加固工程，最终在苏家吉上演。

2012年，国家发改委、水利部联合下达投资计划：工程总投资4515万元，建设工期两年。

2012年10月12日，一场有关器材运送、电力供应、环境优化、质量保证等事项的协调会，在贺家山原种场举行。会议明确，为确保工程及时受益和安全度汛，必须在2013年3月底前完成主体工程，拆除围堰，10月16日，正式拉开会战序幕。

从这个角度来看，时间就是生命。

时间紧迫，如果按部就班，再碰上雨雪天气一拖，要完成2年的工程量，简直就是天方夜谭。

"吃得苦、霸得蛮、敢打硬仗、擅打胜仗"，是常德水利人的性格。中标的湖南兴禹建设有限公司，编制最合理的施工方案，组织先进的施工机械，配备一流的施工人员，在保证施工质量的前提下，抢抓晴天，利用好雨雪天，歇人不歇机，24小时不间断作业。其奋战场景，有如破釜沉舟，背"水"一战。

项目主管部门指挥协调有方；动员，动员，再动员；调度，调度，再调度。关键时刻，领导的督促和关怀，就是力量的源泉。

陈安生，半个月必到一次苏家吉。

鼎城水利局局长王成猛，见缝插针总往工地跑。

作为水闸除险加固工程建设管理的主要负责人，鼎城水利局纪委书记李孙新、党委委员兼冲柳排水工程处主任王军，更是日夜盯在工地上。

……

2012 苏家吉新闸建设工地

“每天一次例会，一周两次调度会，这是雷打不动的事。”施工项目负责人邱表云说。这位老水利，经过了无数工程的洗礼。他坦言，只有在苏家吉，才真正见到了领导的重视，才真正体会了工程的艰巨，才真正领悟了团结的力量。

他的话，代表着苏家吉水闸除险加固工程建设者的心声。

苏家吉，见证了决择的奇迹，见证了质量的奇迹。

质量　精雕细琢争第一

打制晶莹剔透的皇冠，需要最精彩的设计，需要最精确的计算，需要最精邃的分析，需要最精良的材料，需要最精锐的队伍，需要最精巧的手艺，需要展现精华，需要细琢精品！

敢于拼搏的常德水利人，敢于创新的常德水利人，信心满满，志在必胜。

奋斗目标：打造精品工程、亮点工程、安全工程、优良工程。

每一个作业班组，图纸要事先进行会审，预先技术交底，制定分部实施方案。

每一批原材料，必须进行“三方共查”（业主、施工队伍、监理），坚决杜绝“三证不全”（经营许可证、产品质量合格证、产品质量检测证）的产品，坚持原材料、焊接试件、三强试块的送检复检，确保材料把关万无一失。

每一道隐蔽工序，专人负责摄像、拍照，专人负责原始记录，为申报大禹奖准备完善的资料。

每一道工序，质量上要完全通过“三检制”。上道工序设计、监理等部门不签字画押，下道工序不能施工。

百年大计，质量第一。

按原计划，拆除底板用炸药爆破，但考虑到周边居民密集，爆炸肯定将震动相邻堤身。为保证质量，指挥者果断决策，改用 12 台炮机和 12 台挖机强强联合，一台在前面“撬松”，一台在后面耙渣，切割机一旁切断钢筋，1 万多立方米混凝土就这样“啃”了出来。

苏家吉电排，北迎冲柳高水河，南临沅江，整个冬天，北风劲吹，站在那里，穿着棉衣也冷颤连连。手冻僵，脚冻麻，不说人搞不得事，钢筋混凝土也凝固困难，质量难以过关。办法是人想出来的，大伙一合计，决定以脚手架为依托，在闸室周围挂满彩条布挡风，没有天盖的“室内”，用废油桶装藕煤烧升温。实际测量表明，“室内”温度比外边高 12℃以上。工人们身暖了，心暖了，干活舒坦了；混凝土凝固更快了，质量更好了。

一般来说，对混凝土的质量要求，只要把标号、数量等数据交给搅拌站，接收浇筑就行。但是，苏家吉水闸除险工程项目法人王军不同意，执意项目方、施工方、监理方各选出 1 名专业人员，在汉寿混凝土搅拌站现场“监工”，看添加剂、沙石原材料、水泥、黄砂是否合格，配比是否恰当。

只有处处较真，才能百无一漏。

德江监理公司黄大圣，身上总带着尺子、本子，多粗的钢筋、多大的间距，都量过记在本子上，与图纸严格对照，人送外号“黄太贱”。他说，我们干的就是“挑刺”的活，我越“贱”，质量越好，就想“贱”出个样板工程来，就想“贱”出个精品工程来。

究竟质量怎么样？闸门安装是最好的检验之一。不说闸身混凝土拆模之后，像宾馆墙壁粉刷之后一样笔直平整，放下去的钢闸门，本来设计允许有1厘米的间隙，但记者一行在现场看到，闸门就像汽车减震器一样，一一合合嵌在门页里，密水性相当好，又能够提放自如。

苏家吉水闸建设质量，窥一斑可见全豹。

速度　争分夺秒抢第一

水利工程施工，是一项庞大而复杂的系统工程，需要在时间和空间上穿插完成，苏家吉，打造成为全省“第一闸”，谈何容易，却梦想成真，原因何在？

短短半年，实现完善“蜕变”。靠什么？凭什么？可以毫不夸张地说，做好“人、料、艺”这篇大文章，是常德水利人攻克一道道难关的“金钥匙”！

去年冬天，冰雪连天，阴雨绵绵，这是水利工程建设的大敌。开挖基坑之时，恰逢大雨不断，莫说拖土车，人都走不进。工程不能停，怎么办？活人总能被尿憋死！施工队伍不惜血本，用14台挖机转运“接力”，硬是一铲接一铲，把土移至50多米开外，确保能够按时打桩下脚。

水闸顶部的T型梁，原设计是现浇作业，那就是很长的一段凝固期，影响下一个工序的进行。通过项目法人、施工队伍、监理公司三方会商，决定像建设高架桥一样，提前预制，反复试压，合格的T型梁最后用吊车安装，节约工期20天以上。

水闸底部的桩基础，原设计是先打出基坑，再扎钢筋笼子放下去，最后现浇混凝土。决策者统一思想，先预制像电杆一样的水泥桩，然后打下去，虽然成本上升了一点，但强度更高，质量更好，速度更快。

施工队伍不惜重金，请来曾取得全国焊接第3名的葛洲坝施工专家，用他们的工程团队现场制作闸门，比预计时间提早半个多月。

在这个系统里，重量、安全、速度处于并列第一的位置。

施工现场，设置各种警示牌和安全带，每天一张“安全表”，三方代表签字；定期不定期组织召开安全生产专题会议，建立安全生产档案；业主方、监理方、施工方必须挂牌上岗。光有牌还不行，必须还得有“帽”。无牌无帽者一律不得进入，这是“死规定”，更是“硬要求”。

抓安全，有这样一件趣事。一次，严重感冒的邱表云，正在小诊所打吊针，听说安委会来突击检查，已到工地。他马上把吊水一拔，急匆匆赶到工地，一个疏忽，忘记戴上安全帽了。检查组负责人胡永成，是他的老部下，劈头盖脸就是一顿好批。的确，在人身安全上，是没得情面可讲的。

控制每一个可控制的环节，控制每一个平常的细节，防微杜渐，把安全隐患消除在萌芽状态，苏家吉做到了零事故。

保证质量，争抢速度，确保安全，以上事例足以说明一切。

处处都是精品，整体就是绝作。苏家吉水闸除险加固工程，实现了陈安生提出的创建“形象第一、安全第一、质量第一、进度第一”的工作目标。

今天，苏家吉水闸，启闭机台正在建设，围堰正在开挖，基脚正在回填，护坡正在修建。我们有理由相信，它肯定是一道铜墙铁壁，锁扼着一江碧水，让它随着人们的需要流淌，为万顷良田带来勃勃生机。

[相关链接]

苏家吉水闸于1954年10月动工兴建，1955年4月建成，是一座以排水为主，结合防洪、抗旱、灌溉等综合效益的大型水利工程。设计流量987立方米/秒，校核流量1240立方米/秒，集雨面积1600平方公里，受益单位有鼎城区、武陵区、津市市、汉寿县、西洞庭农场、贺家山农场等，受益人口50万人。

2012年的除险加固改造，主要工程量有：土方22.3万立方米、石方2.6万立方米、混凝土拆除8400立方米、混凝土与钢筋混凝土浇筑12433立方米、钢筋制安744吨、金属结构193.4吨。

未雨绸缪治山河

——2001年鼎城水利建设纪实

■ 李跃进

2001年,鼎城水利建设在特定的历史条件下,未雨绸缪治理山河,再次写下了浓墨重彩的一笔。在区委、区政府的精心指挥下,全区干部群众齐心协力,创造了秋冬修水利工作范围超历史、质量标准超历史的奇迹,同样写下了壮观的一笔。

鼎城素有湘西北门户之称。国道319、207在境内交错,总面积2400多平方公里。这里土地肥沃,物产丰富,湖坪山丘兼有,农副产品齐全,水稻、棉花、牲猪、水产均在全省乃至全国名列前茅,是一个典型的农业大区。鼎城位于洞庭西隅,境内有沅、澧水穿越,高、低水横贯,湖河港汊密布,水库、渠塘棋布,又是一个典型的水利大区。

鼎城区委、区政府为彻底根治制约鼎城经济发展的瓶颈,以超常的胆识和气魄,大兴水利,筑堤垸、建机埠、挖山塘、修水库、兴利除害,励精图治,水利建设有了长足的发展。

2001年,鼎城区紧紧围绕省、市指示精神,结合区情、水情狠抓了苏家吉排洪泵站等重点工程建设和山丘区水库除险保安,山塘达标,渠道疏通等项工作,全区共投工日1100万个,移动土石方1250万立方米。完成堤防培修36.8公里,土方441万立方米;完成4座中型水库的年度除险任务,小型水库除险63座;完成渠道疏通防渗、整形1540公里;完成填塘固基4处270万立方米,完成涵洞、水闸整修290米,完成机电及维修、改造404处56401千瓦,完成河道清障18100亩,恢复水毁工程1126处,完成水土保持16平方公里,完成水利建设投资4572万元。

2001年3月20日上午11:40分,苏家吉排洪泵站顺利落闸,四扇钢闸在起重机车引吊下徐徐降落,安稳地落入闸口,标志着泵站一期工程顺利完工。苏家吉排洪泵站是省属水利建设重点工程,投资总额达到4871万多元,设计装机容量为4台机组6400

千瓦。这项工程直接关系到冲柳水系 67.3 万亩农田，50 多万居民的生命财产安全。鼎城区委对此特别重视，决定由区政协主席徐政国全权负责调度指挥。区委书记吴生元、区长李大平、区委副书记李巨开、副区长许忠诚等多次亲临现场检查督导。在施工进程中，由区水电局副局长甘翊初全面负责技术指导。由省水利厅水电工程总公司中标承建，省水利水电监理公司负责全程跟踪，督导监理，确保了工程质量。对于工程设备一律采用招投标制，由纪检、物价、司法、新闻等部门进行监督，使每一分资金都能用在刀刃上。

八官垸内垸渠系建设

9月20日，苏家吉排洪泵站二期工程正式开工。鼎城区委、区政府明确要求力争在2002年7月1日前投产受益。时间就是效益，时间就是安全，时间就是金钱，为了高速优质，按时完成这项任务，参加苏家吉排洪泵站建设的干部职工，用无私的奉献精神放弃了节假日休息，无论是白天还是黑夜，无论是刮风还是下雨，他们都是人停机不停，加班加点，干的热火朝天。2002年春节，不少职工放弃了与家人团圆的机会，无怨无悔地奋战在工地上。苏家吉排洪泵站厂房建设主体工程基本完工，机组的安装也在紧张进行之中，拼死拼命也要保证在7月1日完工，这样才能无愧于党和人民的重托，这就是广大水利建设职工的铮铮誓言。

八官垸煤站堤段地处沅北凹岸，这里内虚外悬，内无压浸平台，外无洲滩，迎流当冲，堤身含沙量重，翻沙鼓水险情多，1996年、1998年高洪多次出现重大险情，几乎酿成溃垸大灾。2001年，经过向上级汇报，争取立项，在国家投资还未到位的情况下，贷款200万元，发动群众自筹资金150万元进行吹填前的拆迁和围水堤的修建，完成房屋拆迁167栋，26653平方米，并于11月15日开始，投入机械20台、投入劳力1000人，进行子堤修筑，12月底吹填的前期准备已全部结束。

在2001年的重大水利工程建设中，鼎城区还完成了民主垸6.5公里的培修、6万块石浆砌；三合垸吹填，信阳湖、新堤机埠涵管改造，冲柳垸等39处机埠维修和主排灌渠道清淤，常德市第四自来水厂过堤管道的朝天口的处理等项重大任务，确保了全年安全度汛。

2001年，部分山丘乡镇遭受较为严重的旱灾，在这种情况下，针对实际，鼎城区委、区政府因势利导，广泛深入发动群众，10月20日召开了全区水利建设动员大会，提出了2001年度水利建设的指导思想是立足区情，强化灾害意识，突出保安、保收，坚持以投工投劳为主，以国家投资工程为主，以除险保安加固为主，以小型水源工程为主，自加压力，负重奋进，发扬连续作战精神，创造一个良好的水利环境，夺取2001年水利建设的全面胜利。

山丘乡镇塘坝工程是今年鼎城区水利建设的一大亮点，全区共完成山塘整修、新建共6500口，中小型水库除险保安65座，尤其是双桥坪、周家店、谢家铺等乡镇，遭受严重旱灾之后痛定思痛，积极动员群众，集资投劳。双桥坪镇共筹集资金 154.6 万元，开挖和改扩山塘 123 口。双桥坪镇双堰角村除人平集资 120 元外还召开了村民会议，决定将村里的一片山林进行间伐，筹足了 17 万元资金修建了一座库容 6 万立方米的骨干山塘。大龙站镇完成规模较大的山塘 23 口；谢家铺镇采取多种渠道集资，引导村民挖塘扩容，仅施堰坡一个村就完成山塘挖深扩容 10 口，其中蓄水 3 万立方米左右的山塘 2 口。在该村的塘坝休整时，一位在深圳打工名叫张冬来的青年主动捐款 5000 元支持村里的水利建设。周家店镇熊家桥村水利条件十分恶劣，全村没有一处骨干山塘，3000 多亩农田灌溉极为困难。他们痛下决心，3 个组人平集资 120 元，新挖山塘 6 口，完成土方 1 万多立方米。该村退休老师丁时胜在浏阳工作的儿子丁字特意寄来 2000 元表示自己对水利建设的支持。

为搞好 2001 年水利建设，鼎城区各堤垸、各个乡镇充分发挥主人翁的精神，做好防大汛、抗大灾的准备。5 月 14 日开始，冲柳垸内石公桥办事处由区委副书记李秋葆主持召开了防汛动员会，发动群众清理沟渠。石公桥镇组织进行了千人会战，疏通了从八一水库到仙人村 6.3 公里排水渠道，确保了防汛抗旱的需要。

沧山水库、金陵水库、红旗水库从 10 月开始进行了全面的整修和清理，每一水库都有区级领导坐阵，进行一线指挥。

为加强 2001 年水利建设工作的领导，鼎城区成立了水利建设指挥部，由区委书记吴生元任政委，区长李大平任指挥长，以办事处为单位，成立了分指挥部，乡镇成立指挥所，要求各级主职承担水利建设的主要责任。全区 30 多名区级领导下到各个乡镇进行指挥调度。鼎城区委、区政府在水利建设中提出了从实践“三个代表”重要思想的高度，统一各级干部的认识。针对个别干部大兴水利的劲头不如往年，走不出“大灾大干，小灾小干，无灾不干”的思想怪圈，农民投工投劳的积极性减弱，水利部门因经济待遇差，工资没有正常发放，感到工作前途渺茫，信心不足，责任感大打折扣等问题，进行了反复的思想动员。从增加农民收入，优化经济发展环境，增强经济发展后劲，维护社会稳定的高度，大力进行水利建设，严格水利建设制度、招标投标制和工程监理制，切实抓好工程质量。要求工程建成一处受益一处，全区共落实样板工程 200 个，使有限的资金发挥了最大效益。

鼎城区几大家主要领导吴生元、李大平、李巨开、周铭权、徐政国、向绪彦、陈安生、许忠诚等多次深入施工现场指挥调度,排忧解难,确保了工程的顺利进行。

2001 年,鼎城区水利建设工作得到了省、市领导的高度重视。4 月 21 日,省委副书记胡彪、省水利厅厅长王孝忠在市、区领导陈君文、洪明祥、刘春林、吴生元、李大平、许忠诚的陪同下,视察了苏家吉排洪泵站施工现场,对鼎城在很短时间内完成了苏家吉排洪泵站一期工程给予充分肯定,并对二期工程提出了具体指导意见。

6 月 1 日,省委副书记,省人大常委会副主任郑培民在市区领导陈君文、吴生元的陪同下检查了三合垸、八官垸、苏家吉排洪泵站、民主阳城垸的水利建设和防洪准备工作,对鼎城区的水利建设提出了具体要求。

省水利厅领导王孝忠、张硕甫、佘国云、省计委"以工代赈"办公室主任李学斌等先后深入鼎城区水利建设现场,视察指导工作,给予了精神上的鼓励和物质上的支持。常德市委。市人大、市政府、市政协的主要领导和市水电局负责人多次与鼎城区的领导一起共同商讨鼎城水利建设工作,提出了很多建设性的意见。

2001 年,鼎城区水利建设取得了巨大的成绩,这是鼎城人民的胜利,这是鼎城人民战天斗地、治理山河的又一座丰碑!

(作者时任鼎城区电视台记者)

把住命脉展风流

——鼎城"1163"水利工程百日会战纪实

■ 吴　政　罗远文　罗明福　陈寒辉

精心策划秋冬修对手赛,你评我,我评你,相互打分见高低

八仙过海筹资金促大干,看亮点,比进度,谁也不想落下风

主要领导办样板树标杆,评先进,算奖补,对照方案抓落实

毛泽东说,水利是农业的命脉!

是否把住了这个命脉? 风调雨顺的年景,我们体会不深;大江大河洪水暴涨的年景,我们对垸内关注不够。今年,长期干旱似火烧,旱涝急转水上漂。罕见,历史罕见!严重的自然灾害,像一盆冷水,冲醒了我们的大脑:水利建设必须持续大干!

很多画面,镌刻在我们脑海,很多时候,她会不由自主地回放;2014 年:

镜头一:接近两个月滴雨未下,库塘干涸,溪河断流,许家桥乡、丁家港乡、黄土店镇、草坪镇,稻谷枯萎,一点就燃,成片绝收;

镜头二:9 月 24 日,台风"天兔"来袭,沧柱河系水位陡涨 6—7 米,一片汪洋。一边是钱家坪、草坪、长茅岭等乡遭遇山洪,刑警和消防官兵,驾起冲锋舟,水中救出群众、学生 3000 多人;一边是冲柳高低水水位暴涨,苏家吉排洪站在汛末开机排洪。

……

惨痛的经历,强烈的对比,让常德人刻骨铭心,让鼎城人痛定思痛。出路何在?鼎城区委、区政府审时度势,克难奋进。区委书记拍板:整合项目资金,实施"1163"水利建设工程。区财政投入 1000 万元,全区疏通清淤渠道 1000 公里,整修扩容新山塘6000 口,维修改造新建小型机电工程 300 处,增强全区防汛保安和抗旱保收能力。

为了加强调度,区委督查室、区政府督查室、区农村部、区水利局抽调专人,组成 6

个督查组，定期与不定期相结合，跑乡村、看亮点，查“死角”、发通报，行与不行，好与不好，快与不快，真实反映，不讲情面。稍大一点的建设工程，人大代表、政协委员、基层党员、有责任心的群众，自始至终参与质量监督，达不到要求，限期返工，甚至推倒重来。

区水利建设指挥部派出精兵强将，拿规划，下任务，搞竞赛，抓落实，一场声势浩大的水利建设百日大会战，在鼎城大地全面打响。

比出高低来

俗话说，有比较才有鉴别。水利建设特别是“五小”水利工程建设没有国家投资，以前不搞对手赛，雷声大，雨点小，汇起报来成绩一大堆，看起点来没几个，捏起鼻子哄眼睛的情况，在全国各地并不鲜见。

杨易区长说，克服弊端，最好的办法之一，就是开展对手赛。交叉检查，相互评比，相互打分，半点花架子，也能看出来。

鼎城是这么说的,更是这么做的。9 月 28 日,区水利建设指挥部下发《鼎城区 2014 年度水利建设考核奖励补助办法》的通知(简称《通知》),全区所有乡镇、农林场大致按区域结成 16 对,譬如蒿子港—十美堂、中河口—周家店、草坪—黄土店等。分数高的一方胜出,获奖 1 万元。1 万元不多,看起来是"面子",实质体现的是"里子",想马虎一点,留情一点,那就是和自己过不去,辩都没有。

考核内容细化到项。组织领导 4 分,宣传发动 4 分,工程完成情况 52 分,资金投入情况 40 分。每一项中又 1 分、2 分的加以细分。这样,相互打起分来,有根有据,避免马上打屁两不分明。

区水利局局长王成猛告诉记者:区水利建设指挥部按照得分高低,评出一等奖 3 名,二等奖 5 名,三等奖 7 名,分别给予 3 万元、2 万元、1 万元的奖励。

验收规定了标准,不是做做样子就能过关。以山塘验收为例,完成工程量要与申报工程量基本相符,四周除杂扫障彻底,淤泥清除干净(见塘底自然土),清淤量在 1000 立方米以上,增加蓄水 3000 立方米以上,内坡采用现浇混凝土护坡防渗,堰堤必须碾压夯实,面宽不小于 2.5 米等等。达不到要求的,按细分的项目扣分。

《通知》有一票否决条款,施工期间出现重大安全事故的,出现质量事故的,因投重点工程出现阻工现象造成严重后果的,取消获奖资格。

评比、给奖,都是手段,目的就是搞出实事,掀起鼎城水利建设的新高潮。记者一行踏访鼎城农村,所到之处,所见所闻,强烈感受到一股比暗劲争先进的氛围,在这块丰腴的土地上弥漫开来。

使出真功来

确定 2014 年度水利建设任务,鼎城区上上下下,来来回回搞了几个回合。

把任务搞准,把名称搞实,检查起来想张冠李戴应付过去,就没有可能。国投工程自不用说,名称、地点、工程项目、工程量、项目法人、技术负责人、项目所在地负责人,全部登记造册,对号入座;乡镇之间或者区域内的重点工程,由区政府投资建设,比照国投工程管理措施执行;以往乡镇场小型水利建设工程,最容易打糊涂仗的,这次也按渠系工程、水源和机电工程分类列表，例如新建骨干塘、山塘扩容、山塘新建，外河堤水工程、机埠维修、机埠新建等，一项一项，到乡到村，铁板一块，不能讲价钱，不能打折扣。

下达了任务，不等于任务就能完成。

监督检查，检查监督；下达任务，交办任务，完成任务，鼎城水利局盯得格外紧，查得格外严。

记者在大龙站见到了区水利建设指挥部下达的任务交办函1份。大龙站镇：根据你单位上报的2014年度水利建设任务计划，经区水利建设指挥部审核研究，现在2014年度水利建设任务交办给你们：小一型、小二型水库渠系疏通2条2.32公里，土方0.29万立方米，斗毛渠系清淤疏通341条70.1公里，土方1.2万立方米，山塘扩容111口。望你单位切实加强领导，迅速组织施工，坚持验收制度，严格验收标准，在2013年12月31日前扎扎实实完成任务指标。

有了下发文件，再发交办公文，记者还是第一次看到。鼎城重视水利建设，窥一斑可见全貌。

变压力为动力，各乡镇想点子，找法子，使出浑身解数，拿出看家本领，谁也不能轻易输给对手。记者见到了黄土店镇《实施方案》，内含工作重点，组织领导，目标任务，时间安排，具体措施。书记沈劲松样板办在金霞村，镇长牟凯波样板定在株树岗，规定联村干部和村支书务必也办一个样板。全镇山塘清淤扩容458口，新建山塘14口，渠道清淤除杂240公里，机埠维修3处等，每一项任务，都有详细分解，责任到人。外埠内村和村之间，也搞起了对手赛，而且分两次"结账"。11月15日，结联村干部的账，11月25日，结支部书记的账。

这就是真功夫，这就是硬举措。

任务分下去容易，资金落实才是关键。

今年，鼎城水利建设资金落实超历史，全区投资及投劳折资总额近6.5亿元。但对乡镇"五小"水利建设所需资金而言，仍然有相当缺口。怎么办？全区上下一盘棋，用好用活"一事一议"奖补资金，额度达到2000万元。以谢家铺镇为例，国投小型水库除险资金600万元除外，通过“一事一议”和群众自筹、名人捐款等多种形式，全镇投入小型水利建设资金180多万元。

谈起水利冬修，镇党委书记徐杰既有点压头，又信心满满。他说，党员干部带头示范，镇内各村全民参与。靠带、靠奖、靠比，把氛围搞起来，把任务完成好。谢家铺今冬明春主要围绕金陵、庙潭、关门洲三大水系和水渠道、水塘坝、小机埠、小涵闸“四小工程”进行突破，期待打出水利建设翻身仗。

搞出攻势来

群众是真正的主人，搞水利基础设施建设，更是如此。

鼎城今年遭遇60年不遇的旱灾，全区74条小溪、沟港断流，44座小型水库低于死水位，11257口山塘干涸，3.8万人出现饮水不便。9月24日的特大暴雨，涨水之快，涨水之急，就连七八十岁的老人都没有见过。如此严重的旱涝急转，群众感觉格外强烈。大家意识到，渠道淤平了，水库变浅了，机埠老化了，良田望天收，再不搞水利建设，农业生产就没有保障，更别指望获得丰收。

借此良机，鼎城掀起一波接一波的宣传攻势，电视有画面，报纸有文章，路上有标语，身边有典型。老百姓大干水利的积极性猛烈迸发，出钱出力，大干水利的画面天天上演。

谢家铺镇王家湾村的王业好，和七八位老汉一道，承包沟渠疏洗任务3公里，天天在渠道内砍杂草、清淤泥，11月19日，一行人干到了邻近的边山铺村。

唐家铺乡龙虎口村7组，人平筹资400元，清沟渠，挖山塘。白泥塘村不等不靠，早在8月份就自己动手，像弯门坎小山塘，不仅挖得深，四周用水泥护坡，栽花种草，变成了几户农家屋前的小花园。

在黄土店镇株树岗村，一位年过六旬身体硬朗的老人格外引人注目，他头带安全帽，脚踏电动车，穿梭在弯弯曲曲的水泥村道上，忙得不亦乐乎。有人告诉记者，这是村支书徐连全，干事兢兢业业，深受群众拥护。株树岗地处沧山灌区最尾端，全村1400多亩农田，没有一座水库，就靠60多口山塘当家，遇上今年的旱灾，80%的农田绝收。

徐连全说，村里群众情绪稳定，干旱暴雨，怪不得干部，怪不得政策，村里要搞的事太多，前几年就规划修建通组公路，资也集了，钱也捐了，就像理发，头发打湿了，不理就不行。全村通组公路花了90万元。水利建设也是村里的重头戏，通过“一事一议”和热心人士捐助，加上又喊来了11万元，村里新建山塘3口，清淤扩容山塘22口，共计需要资金47万元。这几天，几台大型挖机24小时在挖，但徐连全头皮发麻，一下子投入100多万元，缺口还蛮大，硬是要想些法子把资金筹拢来！

像这样群众积极投入水利建设的事例，在鼎城沅水两岸不胜枚举。乡村干部共同的心声是：不发动群众，不调动群众的积极性，想办好事也办不成。众人拾柴火焰高，鼎城的经验，值得各地借鉴。

办出结果来

不完成任务不行，不高标准完成任务对群众不好交待。肩挑重担，乡镇、村级干部背水一战，互领风骚。

在山区，修塘就是修粮仓。这样的口号，转化成了无穷的力量。

枉水河跃进河段治理，是中小河流流域治理的主体工程之一。施工长度2857米，投资1400万元。项目法人王宏尧、技术负责人龚坤天天待在工地上，疏挖河道，块石护坡，不敢出半点纰漏；

牛鼻滩镇拦马口泵站维修，是区投工程之一，更换155千瓦电机2台，70水泵2台，配电屏3块，还加泵房维修整理，项目法人康翔、技术负责人陈勇任跑上跑下，加紧落实，维修到位；

灌溪镇常桃村村级出资1.4万元，购置搅拌机等小型水利施工机械5台套，村内干部、党员、工匠、群众自己筹资，自己投劳，开挖山塘4口；

蒿子港镇通过多方筹资130万元，完成了排灌支渠清淤31.6公里，毛沟斗渠疏通120公里；

尧天坪镇书记、镇长逐村督导15个村的渠道清淤，山塘新建扩容全面启动，高峰时期全镇60多个点全面铺开，2000多名劳力和5台施工机械同时施工；

长茅岭乡整修扩容万方以上的骨干塘13口，已经完成6口，十几年没有通水、长度6680米、灌溉3000多亩农田的羊耳岗支渠机械清淤，全线贯通，紧接着又启动了南阳、野鸭坪支渠清淤疏通工作；

石公桥镇镇级投资30多万元对排灌机埠进行全面整修，高堰岗村排水渠清淤2公里；

草坪镇小型水利建设全面开发，村村有看点，白云村、放羊坪村集中连片，整修扩容5口万方以上的骨干塘。

……

心往一处想，劲往一处使。大家共同的心愿是，漂漂亮亮打赢这场攻坚战！

一万年太久，只争朝夕。鼎城人民励精图治，在水利建设史上已经挥笔书写最美的篇章，必将得到丰厚的回报。

（吴政系鼎城区水利局常务副局长，罗明福时任鼎城区防办主任，罗原文、陈寒辉系常德日报记者）

办好天大的事

——从农村水厂建设看鼎城的执行力

■ 罗远文 黄媛媛 罗明福

2015年年底，常德要全面完成农村饮水安全任务。这是市委、市政府对全市人民的庄重承诺。

这是天大的事，这是天大的民生工程。坚决落实市委、市政府的科学决策，一向敢为人先的鼎城，如何争先进，创一流，区委书记刘定青话说得很硬：不讲价钱，不讲客观，因地制宜，提前完成！

落实市人大一号议案，要有人办，要有钱办，要形成合力来办，更需要科学的方法来办。每到关键节点，区长杨易总是现场办公，亲自调度。每处重点工程，分管副区长王直华坐镇指挥，排忧解难。

说真心话，这么大的压力，这么重的任务，负责具体“操刀”的区水利局，在局长王成猛的带领下，一班人主意都“划乱”，向上要争资，平级要协调，内部要设计，事事处处向前赶，稍有不慎，稍有延迟，就难以完成这一艰巨任务。

一流的执行力，自然有一流的好结果。7月似火，记者一行穿行鼎城大地，看水厂，瞧水质，走农家，谈感受，再次深切体会到：再难的事，“一把手”重视就不难！再难的事，有敬业务实的团队就不难！

现在，鼎城人即将兑现承诺，提前完成农村改水任务！

小打小闹掀不起大浪

城里人都喝自来水，农村群众怎么办？

2005年，水利部、国家发改委、卫生部联合发布《全国农村饮水安全现状调查评估报告》，当时界定全国农村饮水不安全人口达到3.23亿人。

同年，解决农村饮水安全，开始项目申报。

常德水多，时常以水为害。很多城里人不清楚，常德是一个水质性缺水非常严重的地区，由于农药、化肥、养殖等各种污染的共同影响，像鼎城周家店、韩公渡、牛鼻滩等地，用群众形象的话来说，那是坐在水桶里没水吃。逆江坪、尧天坪等山丘区呢，碰上2013年那样的干旱，又出现人畜饮水困难。

鼎城区域面积2354平方公里，辖29个乡镇、4个街道、4个农林场，总人口82万，其中农村人口72.45万人。“十一五”期间，鼎城解决了18万人的安全饮水问题，重点是蒿子港、石公桥等乡镇血吸虫和铁锰超标问题。

这一期间的改水，鼎城人品味的是“苦涩”。为何？争来一个项目不容易，当时项目资金习惯搞“平衡”，撒胡椒面，一点点钱还要掰开几处用。譬如，蒿子港镇德安村计划解决2200人，结果只有20万元，勉强解决了600人。

丁家港乡双冲水库水质较好，2009年计划建设一个稍大水厂，解决1.6万人。市、区两级水利部门据理力争，这座水库容量有582万立方米，水质比较好，位置比较高，建就建个大的，最好解决3万至4万人。

有人提出异议：第一，解决这么多人，钱从何来？第二，即使把大水厂建起来，有没有这么多人吃水？

市领导实地查看，综合多方意见拍板，先按5000人规模建设再说。

意想不到的，水厂建起后，水管铺到哪里，欢呼声就叫到哪里。其他群众不服气：俺又不是不出钱，怎么管子就不接过来。

征地、扩建，再征地，再扩建。本来可以一劳永逸的双冲水厂，2009年、2010年、2012年硬是开工建设了3次。现在双冲水厂洁净的自来水，不仅流向了丁家港乡，流到了许家桥乡，而且流到了桃源县漳江镇原八字路一带，解决了3.6万人的安全饮水问题。

受制于多方因素的制约，受制于资金的困扰，双冲水厂连续建设3次，其中的酸甜苦辣，鼎城水利人悟出了一个道理：小打小闹掀不起大浪，只有上规模才能出效益。

缩手缩脚干不成大事

水厂建设，必须上规模，上档次。2010年规划，2011年建成的西洋陂大水厂，是鼎城水利人"拼"出来的结果，开常德和湖南先河，具有里程碑意义。

2010年，石公桥镇一个抽取地下水的小水厂，水质发黄，满口铁腥味，群众反映吃不得，检测结果铁锰等金属超标26倍，迫切需要解决这个问题。

怎么解决？用什么途径？资金不够的理由往往占上风，有人建议再打一口井，深点打，可这个办法治标不治本，可能等不了几年又会"故伎重演"。另外还有几种意见，都是头痛医头，脚痛医脚的办法，不是长久之计。

为解决这一难点，水利局一班人坐下来，开了一场"诸葛亮"会商会，大家形成共识：再不搞缩手缩脚的事，那样干不成大事，算起总账来，规模越小花钱越多。最后，当时分管的区领导杨君拍板，从西洋陂水库取水，将镇德桥、石公桥、园艺场二镇一场绝大部分群众饮水安全问题解决。

这一方案上报到市水利局，以时任局长陈安生为首的市局领导非常满意，积极支持。

这么大的工程，钱从何来？

鼎城水利人多管齐下：向上争，最好多喊点钱来；先垫资，谁有实力，先拿钱建设；分步走，水厂建设一步到位，至于管线安装，按照设计图纸，哪个地方积极些，哪个地方先通水。

有钱能办事，不算大本事。无钱缺钱能办大事，而且能把大事办好，才算真本事。西洋陂水厂只花了一年时间，总投资达到1200多万元，日供水3600立方米，供水管道总长420公里，解决了3.6万人的安全饮水问题。

西洋陂水厂建设的历史性突破，立即在全省乃至全国引起轰动，接近1年时间内，全省及长江流域前来参观学习者络绎不绝，初步统计约40多批次。

从此，在常德范围内，凡是有条件兴建大水厂的，再也没有人提出建小水厂，再也没有人担心群众不吃水、吃不到水。在西洋陂大水厂的带动下，临澧的湘北水厂、汉寿的沅南水厂、澧县的三门水厂，规模一个比一个大。

最新建成通水的沧山水厂，是鼎城规模最大的水厂，受益范围包括沧山、黄土店、草坪3个乡镇49个行政村(居)，受益人口6万人。

常德承诺2015年完成农村饮水安全建设任务，西洋陂的大胆尝试，奠定了坚实的基础。

怕狼怕虎解不了大难

2014年年初，新的目标任务明确，2年之内全部完成农村饮水安全建设任务，结账通不过，区县(市)政府工作一票否决。

以前七八年时间，只解决18万人，现在2年时间，要解决剩余的54万人，难度有多大，担子有多重，谁不明白？

“吃了这碗饭，揭了这个榜，那就没有价钱可讲！”王成猛这个高大的帅哥，天生有啃硬骨头的个性，有时候把下属催得战战兢兢，批评起来不留情面。为了工作，大家最终理解他，支持他。

说真话，政府领导催得紧，水利部门的广大员工也霸了很多蛮，有些甚至还有点不合规矩。譬如，牛鼻滩镇要建大水厂，他们想出了在外河洲滩上打井的好办法，一下子打到卵石层，水质特别好。但要到上级主管部门办好相关取水手续，没有半年一年批不下来。万不得已，只能提前打招呼，然后补办。

鼎城农村饮水安全建设涌现出的许多新亮点、新思维、新方法，特别值得各地学习借鉴。

其一：做到了全区一盘棋。设计、建设、督导，以水利部门为主，征地、电力、协调由乡镇、村组负责。责任明确，主体得当，水利部门不搞大包大揽。谁出的差错，谁跟不上进度，区领导板子拍得格外准。

其二：由于涉及到今后的效益，经营业主对质量要求苛刻。如尧天坪镇水厂建设过程中，取水管要借道金耳冲水库引水涵洞，涵洞只有0.6米宽、0.9米高，长度60米。水管是在外面焊一根往里面送一根，再焊一根，这样一步步完成的。外面检查质量不错，万一送进去后里面有差错，再返工维修就是个大问题。水厂负责人罗猛成为保万无一失，打着手电筒，自己爬进去，一个接口一个接口的检查，最后才签字验收。很多乡镇铺埋水管时，怕质量问题今后和厂家扯皮裹索，要求厂家现场指导施工。

其三：集中供水是重点，分散供水抓落脚。很多人有个误区，以为解决农村饮水安全问题，就是家家户户都有水龙头，一拧就来。实际上，饮水安全的标准：一是水质达标；二是每人每天有 20 至 60 升的水量；三是方便程度，人力取水时，往返不超过 10 分钟安全，超过 20 分钟为基本安全；四是保障率达到 95%。鼎城采取打井、引泉、联户等多种形式，成功解决了逆江坪、港二口、尧天坪、钱家坪等 9 个乡镇偏远群众的饮水安全问题。

到截稿时，鼎城区已完成投资 2.72 亿元，建成集中供水工程 53 处，单村联户和分散工程 198 处，解决了 67 万人的饮水不安全问题。

上下一心，励精图治，鼎城办好了农村饮水安全这天大事。“农村饮水安全工作红旗单位”“为民办实事先进单位”等一块块含金量很高的奖牌可以作证，受益的鼎城人民可以作证。

（罗原文、黄媛媛系常德日报记者，罗明福时任鼎城区防办主任）

为了天大的事

——从水源保护看鼎城的凝聚力

■ 罗远文　黄媛媛　罗明福

我们曾经引以自豪，常德是典型的鱼米之乡！稍稍上了年纪的人，都是喝着沟里、湖里、河里的水长大的。渴了，两手一扒，捧水就喝，再自然不过的事情。时过境迁，能够像城里人一样，喝口洁净的自来水，是农村人的梦想和渴望。

市委、市政府科学决策，2年之内解决农村饮水安全难题，各地都在快鞭跃马，大规模兴建水厂。建好的水厂，水从何来？不外乎是水库蓄水、外河引水、抽取地下水，倘若这些水源不能得到有效保护，那么确保饮水安全就成了无本之木。在饮用水源地强

西洋陂水厂

化水源保护，在输送水体时强化水质检测，是时代赋予水利人的责任。

每一个人都要喝水，每一个人都强调水源保护的极端重要性，但与自己的个人利益相冲突时，却往往站在了水源保护的对立面，或者对水体处理比较麻木。鼎城人有魄力，敢担当，具有很强凝聚力，将水源保护等具体工作抓得风生水起，受到广大群众的交口称赞。

立下警示牌　水源保护不含糊

自从走出重建轻管的怪圈，鼎城牢记水源保护这个核心，明文要求坚决做到“一把手”负总责，一名县级领导专门抓，一套班子具体抓，确保工程处处有领导联系，项项有干部负责。

按照《鼎城区农村饮用水源保护管理办法》《鼎城区农村生活饮用水源保护管理实施细则》，另外还制定了“联系制度”“保护区划定及整治工作方案”等文件，明确界定水源保护范围、目标要求、责任单位、责任领导、保障措施。建立建全了日常监督、定期检测、适时公示、联合督办等水源保护长效机制。

鼎城水源保护的亮点，突出表现在三个方面：一是纳入对乡镇党委政府的绩效考核，让基层动起来；二是所有水库全面解除养殖合同，杜绝投肥养殖，水产经营业主实行人放天养，净化水质；三是将枉水、新老渐河、冲天湖等纳入水源保护范围。

金陵水库虽然主体在常德经济技术开发区范围内，为确保水质达标，鼎城主动作为，想方设法关闭上游金泉河生猪养殖场。

水源保护日常监督机制运行良好，每座水库设立警示牌，并公布了举报电话，对举报属实的给予一定奖励。

水源水质定期检测机制执行到位，请市水文部门坚持每季度对水库水质取样检测一次，并及时向社会公布监测结果。

重大污染挂牌督办机制预案在先。坚持以查促改，对一些重大水源污染问题挂牌督办、集中处理、限期整改。区政府制定了农村饮用水安全保障应急预案，成立了应急指挥机构，建立了技术、物资和人员保障系统，一旦发生重大水源污染事件，及时启动应急预案。

目前，鼎城中型水库、小型水库水质达标率分别高达100%和91.3%，河流和湖泊全部稳定在目标水质。

出动检测车　水质标准过得硬

流到老百姓家中的水，水质要好，要达到国家饮用水标准，才是解决饮水安全的落脚点。

我们不应该回避这样的现实：以前建的老水厂，抽取地下水的，铁、锰等金属含量超标，放出来的水要么有一层“渣子”，要么有一段流的是黄水，就像很久没有放过水一样。即使抽取的是地表水，乡村水厂因设备制约、工艺限制，也难以达到城市水厂的处理标准。

怎么办？鼎城在强化水源保护的前提下，强化水质检测机制的落实，掀起了一场水质达标攻坚战，轮番攻坚，不达目的不罢休。

其一，工艺改造。水厂，特别是以前建设的小规模水厂，绝大部分为罐式工艺，水体氧化不充分，基本上只是过滤一下，就进入主管网了。这两年改水，凡是有条件的地方，水利主管部门鼓动他们进行工艺改造，改为曝气式，开始设计只有4层，发现还不够，后来改为7层，水抽上去，像瀑布一样一层又一层下落，达到充分氧化的目的。

其二，清洗管网。十美堂镇水厂规模小，运行多年，无论怎么整改，开始流的都是黄水，群众很不满意。水厂负责人丁桥富最后想出一法，沿着管网，每隔100米左右开一个节口，一段段冲洗水管中的沉积物，最后让水质达标。

第三，强化检测。水厂每天自检，包括色度、浊度、嗅和味等感观指标，建立台账，可以随时抽查；水质检测中心每两个月对铁、锰、钙、pH值等24项指标检测一次，并对外公布；区疾控中心每半年对一般化学指标、毒理指标、微生物学指标与消毒相关的指标监测一次，通报监测结果；市水文局每季度对水源保护地水环境进行监测，在媒体上公布结果。目前，区检测中心有检测车一台，检测实验室约120平方米，配备了较高端的检测设备和专业人才，是全省最佳检测中心之一。

区水利局农村饮水安全服务中心主任曹辉告诉记者，该区正计划添置相关设备，将农村水厂检测指标由现在的24项扩大到42项。

常念紧箍咒 水厂条件要达标

水厂建设、水厂管理、水质达标等是一项系统工程，考核的主体无疑是水厂本身。

以前，水厂经营者要么投了一点钱，要么是村里比较知名的人物，主管部门要对水厂进行严格监管，他们内心里不怎么"买账"，哪像现在一样说话就听，听了就改。区水利局副局长张三忠分管改水多年，尝尽酸甜苦辣，对此有切身感受。

区水利局局长王成猛说得非常直白：民生工程，不仅要管，而且要管好，管出效果来。

张三忠说，基于这样的认识，区水利局连续打出一套"组合拳"。相继开展"规范管理年""水质达标年"和"优质服务年"活动。谁来具体落实、检查、督促，他们首先搭建管理平台，成立农村供水协会，下设25个分会，由协会组织实施，达到自我管理的目的。

协会组织：定期不定期组织会员单位、个人进行经营管理、水质检测等方面的培训、交流。

协会召集：每年开展2次"水厂运营、制度建设、财务状况、优惠政策落实、水质检测与监测、资料整理、环境整洁"等目标管理考核，协会成员相互打分，奖优罚劣，连续3年考核不合格者，取消其经营权。

协会落实：凡千吨万人以上水厂，必须配备视频监控系统，生产厂区24小时实行多点监控。部分水厂严格实行生产、生活分区管理。所有水厂生产区设立"生产重地、禁止入内"警示牌。取用地表水的水厂，落实水厂巡查和群防群控措施。

常念"紧箍咒"，相互之间比、学、赶、帮、超的氛围格外浓厚，谁都不愿落后摸"猪尾巴"。各个水厂软件、硬件迅速提升，向规范化方向迈进，其中有25个水厂成为全市示范水厂，绝大部分为花园式水厂。

招招鲜，满盘活。鼎城人克难奋进，在承受2013年特大干旱折磨、2014年遭受特大高洪洗礼的不利局面下，始终与市委、市政府的决策保持同步，竭尽全力推动农村饮水安全建设。圆满完成这一艰巨任务，无疑是其强大凝聚力的又一例证。

管好天大的事

——从水厂经营管理看鼎城的创新力

■ 罗远文　黄媛媛　罗明福

鞭炮震天响，群众喜洋洋，哪座水厂开张，都是欢声笑语，都在歌颂党恩。遗憾的，以前建成的部分水厂，要么不能正常发挥工程效益，要么维持下去相当困难，个别水厂甚至关门大吉，成为聋子的耳朵——摆设。

问题出在哪里？调研来调研去，原因也就那么几条：一是群众用水少，甚至很多用户存在“吃滴水”的现象；二是产权不清，责任不明；三是管线长，维修养护成本高。越收不到钱，越供水少，越供水少，群众越不满意，也就越收不到钱，几个循环下来，就特别令人头痛了。

鼎城人意识到，天大的民生工程，必须建得成、用得起、管得好、长受益。管比建更加重要，管比建更难做好。

病因找到，对症下药。鼎城又先人一步，大胆创新管理机制，出台一系列管理措施，全区 85 座水厂个个经营有序，略有赢利，成为全市乃至全省的一面旗帜。2011 年，湖南省洞庭湖区农村饮水现场会、2014 年长江流域七省市负责人农村饮水现场观摩会都在鼎城召开。2015 年，娄底市双峰县水利局、益阳市赫山区人大常委会、水利局先后到鼎城参观学习。

创新六大机制　把管理抓落实

水厂很多，规模不同，位置不同，水价不同，管理上要做到一把尺子量到底，很难。

既要管理到位，又要活而不乱，怎么办？鼎城人集思广益，制定了水厂经营、水价形成、水源保护、工程维养、水质监测、水厂达标这六大机制。这些机制相互依存，互为补充，融为一体，很有可操作性。

要把管理抓落实，关键是解决权属不清、责任不明的老大难问题。以前村里的一些小水厂，请村领导管理有之，请个电工管理有之，国家投的资，赚钱时有人干，亏本不想干，你想换人，那又印证了一句老话：请神容易送神难。

2011 年 4 月 27 日，鼎城区政府下发《农村饮水安全集中供水工程建管规定》，分为总则、实施规划、项目实施、工程验收、产权运行、水质管理、运行管理、奖惩、附则共 9 章 36 条。

2014 年 3 月 31 日，鼎城区政府又出台《农村饮水安全集中供水工程建管补充规定》，共 16 条，主要目的是针对水厂建设的新情况、新变化，对建管工作进行新的调整。

文件明确规定：政府投资为主的水厂，产权归国家所有，水利局代管；单村工程委托所在地村委会管理；联村工程规模不足 6000 人的，委托所在地乡镇政府管理；联村工程超过 6000 人或者是跨乡工程的，委托所在地区的水利工程单位管理。

以上“三级管理”模式，一次只管 3 年。有言在先，签字画押，如果管理不善，检查督查屡次发现问题，水利部门有权重新选择具体管理者。

管理明确了，责任也相当清楚，自主经营，独立核算，自负盈亏。到时候谁又亏损了，想找主管部门“喊”几个，补充补充，门已经封死了。

以尧天坪镇水厂为例，明确由尧天坪镇运行管理，他们为了把事情办好，不出半点纰漏，自己又出台了实施管理办法，还自费打印了 5000 多份温馨提示：包括服务热线、举报电话和奖励标准。

层层抓得落实，管理自然到位。

实行滚存结余　把养护搞到位

今天停水，明天停水；这里管子破了，那里电机坏了。特别是以前建的小水厂，这样的情况经常发生。

坏了谁来修？经营主很多时候是病急乱投医。今天找你换电机，明天找他修水管，而维修人员对具体情况并不熟悉，费时劳力，成本很高，个别地方甚至没钱请人修，一停水就是好几天。长此以往，积重难返，最大的民生工程有可能演变为最大的民怨工程。

人无远虑，必有近忧。2011 年，鼎城依据上级文件精神，结合本地实际，出台《鼎城区农村饮水安全集中供水工程维修养护费管理规定》，每年从水厂营运水费收入中提取维修养护资金，标准为水厂建设时政府投入资金的 1%。

区财政对维修养护资金给予 1 比 1 的等比例配套。

区水利局按照“一厂一户，一户一卡，卡密分离、滚存结余”的原则，实施综合管理。虽然不具备强制约束力，但如果某水厂不想缴纳维修养护资金，或者缴存数额不足，水利部门保留其享受国家优惠政策或计划申报的意见。

这一招现在看来很管用。全区 46 家水厂，共缴存资金 100 多万元，财政已落实配套资金 87.48 万元。

落实了维修养护资金，没有维修主渠道，还是今天喊张三，明天喊李四，效率不高，疲于奔命。为了修得好、修得及时，鼎城又组建了“专业化”“水厂医院”，彻底解决这个老大难。

这支“专业化”维修养护队伍，水利部门只提供平台，提出具体要求：公开承诺 24 小时服务，小修小补及时完成，大型维修 1 个工作日内完成。实行市场化运作、自主经营、自负盈亏。

公开竞选之后，业务精湛的刘翔接了这个榜，请了五六个人，租了一层楼，牌子挂在桃花源大桥下面的鼎城路上。“医院”对全区所有水厂的电机水泵型号、控制柜、主水管大小等主要参数进行信息化管理，电话一来，电脑一点，需要什么设备，装上车就走。

7 月 16 日，周家店镇娥公桥水厂半夜来电，取水泵抽水不上来。“医院”经理姚开国把台账一看，装上备用泵和相关配件，立即赶到水厂，先把潜水泵取上来一看，果然是电机烧了。换上新的，合上开关，马上恢复正常。烧坏的电机拖回来维修，维修好后再拖去调换，对供水基本没有影响。

现在，周边的桃源县、汉寿县、安乡县都经常请他们。这个“水厂医院”有望打造“专科”品牌。

落实优惠政策　把秩序规范好

农村人厉行节约，舍不得吃水，舍不得花钱，在做好公益事业的大前提下，如何让群众满意吃水，水厂经营者略有赢利，保障其经营积极性，大有学问，也是长效运行的重要环节。

为化解矛盾，防范于未然，鼎城按照全市的统一部署，做到宣传先行，发放饮水安全读本5000册，张贴宣传挂图1万张，举办农村安全饮水知识培训班5期，培训1000人以上。在此基础上，严格执行优惠政策，“五保户”、特困户每月补贴水费10元，至今共落实区级水费补贴资金515万元。目前，各个水厂没有向“五保户”、特困户收取水费。

有人会问，对“五保户”和特困户，财政给了补贴，水厂又收费，有没有两头“进账”的可能？为防微杜渐，水利局牵头成立了区供水协会，严格按照审核结果，专人负责水费补贴拨付。平时还有严格的核实走访，事前约法三章，凡领取了补贴又向“五保户”等收取水费的水厂，必须退还水费，第二年一分钱的补贴也别想拿到。因此，至今没有一个水厂敢越雷池半步。

水价，也是群众最为关心的话题。以前，鼎城按照常政办发〔2008〕9号文件精神，实行的两部制水价。容量水价为每月每户8至10元（容量为4至5吨/户·月），计量水价由各水厂根据生产成本自行定价，仅少部分水厂通过物价部门听证。一时间，相邻乡村不同价，群众难理解，收费难度大，引发一系列社会矛盾。

这一矛盾带有普遍性，这头按下去，那头又浮起来，不是长久之计。经请示主管区领导同意，区水利局会同区物价局，深入乡镇村组和水厂，深入调查，反复询问，采取听证等法定程序，出台执行指导性文件（常鼎价〔2012〕21号），严格规范经营秩序。

文件的核心内容有二条：第一，根据水厂规模和供水实际，分为提水加压、提水自流、重力自流三种类型（每一种类型耗电量不同），逐厂明确1.9至2.1元/立方米的计量水价标准，周边群众水价再稍有不同，有文件对照，解释得通；第二，不管情况多么特殊，所有农村水厂的计量水价，必须低于城市自来水价格。

特别值得期待的是，鼎城准备将维修养护资金、水费管理等众多事务交由供水协会管理，走出一条富有鼎城特色的水厂管理新路子。

水往高处走

——鼎城区电力排灌系统改造纪实

■ 张三忠　皮烈宏　宋占飞

“高山顶上修条河，河水哗哗笑山坡。昔日在你脚下走，今日从你头上过。”此诗据说是时任湘潭地委书记华国锋为韶山灌区所题。鼎城能够与韶山灌区有得一比的水利工程是湖区的电力排灌区，虽然没有韶山灌区的名气大，却也不会逊色多少。纵横交叉的沟港河渠，星罗棋布的村组机埠，交互穿堤的涵闸电排，组成了一张巨大的排灌网。这张网罩着民主垸、八官垸、三合垸、善卷垸、冲柳垸等 5 个大垸。整个灌区积雨面积为 190 多万亩(其中耕地面积 120 万亩)，大约占了鼎城版图的半壁江山。其中，1975 年建成的沙河口大电排更是慑人心魄。6 条出水管道内径达 1.6 米，农民说可以挑担稻草从中走过。开机威力无比，效果立竿见影。排渍时，水位看着看着一寸寸往下垮；灌溉时，沟渠中如黄河之水滚滚来。农民们看在眼里喜在心里。有诗赞曰：“大堤底下藏一机，悄然无息把水抽。遍地水往低处流，此埠叫水高处走。”

人能够轻易改变水的自然流向后，农业生产的面貌就大为改观。甩亩变正亩，沧海变桑田。鉴于电力排灌系统的巨大威力对农田的绝对保障，五大垸内比较大的内湖如沙潮湖、鹰湖等都改成了稻田。反过来，湖区更加依赖电力排灌系统了。

然而，随着时间的推移，曾经恢宏的水利设施已陈旧损毁，沟渠淤塞，水利不兴，给鼎城湖区农业生产造成了诸多困扰。

“十一五”“十二五”期间，在国家启动洞庭湖治理工程之时，鼎城抢抓机遇，对湖区排灌系统进行了全面维修改造，使几近瘫痪的排灌系统得以修旧如新，重新焕发生机。

一

从 20 世纪 80 年代初分田到户，实行家庭联产承包责任制后，农村在水利建设方面开始吃老本。越过新千年时，老本差不多蚀尽了。设备极度老化，沟渠严重堵塞，排灌效率低下，矛盾时常激化。

设备老化到了什么程度呢？经过二三十年的运转，早已过了安全运行期。要开机，基本上属于霸蛮，随时都有机毁人亡的可能。不开机又是不可能的，并且要勤开。这一点，电排站的站长们心里最清楚。有一个站长，领导找他谈话时要他搞三年，三年刚满，不等组织安排就迫不及待地回原单位了。他说："不是我不肯干，是因为那个站长太危险，成天提心吊胆，不知道什么时候出事故。"还有一位站长，在区委书记检查防汛工作时，在这台机子上挂上"病机"的牌子，在那台机子上挂上"死机"的牌子。陪同检查的水利局局长眼尖，脸煞时白了。区委书记果然雷霆震怒："你就是这样迎接防汛检查的？机子坏了你为什么不修？"无钱修机，在场的人都应该知道。局长声都做不得，在旁边俯首贴耳地候着。站长要的就是这个效果。他回答道："职工的工资都是欠着的，哪来的钱修

沙河口排灌站

啊？”大家都知道，防汛责任大于天，敷衍不得。书记看到牌子了就是书记的责任。书记只好当场表态由财政拨付 17 万元的维修费。

最“痒”的地方抓了一下。其他的地方呢？区财政可不是千手观音，没有那么多手，而是独臂老人，每抓一处都困难。

沟渠堵塞严重到了什么程度呢？放眼望去，小沟不见沟，大沟变草沟，干渠飘垃圾，栅栏堵水流，开机不见水，停机水又流。

这样的排灌系统又有多少效率可言呢？不是近于瘫痪吗？可农田又恰恰高度依赖电排。农民群众为了农田灌溉和排渍的问题，经常到村里吵闹。村里无法解决问题就吵到乡里，乡里无法可解就吵到电排、吵到局里、吵到区里。层层矛盾，不断升级，甚至险些闹出人命案来。谈家河有一个农户，因水淹了庄稼，致使当年作物颗粒无收，悲愤无处发泄，便提着汽油桶拿着打火机堵公路，惊动了市人民政府。

二

当然，鼎城湖区电力排灌系统的问题并不是个案，在全国具有普遍性。朱镕基总理在任时提出了洞庭湖治理的问题。国家“十一五”规划正式把洞庭湖治理纳入了国民经济和社会发展计划。

等闲识得东风面，万紫千红总是春。区委、区政府和水利部门的干部职工迅速意识到湖区水利建设的冬天已经过去，春潮正在涌动。

为争取电排改造项目，区财政局首先拨付数十万元给区水利局，作为项目启动资金。有了启动资金，区水利局便有了底气，立即着手做规划，以便争取早日挤进国家的笼子，搭乘国家计划的东风，把我区湖区的排灌系统改造好。自此，每年元旦时，区水利局规划设计股就开始没日没夜地忙于案头搞方案设计了。为了使方案更优，他们一埋头就是 10 多天，反复设计论证。每当设计方案完成，有关领导便带着图纸、资料，向市局、省厅和水利部积极汇报，争取项目支持。从 2005 年到 2015 年，10 年间共争取到国家项目资金 4700 万元，完成了苏家吉、沙河口、牛鼻滩、天井硒等大中型电排的改造。这些大中型电排的所有机电设备全部更新，所有房屋都得到了整修，旧貌换新颜，排灌功能更强大，为广大湖区农民带来了福音。如苏家吉水闸的配套工程完成后，彻底解决了我区高水防汛问题，节省了大量人力物力(往年防汛，从 5 月起到 8 月止，每天都要派许多青壮年劳力守堤，老百姓苦不堪言不说，更是提心吊胆，生怕决堤)。

为争取沟渠清淤项目，区水利局举全局之力，动用各方资源，组合最优兵力，以绝对实力，决胜省城。2010 年，全省有 41 个县入围，最后选定的只有 11 个县，竞争十分激烈。竞争方式为现场打分，其中设计方案占 60 分，演讲占 40 分，从高分到低分，取前 11 名。很明显，如果想胜出，一要方案完美，二要演讲出色。为了设计出完美的方案，区水利局相关专家同心同德，不眠不休，全力奋战 10 多天，反复斟酌，反复修改，反复论证后，觉得改无可改了，才敲定。演讲也至关重要，既要普通话标准，又要声情并茂，打动人心。由谁演讲呢？区水利局想到了一个人，那就是时任鼎城区人民政府区长的董岚。董岚区长那么忙，会答应去参加演讲吗？局长王成猛麻着胆子向董区长汇报了自己的想法，没想到董区长当即非常爽快地应下了这一重大而艰巨的任务。名校硕士、高校教师出生的董岚区长演讲口才没得说，又见过许多大场面，这样的演讲对于她来说应该是小菜一碟，可事关民生，事关成败，她丝毫不敢大意。在正式演讲之前，董岚区长反复练习，甚至请水利局的同志当评委，试讲了 10 多次。水利局又请区信息办的同志帮忙做视频，作为演讲的背景。功夫不负苦心人。鼎城区从诸多区县中脱颖而出，被评为“一类”，如愿以偿地争取到了该项目。

项目资金是有限的，也是有弹性的。同一个项目，汇报做得好，可能会给你 100 万，汇报做得不好，就可能只给你 50 万。为了争取尽可能多的资金，鼎城各级领导和全体水利人想尽办法，争取把工作做到最好，汇报做到最完美。一次，省发改委领导来鼎城检查工作，时任副区长的田大春引着领导一个现场一个现场地视察，同时向领导详细汇报鼎城水利工作的艰辛。省发改委领导被鼎城水利人艰苦创业的精神所感动，一次就多批了 1000 多万元资金。

三

工程招标和资金管理由省水利厅洞庭湖工程管理局负责，工程设计由水利厅设计院负责，工程监理由省水利厅监理公司负责。区水利局负责什么呢？主要负责施工过程中的各方协调，保证工程进度。

显然，区水利局陷入了有责无权的尴尬境地，协调各方而对各方无约束力，保证工程进度却沾不了工程的边。工作起来一定艰难！但想到机能恢复轰鸣，水能恢复畅流，区水利局还是乐意做工作的。

渠道清淤是外来公司用机械施工，沿线群众不免有些想法。施工环境问题比较突出。为了使老百姓支持工作，区水利局和乡镇一道在施工前利用各种方式进行宣传，并和沿线重点农户进行沟通、协商。这家的菜园旁堆不堆得淤泥，那家的鱼塘边可不可以挖土，树木如何砍伐等等都要征得农户同意。做思想工作能够做通的，尽量做；无法做通，硬要人民币才能摆得平的，就用钱了断。总之，使尽浑身解数也要保证施工不受阻碍，能够顺利推进。沟渠清淤，在全省来说，我区争取的项目资金最多，工程质量最好，完工里程最长，得到了省厅的多次褒奖。

工程进度主要体现在电力排灌站机械设备的更新维修上。这是由水情所决定的。电排都是穿堤工程，施工只能从汛期结束时开始，到汛期开始时结束，不然，会严重影响防汛抗旱。

机电设备能否按时到位，是保障工程进度的关键所在。

由于是国家统一制定规划，洞庭湖区水利建设基本同步走。一要水泵就都要水泵，一要电机就都要电机，一要变电器就都要变电器，简直就是一窝蜂。一时间厂家订单如飞，生产线上日夜加班，也常常供不应求。

为了保证已开工工程在汛期前竣工，区水利局派专人驻厂督催。沙河口电排的杨站长就在江苏住了半个月，在高邮和南京的水泵厂、电机厂来回奔波，天天督质量，时时催进度。区水利局一位副局长肩负几家电排站的设备督催任务。他天天催厂家，厂家嘴里应承，车间却没见生产。质问厂领导，厂领导不是搪塞，就是蒙哄。他急得寝食不安，又想不出什么锦囊妙计。无奈之下，终于有一天，他按捺不住心中的焦急，借着酒意，竟到厂长办公室跪了下来。厂领导意识到了问题的严肃性。人家大小还是个副局长，好歹也是个上帝，怎么倒求人呢？厂领导急忙拉他起来，许诺明天赶货。他说："你们的明天太多了，我等不起，但跪得起。要我起来，可以，得现在开始赶我的货。”厂领导拗不过他的执着，立即安排生产他要的设备。在我区水利人的努力下，所有设备终于如期到位，得以在汛期前安装调试成功。

施工中总有新情况出现，设计则需要根据新情况更改。而更改设计手续繁杂，从上报到审批，周期漫长，如若处理不及时，也会拖慢工程进度。天井硆电排改造时，大堤破了口，挖开一看，基础是软的，而设计中没有基础处理这一项，于是动不了工。破堤工程如不能汛前完成，后果可以想象。因此，区水利局分管副局长康强领着施工方连夜赶到省城，要求改设计。设计院也忙，如同那些机电设备的生产厂家一样。康副局长坐在设计院等，不给改，就不离开。

在这些工程中，水利局一管不到一分钱，二掌不到一分权，管的都是一堆麻纱，干嘛要这样玩命死磕呢？他们的回答是：国家出资为鼎城造福，给了我们水利人一个拼命的机会。不拼，行吗？

四

“十一五、十二五”已过，鼎城的大型电排设施通过国家项目已经全部更新，小型电排通过争取省里的以工代赈项目也基本改造完成，沟渠清淤 1600 多公里。20 世纪 60、70 年代建成的电力排灌系统得以新生，灌区又恢复了往昔的活力。

排灌系统改造完成了，但不会一劳永逸，管理维护永远在路上。为了走出排灌系统从好到坏的怪圈，常年保持排灌系统正常状态。2014 年，区水利局全局党员干部在党的“群众路线教育实践活动”中认真查找“四风”问题，就如何密切联系群众，依靠群众，如何创新维护管理机制作了大量的调查研究，制定了切实可行的办法，开创了维护管理的新局面。

沟渠清淤包给乡镇。吸取以前没有基层和群众参与造成麻烦多、赔付多的教训，沟渠清淤工作打包交给乡镇去做，区水利局给标准、负责督查、资金拨付。这样的机制更接地气。乡镇的积极性充分调动起来了。农户有什么问题，干部随时可以到场解决。2015 年，牛鼻滩镇原计划完成 10 条渠道，实际超额完成了 2 条。

机械维修有预算。机械维修纳入每年的财政预算，由运管单位根据泵站机组实况、年度维修费总额申报年度维修计划及零配件采购明细，由区水利局统一向区财政采购部门申请，实行政府采购。及时维修，防小病变大病，防病机变死机，保证机器时刻准备着。

排灌电费搞包干。年初，按上年度的实耗排渍费用确定乡镇、区管电排年度排渍费总额，包干使用。如有结余，经单位申请、水利局审核后，可用于维修保养辖区内机电设施、解决人员工资不足或结转下一年使用。如使用超年度预算，区水利局则于超支当月停止支付排渍电费，由运管单位自行缴清欠款，并处理好因此带来的其他事件。电费包干不利于电的浪费，有利于节约。

为了不使电费包干耽误排渍，还采取了如下措施。(1)区防办、电排、乡镇三家逐处泵站确定起止排水位，并行文下发，区管电排严格执行区防汛抗旱指挥部调度指令，按照起止排水位运行，如因此达不到当地农户要求引发矛盾或上访，由所在地乡镇人民政府处理。(2)大中型进水闸进出水由区管电排调度，并明确专人控制运行。(3)适当提高机电设备维修费标准，确保泵站常规维修保养。(4)如上级主管部门对区管电排下达全局性排涝抗旱调度任务，区政府应适当考虑补足其运行费用。(5)灾害性恶劣天气或不可抗力导致排渍费用严重超支，在救灾资金中进行补助。这就使得电费包干不影响特殊情况下的排灌任务，避免又要马儿跑又要不吃草的矛盾发生。

这些简政放权措施的实行，展示了区水利局班子清晰的工作思路。这些举措使基层干部群众手中有了权力，肩上有了责任，水利工程的管理维护变得更顺畅，既节约了成本又提高了效率。

水往高处走，是鼎城电力排灌系统的使命！

人往高处行，是鼎城水利人负重前行的目标！

（张三忠系鼎城区水利局副局长、皮烈宏系区文联正科级干部）

为了大地的丰收

——鼎城区小型水库除险加固工程纪实

■ 杨开河　皮烈宏　陈云峰

在鼎城的山区和丘陵区，有许多大小不一、形状或宽阔或狭长的“镜面”镶嵌其间。这些“镜面”有时被你踩在脚底，有时又被你拱在头顶——这便是散布在鼎城区山丘区的171座中小型水库，其中中型水库6座，小型水库165座。

水库：是指在山沟或河流的狭口处建造拦河坝，以拦洪蓄水和调节水流的水利建筑工程。可以利用来灌溉、发电、防洪、生产生活供水、旅游、水体养殖等。明 徐光启《农政全书》卷二十：“水库者，水池也。曰库者，固之其下，使无受渫也。幂之其上，使无受损也。”

我国水库分为四类：大型、中型、小(一)型、小(二)型。划分标准：大型：容量大于1亿立方米；中型：容量1000万至1亿立方米；小(一)型：容量100万至1000万立方米；小(二)型：容量10万至100万立方米。其他小于10万立方米的称为堰塘，小于1000立方米的称为凼。

从年降水量和月降水分布来说，鼎城区山丘区并不缺水。但由于山丘区地势落差较大，降雨很快就经地表流走了。如果没有水库，降水不均匀的年份就很容易形成旱灾，无法保障农田及时灌溉，从而造成农作物减产或失收，甚至造成人畜饮水困难。如果没有水库，遇到暴雨或特大暴雨就很容易爆发山洪，大量泥沙翻滚而下，不但水土流失严重，还可能冲毁田园房屋卷走人畜。去除水害，化害为利是山丘区人民世世代代的梦想。

“截断巫山云雨，高峡出平湖。”新中国成立后，伟人毛泽东巨手一挥，全国立即掀起了大干水利的高潮。20世纪50—70年代，鼎城人民充分利用人民公社的优越性和人民群众兴修水利的热情，调集大批劳动力连年会战，相继在境内建成了一批呈星罗棋布的各型水库,以及附设的拦水坝、渠道、涵闸等设施。以现在的眼光看来,这些工程似乎显得有点土,有点低档,但在当时,却是了不起的成就,丝毫不影响作为水库对水的调节功能。下雨时,水下山入库;缺水时,水出库入渠;爆库时,水从洪道溢出。由于有了众多水库的护佑,洪灾旱灾得到有效控制,农业生产年年喜获丰收,鼎城成了全国著名的商品粮高产基地。

世上没有一劳永逸的事情,水库也不例外。20 世纪 80 年代以后,农村水利建设来到了低潮时期,对水库的维修欠账逐年不断增多。山丘区吃了水库几十年的红利之后,水库终于百病缠身,不堪重负了。地方政府和库区群众都迫切期望国家投入资金加固水库。"十二五"期间,国家把小型水库的除险加固工作纳入了"十二五"计划。鼎城区上上下下方方面面齐心协力攻坚克难,按质按量如期完成了所有小型水库的除险加固任务。

险象环生盼加固

建库一座,造福一方。每一座水库建起时,库区的地貌就得到了改变。"高峡出平湖"了,山绿了,水美了。库区的水收敛了它桀骜不驯的脾性,结束了它恣意妄为的行径,服服帖帖地听人调遣,老老实实地为民造福。可是,越过新千年,库区人民有了新的担忧,并且这种担忧与年俱增。水库逐渐出现病情和险情,并有进一步扩大之势。主要表现在大坝内坡成倒坎、垮塌;坝体下滑、渗漏;外坡沟多、脚软;溢洪道损毁、淤塞;涵管裂缝、变形等。如果大坝在丰水期因某处某个险情决口或垮塌,大水将一泻汪洋,库区人民辛苦建设几十年,就真的会一朝回到解放前。

坚固的水库是相似的,不坚固的水库各有各的软肋。蔡家岗镇的群英水库水浅面大,溢洪道垮塌,淤塞严重,暴雨时泄水能力极端不够,水横流到"蔡双"公路上,造成公路一遇暴雨就淹,人、车过公路都要在水中摸索前行。2010 年,该镇主要负责人和水电站长带着老百姓签字的请愿书专程到区水利局汇报水库工作,请求解决该镇的水库问题。双桥坪镇的庆丰水库坝很长也很高,库容量很大,因精养鱼导致内坡迎水面形成倒坎,坡面一截一截地下垮,蚕食着坝身,坝身越来越单薄,有垮坝的危险。该镇镇长亲自上门做养殖户的工作。因补偿差距问题,养殖户不同意。镇长发火了,"如不迅速捞鱼,则发动群众捕鱼，并给群众每斤鱼1.5元的补助。”养殖户只好勉强同意。他也担不起垮坝的罪过啊！再者，坝垮了，他的鱼还有吗？

水库有病险，如果做不到未雨绸缪，也应该做到防微杜渐。病险出现了，有病应该治病，有险应该除险。恰恰相反，鼎城区165座小型水库有病扛着，有险拖着。为什么呢？因为要人没人，要钱没钱。新建水库时，劳力可以“一平二调”，要多少有多少，可以不付工钱，不给生活费，无偿使用。维修水库时，劳力调不动，甚至无劳力可调，青壮年都出外打工了。2003年取消农业税后，乡村两级的提留也一并取消了。村里无提留，乡里无财政，区财政又是个发工资都难的财政，所以，区乡村三级都没有钱投入。

但是，对于那些危在旦夕，眼看要酿成大祸的水库，无论如何还是要想办法的。2008—2009年完成了3座水库的除险加固工作。这些资金都是靠打报告跑上级跑部门求来的。个中艰辛自不必说，最主要的是资金到位得不到保证。鼎城区100多座水库都象这样跑资金，要跑到什么时候？来得及吗？有的水库可能还不等开跑就垮了。水库的险情，库区群众和各级领导都看在眼里急在心上，热切盼望国家出政策，国家财政大投入。

国家终于出手了。“十一五”期间，国家对小型水库开始摸底，把小型水库的除险加固工作纳入了“十二五”规划，明确了国家对不同类型水库除险加固资金的补贴标准：小(1)型水库每座270万元，重点小(2)型水库每座150万元—180万元，一般小(2)型水库每座30万元—70万元。这是多么大的福音啊！库区群众由衷感慨：有国家这座靠山，就是好！

上下一致齐加固

区委、区政府决定紧跟国家计划，强化领导，做好协调，要钱拨钱，要人给人，打一场小型水库除险加固工程漂亮仗，给国家和库区群众交一份满意的答卷。随即成立了以分管副区长为组长的区小型水库除险加固工程建设领导小组。小组下设区小型水库除险加固项目管理部，对除险加固工程负总责。每个水库工程现场设除险加固工程项目部，工程技术人员在现场负责协调和进行技术指导工作。

为了争取更多的配套资金，应省财政厅的要求，区财政局想千方设百计挤出资金，分 4 次给省财政厅专户上打了 2000 多万元，得到了省财政厅近 3000 万元 1∶1 配套的扶持资金。

三渡水水库跨周家店和双桥坪两个镇，有些地域界限不那么清楚。区小型水库除险加固工程建设领导小组的负责人现场组织这两个镇的镇长、水电站长，区项目部负责人徒步查看，明确责任，并召开群众座谈会做相关群众的工作，圆满地解决了基层干部推拉和个别群众阻工的问题。

区小型水库除险加固项目管理部肩负工程进度和质量的总责任。在进度方面，不是一味地催进度，而是和施工方一道算时间账、算进程账，一起想办法。如 2011 年 11 月 15 日开工的西洋陂水库，内坡护坡需要预制混凝土六方块 5 万个。按以往的施工经验，一个平板振动台、1000 个塑胶模、一个班组，每天只能预制 1000 个六方块。光预制就要近 2 个月，而整个工期都不到 5 个月，显然对赶进度不利。项目部未雨绸缪，伺合同一签定，就跟施工方一块合计，建议其增加振动台、塑胶模和人手，扩大预制场地，结果 1 个月不到就完成了预制任务。2012 年开工的茶叶水库，所需预制砼块比西洋陂水库还多得多。项目开工半个月的那天，项目部就组织当年施工的 32 个水库的班组长在茶叶水库开现场会。茶叶水库在原有 3000 个塑胶模的基础上另外增加 2000 个和一个振动台，扩大预制场地 1.2 万平方米。1 个月后，区长视察水库加固工程，对施工单位赶进度、保质量给予了充分肯定。区项目部在赶进度方面的一些做法得到了一些兄弟单位的肯定。长沙县水务局还专程来我区进行了现场观摩。

小型水库除险加固工程得到了基层干部和群众的支持。如石板滩镇境内的铁堰水库大坝平台及外坡上，邻近村民种有大量苗木，这些苗木有碍工程施工，必须转移。因一时找不到买家，只能先行进行移植。因费事费工也影响树苗成活成长，有村民不情愿自然在情理之中。一村干部知道自己的几十株苗木也在其中时，知道虽然目前是利害方，但着眼长远看终究是受益方，于是当场表态一周内无条件移走。他的现身说法和行动起到了示范作用，其他村民纷纷跟着移栽。当有 3 棵直径 80 厘米以上的大树分属两个村民，不愿转移时，其他村民自发上门做他俩的思想工作，在大家的“夹击”下，两村民终于被说服，工程得以顺利进行。只要是为群众切切实实做好事、办实事，群众终究会识大体顾大局给予支持的。

工程质量除了监理方全程跟踪外，还有我们热心的社会监督员义务监督，如周家店镇柳溪湾村的支部书记曾子安。彭家坪水库除险加固工程施工时，他每天对进场的原材料的数量、质量，施工时的使用量，施工的工序等进行详细记录；每天与镇水电站长沟通，并及时上报区项目部。他说："我住在大坝下，受益最多，受吓也最多。这个项目来之不易。我名叫曾子安，我要名符其实地让子孙安心。"他对班组长说："你凭良心做，我任良心记，不睬你也不推你。"施工的班组长也欢迎他监督。彭家坪水库由于当初新建时基础没有进行处理，加之年久失修，坝基常年渗漏，坝脚湿软，存在巨大安全隐患。针对此险情采取了坝基高喷灌浆的除险方案。高喷灌浆属于隐蔽工程，工程质量不容易控制，防渗效果往往不尽人意，但彭家坪水库高喷灌浆施工时施工方精心组织，加上监理方 24 小时监督，曾子安的热心监督，防渗效果达到了设计要求。次年汛期，周家店镇政府组织人大代表现场检查。大坝坝脚没有一点渗水的痕迹。代表们齐声称赞。除险加固后的彭家坪水库还成了周家店镇桃花节的一个美丽景点。

一分一毫为加固

国家投资项目一般需要地方资金配套。小型水库除险加固工程就需要省、区配套。如西洋陂水库，计划投资978.42万元，其中国家投资408万元，地方配套570.42万元。资金越有限就觉得越宝贵。严管资金，为国理财，把一分一毫都用在工程上，是水利人对国家应有的忠诚，也是项目部对工程负总责的财物管理保障。

首先把好项目招标关。有工程的地方往往容易滋生腐败。为杜绝腐败，项目部严格执行招投标程序。所有项目委托招标公司在网上公布，招投标现场邀请纪检监察等相关部门参加，评标时随机抽取省评标专家。招投标过程完全透明化，公正化，杜绝歪门邪道，保证资金全用在项目上。

其次是强化"三会一汇报"制度，严防资金跑冒滴漏。所谓"三会一汇报"制度，是指项目设计必须经过局技术领导小组会商后才能上报；项目资金必须经过项目部、财务股、建管办及所属分管领导会签后才能支付；项目的审计需经局技术领导小组现场踏勘共同会审后才能送审；工程项目主动汇报区纪委。为保障制度有效实施，区水利局搭建了三套班子，即由局总工程师牵头的总工办，由分管副局长、离退休老专家、项目部技术负责人组成的技术领导小组和由水利施工现场监督人员组成的建管办。该制度的落实，让工程在设计、施工、验收、资金拨付四个节点都得到到严格防控，一旦出现问题便能及时发现和解决，从而有效地避免了施工过程中因"一言堂"权力过大造成的腐败和因"拍脑袋"决策造成的资金浪费。

有了好的制度，还必须贯彻执行。2012年，区项目部在对肖家冲水库除险加固工程进行现场检查时，施工方已对涵管进行了填埋。表面上看不出什么问题，对施工方加以询问，回答说按标准施工，没有任何问题。但这个施工进度明显快于正常进度，不免令人生疑。区项目部领导与工作人员决定钻进涵管一探究竟。涵管直径为80厘米，别说站着走就是猫着腰缩着头都难免碰到脑袋，只能半蹲着一步一步往里挪，但他们没有退缩，拿上手电筒戴上安全帽就进去了。深入十几米后，他们发现预制涵管接缝错缝、部分接缝还有渗水，这说明施工质量有问题。出来后，他们把照片给施工方看。施工方说可能是局部施工不到位造成的。"挖开，如果你们是按设计标准施工的，这个返工费用项目部出；如果你们偷工减料，费用你们负责，还要处罚！”项目部负责人说。这时，施工方才承认开挖后发现涵管基础非常好，于是只浇了砼垫层，没有浇筑钢筋混凝土基础。“你们这不是偷工减料而是谋财害命，水库一旦溃坝，你们知道下游有多少人会有生命危险吗？”负责人发怒了。最终涵管全部拆除重建，而且施工现场负责人被列入鼎城区水利工程建设黑名单，不得再进入鼎城区水利工程建设市场。举一反三，随即项目部与建管办组织人员对当年施工的32座水库涵管全部进行了检查，确保了工程安全。

2013年，六家窝水库除险加固工程竣工后，区项目部与建管办在对施工方申报的工程量进行复核时，发现施工方申报的预制砼护坡工程量与设计工程量偏差较大，于是组织现场复核。到现场后，由于水库关闸蓄水，浆砌石阻滑墙与砼护坡的下部已被水淹没，不好测量，但结算又不能等。怎么办？区项目部与建管办工作人员二话不说就脱衣下水，用脚踩、用竹竿探，摸清了护坡底部起点高程。为了保证结果的准确性，第二天，他们又进行了一次水准测量，根据涵管出口高程和护坡坡比对护坡底部高程进行了推算，结果表明施工方虚报了护坡工程量。在准确的数据面前，施工方哑口无言。

好钢用在刀刃上，刀才会锋利；每一分一厘资金用在项目上，工程质量才会得到保证。这既是对工程负责，也是对国家、对百姓、对纳税人负责，同时也是对水利人自己负责。既是良心使然，也是职责要求党性要求，否则良心有愧，法理难容。在这一轮的水库除险加固工程中，鼎城水利人做到了这一点。

（杨开河系鼎城区水利局副局长、皮烈宏系区文联正科级干部）

全面实行河长制

■ 吴 政

2017年是推行河长制的第一年，是不断探索与革新的一年，鼎城区牢牢树立“抓当前、谋长远、突难点”的理念，不断强化落实河长制，推动我区从突击式治水转化为制度化治水。

一是成立领导班子。区委常委会在听取了省、市河长制会议精神汇报后，召开了全区推行河长制工作动员大会，全面部署河长制工作。成立了河长制工作委员会，由区委书记杨易任第一河长，区长朱金平任总河长，区委副书记王时雨、区委常委、副区长李卫民、分管副区长王直华任副河长。17条区管河流由区级领导担任正副河长，28个成员单位的负责人担任各河道联络、督导组长，各乡镇、街道、村也完善了河长制的组织体系，组建成立各级河长制办公室。

二是制定整治方案。区委、区政府印发了《鼎城区关于全面推行河长制的实施意见》和《鼎城区关于全面推行河长制行动方案》，在遵循省市河长制方案的基本原则、工作任务和具体要求前提下，我们又进一步明确了我区河长制工作要求，将2处市管河流、15处区管河流及全区沟港、渠道、塘堰、水库等400多处小微水体纳入了我区河长制实施范围。按照水资源保护、水岸线管控等六个方面的主要任务，结合我区实际将其分解为24项具体工作，为了便于考核和落实，我们又综合为污水无直排、水域无障碍、堤岸无损毁、河底无淤积、河面无垃圾、绿化无破坏、沿河无违章、堤岸有公示、治理有方案、管理有队伍的“七无三有”工作目标。为尽快实现这一工作目标，区政府主要领导牵头，区水利局、区住建局、区环保局、区农业局、区畜牧局等单位联合调研，制定了河长制“十大”专项整治方案。包括：河道保洁专项整治，岸线专项整治，渠、塘疏浚专项整治，控违、拆违专项整治，排污口专项整治，饮用水水源保护专项整治，黑臭水体专项整治，禁投、退养专项整治，河库清网专项整治，农业面源污染专项整治。

三是完善六项制度。根据河长制工作要求，制定了《鼎城区全面推行河长制六项制度》。一是区级河长会议制度。包括区级总河长会议制度、区级河长会议制度以及区河长制委员会成员单位联络员会议制度；二是河长制信息共享制度。包括信息报送制度和信息简报制度；三是河长制工作督察制度。主要是采取“定期巡查、工作通报、专项督查”等形式，对下级河长、河办及相关责任单位进行督查；四是河长制工作考核办法。考核对象主要是区级河长、河段长，乡级河长、河段长；五是河湖库日常监管巡查制度。由责任单位、责任人对辖区河湖等进行全面巡查监督；六是联合执法制度。在区委区政府的领导下，区河长办组织相关部门，对各类水事违法行为进行联合打击与查处。

四是全面调查摸排。4 月份以来，区水利局相关业务股室、水利工程单位、乡镇水利站通过调查摸底，对全区 5 公里以上的 71 条河流、10 平方公里以上 3 个湖泊及 5 座中型水库的基本信息进行了录入，并按照“一河一档”、“一河一策”、“一河一表”的要求建立了资料档案，制定了整治方案，明确了时间节点。7 月底，完成全区 5 公里以下、面积小于 10 平方公里的 400 多处小微水体的摸排，进行了登记、造册、建档。

五是设立河长公示牌。为更好地落实各级职责分工，明确责任，强化监督，严格考核，我区投入资金 100 多万元，制作近 500 块河长制公示牌。目前，已完成区境内所有河流、湖泊、水库等公示牌的制作与安装。公示牌上公布流域图、河流名称、河段范围、河长、河段长等姓名与职务、职责、整治目标和联系方式，并接受群众监督和举报。

六是开展巡河工作。为更好地推进河长制工作，促进各项整治行动顺利实施，区委领导积极带头开展巡河工作。第一河长、区委书记杨易在国庆节之前召开常委会，在听取推行河长制工作情况汇报后，他指出各级河长必须深入现场，仔细对每条河流的情况进行摸底调查，做到心中有数；对影响大、群众反映强烈的问题要立马整改、全力以赴。总河长、区长朱金平多次亲临冲柳高低水、沅水河段对河长制工作进行调研，认真查看水源和水环境质量问题，详细了解堤防的各项保护管理制度。区委副书记王时雨、副区长王直华、副区长李卫民、副区长蒋宏武等近 20 名区级领导都分别深入各自负责的河道现场调研，进行摸底调查，强力调度“河长制”工作。全区各级河长都积极完成了每月至少一次的巡河工作，建立了工作台账和巡查制度，全面地掌握所管河道周边存在的问题。

七是突出问题整治。对于群众反映强烈的冲柳高低水问题，结合中央环保督查组和环洞庭湖生态整治小组的要求，重点解决其承包养殖和水质严重污染问题，主要集中在韩公渡、特养场、牛鼻滩，区畜牧局已制定了全区珍珠、畜禽退养方案，计划2019年全面完成珍珠退养。目前冲柳水系已完成调查摸底，成立了班子，要求承包户尽快解除合同，并下达了整改通知书，与22户畜禽养殖户签订了退养协议，拆除10处拦网设施。实施对枉水河、沧水河等河段水域重点整治，目前，已经全面禁止非法乱采乱挖、非法经营码头、倾倒工业废渣等有害物品现象。沅水牛鼻滩段26处违章建筑已经签订了拆除协议。

八是落实21项具体任务。市河长办明确21项河长制工作任务，涉及我区今年完成的16项任务，区河长办进行了任务分解，具体是：住建局完成黑臭水体治理、船舶污水垃圾集中点建设（斗姆湖至牛鼻滩25公里河段）；林业局完成退耕还林还湿（绿带建设）；环保分局完成高新技术产业园污水集中处理、四水厂国控断面水质优良率85%以上；农业局完成农业专业化统防统治89.7万亩、农业测土配方施肥170万亩次；城管局完成行政村（居）垃圾治理；水利局完成24条107.3公里大中型渠道疏浚、规范河道采砂、河道保洁清理率100%、省级水功能区水质（沅水鼎城饮用水源区、工业、农业用水区、澧水洪道保留区）达标率83.2%以上、开展护河专项行动每年不少于3次；畜牧水产局完成104户4.95万平方米畜禽规模养殖退养；国土资源分局完成河湖划界外业调查；交通运输局完成非法码头整治任务30%以上。各责任单位实行时间倒排，主动作为，确保在年底前全面完成。截止11月，各部门合力完成了对辖区内沿堤养殖情况、非法采沙、非法经营砂石厂、非法乱采乱挖等现象的全面摸底调查；已完成107.3公里大中型渠道疏浚与1762.25公里小型沟渠疏浚；已完成全区23个排污口规范化整治，设立了排污口标志牌，高新技术产业园区的污水处理厂也正在建设之中；已完成水源保护区的界限划定，完成了各级保护区的长久性界碑、交通警示牌、保护区宣传牌的设置，在饮用水水源一级保护区边界建设了拦网、护栏等隔离防护设施，并正在实施标准化建设；已完成退养珍珠3000亩，退养蓄禽养殖104户，拦舍面积4.95万平方米，并与22户畜禽养殖户签订了退养协议。

（作者系区水利局常务副局长）

水之韵

水为生命之源，亦若天地之根。道生一，一生二，二生三，三生万物，以此轮回，周而复始，生生不息。

上善若水，水善利万物而不争。人们在水的滋润和孕育中成长，则亦辞亦让；在水的赐福和启发下前行，故亦歌亦颂。

花岩溪五溪湖(五溪水库)风光

花岩溪风光

民主垸高水河道

八官垸高水河道

八官坑沅水风光

花岩溪龙凤湖(超美水库)风光

沅江风光

八官垸低水风光

渔舟唱晚

梦幻江南

沅江风光

江南风光带

鼎城区水利局着力打造一支高素质的水利干部队伍，图为党建活动现场

2017 年 4 月，鼎城区水利局举办水利系统水法律知识竞赛

水是生态文明之基

■ 王孝忠

胡锦涛在中共十八大的报告中指出,“建设生态文明,是关系人民福祉、关乎民族未来的长远大计”。十八大向全党全国发出了伟大的号召,大力推进生态文明建设。

据我多年的观察和实践,我们现在的确面临资源紧缺、环境污染、生态退化的严峻形势。生态文明建设也的确关系到举什么旗、走什么路的问题,关系到全面建设小康社会的问题,关系到国家兴亡、民族兴衰的问题。在整个生态文明建设中,我又感到水是核心问题。

从水的作用来看,水是生命之源、生产之要、生态之基。水的重大作用从根本上来说是保障防洪安全、供水安全、粮食安全、经济安全、生态安全和国家安全。所以,为政之要,枢在治水;科学发展,根在治水;以民为本,本在治水。

从水面临的形势来看,尽管十六大以来我国开展了波澜壮阔、气壮山河的治水热潮,水利事业有了很大的发展,但是水资源的严重紧缺、水环境的严重污染、水土的严重流失和防洪安全问题还没有从根本上解决。从我们湖南来看,一湖四水的治理还仅仅破了一个题,山洪灾害的防治还任重道远,治理水土流失任务更加艰巨,人饮工程还有待向纵深发展,水质问题更是令人头痛。

从十八大提出的生态文明建设任务来看,要给子孙后代留下天蓝、地绿、水净的美好家园;要加强水源地保护和用水总量管理,实行最严格的水资源管理制度,建设节水型社会;要推进荒漠化、石漠化、水土流失综合治理;要加快水利建设,加强防洪减灾体系建设;要加强水、大气、土壤等污染防治……这些任务重大而紧迫。所以,我们一定要乘十八大的东风,进一步认识水的重要性,进一步加快水利建设,进一步加强水资源管理,为全面建成小康社会提供坚实的水利保障。

写于2012年

(作者系湖南省水利厅原厅长,鼎城区双桥坪人)

梦中挖塘泥（外一篇）

■ 王孝忠

昨晚，我做了一个奇特的梦，梦见儿时挖塘泥。

那天，雪花纷飞，北风劲吹，全队男女老少都赤脚到王家大堰挖塘泥。男的用锹把塘泥抛上岸，女的用锄把塘泥扒拢车，小孩把塘泥中的螺丝、蚌壳、石头、棍棒捡出来。当年，我父亲还健在，我问：这么冷为什么还要挖塘泥？父亲告诉我，挖塘泥可以把山塘挖深多蓄水；塘泥是最好的肥料，挑到稻田里，每亩可增产50多公斤；山塘挖深了，水也清洁得多；把山塘污泥杂草挖走，空气也好些；再者还可以多长鱼虾……读过私塾的茂爹用书字眼补充说冬天挖塘是“别人烤火我挖塘，别人车水我乘凉”；“不是一番寒彻骨，怎见稻花扑鼻香”。

热干三伏，冷战三九，天寒地冻大家挖塘泥却非常欢快。美哥刚结婚，劲头十足，把塘泥抛得最远最多，边抛边说“泥巴抛得远，就是尿也屙得远”。个子高挑的朱家嫂子不服气，拿过男人的锹也抛起塘泥来，比美哥还抛得远抛得多，美哥只好败下阵，还说“男不和女斗”。朱家嫂子笑道“你屙不起三尺高的尿，比我还低呢”！在欢笑声中，全队的荷花堰、菖蒲堰、粑粑堰等7口山塘的淤泥都挖干净了，差不多每丘稻田都能施上塘泥肥。

为什么会做这样的梦？大概是日有所思夜有所梦吧！现在大部分山塘都成了垃圾塘、杂草塘、干壳塘，基本上蓄不了水，所以有的农民说我一把尿都屙到洞庭湖去了。湖南省有大大小小的山塘200多万口，如果像过去一样把塘泥挖干净，每口塘装1万方水，那么全省就是200亿立方米，又是一个洞庭湖。防汛的问题、抗旱的问题、人饮的问题、水土保持的问题就好多了。水利建设的真正伟力在人民群众，人民自有回天力。发动群众大干水利，不妨从挖山塘着手！

2011年8月26日

低头思故乡

李白有一首著名的诗《静夜思》：“床前明月光，疑是地上霜。举头望明月，低头思故乡”。这首诗，它的内容是单纯的，却又是丰富的；它是容易理解的，却又是体会不尽的；它是脱口吟成的，却又是细致深邃的……正因为这样，所以这首诗千古传唱，亿人皆知。

每逢中秋倍思月，每逢中秋倍思乡。几十年来，我就是这样度过的。

我思家乡的水。我的家乡位于沙溪河边。这条小河发源于常德市附近的太阳山，流经道河入澧水，再入洞庭入长江，最后汇入大海。儿时，这条小河，河水甘甜、鱼虾成群、岸柳轻扬、小船悠悠。现在这条小河也难逃有河皆污的厄运，河水不仅不能饮用，灌田都有污染。儿时，家乡的山塘很多，太阳一照，就像嵌在绿地中的块块明镜，闪闪发光。夜晚，明月当空，就像块块冰霜，给人格外的清凉。前些年，这些山塘都成了垃圾塘、杂草塘、干涸塘。这几年，加大民生水利，加强小型农田水利建设，又恢复了七八口山塘，这让我找儿时的记忆多了几分联想。

我思家乡的山。家乡有座山叫七姑山，传说是玉皇大帝的7个女儿厌弃天庭的寂寞，向往人间的亲情，私自下凡到这里，后来玉皇大帝知道了，大怒，用7座山头把她们压在这里。儿时，我在七姑山做过三件事：放牛、打柴、捡菌子。后来在常德工作时也做过三件事：封山育林、植树造林、保护古林。现在，我希望开发星安庙的山泉水、恢复天圣庵的祖庙，把七姑山建设成为一个旅游胜地，成为仙女真正羡慕的地方。

我思家乡的田。家乡的田，自先秦以来就是良田沃土。我读初中、高中时，“双抢”中当过记码员，弯八斗、直七斗、上六斗、下五斗、斗笠丘、脚板丘……每丘田的名字我都叫得出。那个时候，真是家乡无闲田，但农夫吃不饱。实行家庭联产承包制后，乡亲们焕发了极大的种田热情，的确是家家有余粮、户户有剩米。现在种田的人少了，种稻的田也少了。前些年，上面推行几个“五百万亩”，良田沃土栽树了，良田沃土挖池了，良田沃土养珠了，还有农民不听劝阻，良田沃土长草了。看到这种情况，家乡的老农都说：坏祖宗的地，断子孙的路，心痛啊！

我思家乡的路。家乡的路，用郭沫若老先生的话说，原来是难于上青天，现在是易于走平地。那年到长沙上大学，也是我第一次到长沙，整整走了3天。第一天，二哥送我到常德；第二天，早晨5点从常德上南门乘船，途径汉寿、沅江、湘阴、望城；第三天下午才到师大报到。现在，高速公路修到家乡，从长沙出发，2个小时就可以到家，比途经长岭、窑岭、杨家山到水电职院的时间不会长。村里，组组通了公路，户户也基本通了公路。“家乡变化挺大的！”我看这一点，真的变化大。

我思家乡的月亮。2009年，我在家乡过中秋节，写了一首打油诗：

家乡月亮分外明

家乡月亮分外明，

照得地上能找针。
牌桌搬到室外打，
屋内不用开电灯。
雄鸡以为天放亮，
拍翅仰脖啼不停。
黑狗酣睡白日梦，
逍遥自在忘把门。
猫咪一直在埋怨，
弄得老鼠不见影。
孩童草坪做游戏，
老人树下谈古今。
安静家乡和谐美，
诱我月下写诗文。

月之夜、明月之夜、明月如霜之夜，我想您一定也会思故乡！

2014年8月26日

沅江风光带的水利畅想

■ 王成猛　曾世平

2016 年 4 月 28 日，对于鼎城人民尤其是江南城区市民来说，是一个值得铭记和庆贺的日子——江南沅江风光带正式开园迎客了。这一工程是江南城区的标志性工程，在城市建设历程上具有里程碑意义，使江南城区一举甩掉了破旧落后的帽子，迈开了向江北城区迎头追赶、超越的步伐，不愧为“一江两岸、协调发展”的领航之作。这处滨水而建的城市公园，实现了城水共生、人水和谐、人文与自然的完美结合，堪称集安全水利、生态水利、民生水利三位一体的经典之作。

一岭厚重的防洪大堤圆成的是“安全水利”之梦

善卷垸因“帝者师”善卷而得名，虽“出身名门”，却多灾多难。据《常德县志》记载，清朝末期与民国时期的 70 多年里，竟先后溃垸 11 次。解放初期，“善卷北垸”和“善卷南垸”合二为一后，几经修缮，大堤仍未达到 20 年一遇的防洪标准，以致一到汛期、一遇大水，垸境便四面楚歌、险象环生，人们便提心吊胆、疲于奔命。于是——修筑一条百年一遇标准的临洪大堤，使善卷垸成为“国字号”确保垸，成了几代鼎城人的梦想。无奈，天不遂人意，“确保垸”这一善卷垸民心中的“定海神针”总是与之失之交臂。最后，鼎城人民明白了一个道理，也下定了一个决心：只有不等不靠，把善卷垸修成确保垸，使之成为不是确保垸的“确保垸”。

英雄的鼎城人民是这样想的，也是这样做的！

自 1980 年以来，主政鼎城的“父母官”始终把大堤建设作为第一要务，举全区之力构筑鼎城人民心中的“确保垸”。仅 1993 年至 1998 年 6 年间，共完成善卷垸大堤加固土方 570 万立方米，修建 5 米宽大堤内平台 26 公里。聚沙成塔，集腋成裘。到世纪之交，善卷垸 33.5 公里临洪大堤堤顶高程由 41.65 米加高到 45.90 米，堤面宽度达 8 米，超过了 50 年一遇的防洪标准。

然而,鼎城人民并没有就此止步。2010 年,筹集巨资 2.1 亿元,对主城区临洪大堤实行钢筋砼改造,修建成 3.76 公里长的城市防洪墙,一劳永逸地解决城区防洪大计。2013 年,沅水善卷垸河段治理工程纳入湖南“四水”治理项目,当年完成大堤护坡 7.675 公里,涵闸 8 处。2014 年,遭遇了“7·18”特大险情后,人们痛定思痛,又打响了全面提升善卷垸抗洪保安能力的大仗、硬仗,启动了善卷垸水利综合治理工程。这一工程总投资达 3.5 亿元,拆迁大堤禁脚 150 米范围内房屋 186 栋,完成压浸平台建设 8.7 公里,大堤灌浆防渗工程 5.6 公里,大堤整修 4.6 公里,填塘固基 9 处,封堵手压井 1512 口。“一分耕耘一分收获”,经过几代鼎城人的不懈努力,善卷垸防洪大堤终于具备抵御 100 年一遇洪水能力,垸内近 12 万亩土地、20 万人口与 200 亿元资产的安全得到了有力的保护。

有人说,人类历史就是一部与水斗争的历史。如何做到“水随人愿”,让人们在与水斗争的过程中获得更多的安全感,是考验现代人智慧的“试金石”。经历 1996 年特大洪水和 2014 年“7·18”特大险情的惊心动魄的人们,惊奇的发现,2015 年、2016 年这两年的汛期过得有些“安静”——在一条坚实而厚重的防洪大堤镇护下,一满江浊黄的河水缓缓向东流去,它不再桀骜不顺“上窜下跳”,也不再“嬉戏打闹”,它少了些许“顽皮”,多了一份安稳。当人们凝视着大堤内鸟语花香、繁华似锦和川流不息的世界,尤其是看着一座座安静的高楼、一张张安详的笑脸……一定会感概万千:这不就是人们梦寐以求的“安全水利”的现实版吗?!

一江原生的“匠心”风光凝聚的是“生态水利”之美

水乃生命之源,沅水这条“母亲河”滋养着世世代代的常德人民。不知道从什么时候起,沅江流经这里时拐了个大大的弯,呈“几”字形向东而去,形成了类似于黄河的“河套”地形。江南城区就是得益于这种“河套”地形,在长达数公里的沅水外滩留下了比江北外滩宽阔二三倍的临水平台。这块又高又宽又长的沃土成了垸民们天然的菜地、耕地、牧地,各种植被也是野蛮生长,好一幅田园风光呢!然而,这种田园景象与大堤另一边高楼林立、车水马龙的城市景象是那么地不协调、不和谐、不相称。看着江北诗墙公园日新月异的发展变化，江南市民着急了、眼红了、发狠了。尽快建设高标准的江南外滩公园，成了鼎城人一直谋划、奋斗、向往的目标。机遇总是属于有准备的人，“有准备”的鼎城人紧紧抓住了“一体三极、一江两岸”协调发展的新机遇。2015 年 9 月 7 日，江南外滩公园终于破土动工了。江南市民惊奇而欣喜地发现，短短 6 个多月时间，江南沅江风光带就落成了——一江如山水画卷般的滨水风光展现在眼前。人们奔走相告，人们心花怒放，人们流连忘返……

沅江风光带是大城市时代的生动实践。“心有多大，舞台就有多大”。常德市委、市政府关于“大城市时代”战略和“双百”城市蓝图的确立，为一衣带水的江南城区发展注入了强劲动力。自此，刚过“而立”之年，年轻的江南城区真正驶上了“二次创业”的发展快车道。大思路决定大手笔，大手笔催生大行动。之所以说是大思路，是因为立意高远。在决策层面，各级领导一脉相承，想得最多、说得最多、要求得最多的是——沅江风光带一定要实现城水共生、人水和谐、人文与自然完美结合的绿色发展理念。经过反复研究、审查、论证方案设计，向水而生的沅江风光带成功赢得了华丽转身、美丽蝶变、靓丽点赞。之所以说是大手笔，是因为规模宏大。沅江风光带东起花溪东路，西抵桃花源大桥，长达 4.35 公里，从江南主城区临江一线均可直接进入风光带，十分方便快捷；沅江风光带占地达 1800 多亩，几乎相当于白马湖公园和丁玲公园面积总和的 2 倍，人流容纳量巨大，也是一个天然的紧急避难场所；沅江风光带总投资达 2.4 亿元，这还不包括“常德画壁”的建设费用，投资规模空前。之所以说是大行动，是因为一气呵成。在市、区领导高度关注、密集调研督促下，沅江风光带建设推进速度之快超历史，有心人留意过：市委书记一周内竟 2 次到工地视察；沅江风光带建设周期之短也是超历史的，从开工到开园，仅仅 200 多天，这不能不说是个奇迹！

沅江风光带是原生态理念的“匠心”工程。在绿色发展思路的指引下，原生态理念贯穿了沅江风光带谋划、设计、建设的全过程。尤其是在规划设计上，充分尊重原有地形地貌，保留原生植被；充分考量行洪安全，清除阻水因素；充分考虑群众要求，合理设置园区设施；还将雨水花园和生态植草两种海绵城市实践内容融入风光带之中，力求

实现水文、地文、人文要素的有机衔接、有机融合、有机统一，让人们可以感受到水中有画、画中有水的诗情画意。凭江起，铺锦绣。一江别具匠心、曲折曼妙的滨水风光，以“原生大地、活力城市、生态律动”三个主题内容，如画卷般徐徐展开——风光带东端1.75公里地势较低地段被喻为“原生大地”，建有浪漫花堤、生态杨树林、亲水栈道、亲水汀步……中心位置搭有一张白色拉膜，为人们遮阴挡雨，人们可以步行阶梯下至亲水栈道，站河岸赏景，与水“亲密接触”，真可谓“小桥斜影，一步一景”。风光带中间1公里地势平坦地段被喻为“活力城市”，建有阳光草坪，儿童戏水池、儿童活动沙坑、极限运动场……孩子们在这里玩耍，形成露天的“亲子乐园”，一派“儿童急走追黄蝶，黄昏却近不舍归”的其乐融融的景象。风光带西端1.6公里地势起伏地段被喻为“生态律动”，建有网球场、乒乓球场、篮球场、五人制足球场、门球场、游泳场、儿童游乐场……市民可以来此健身娱乐、休闲漫步、观赏沅江美景，以自然之道，养自然之身。此外，一条贯穿全程的自行车道，两个连通风光带与防洪墙的坡道与观景平台，三座高高矗立在防洪墙上的仿古阁楼……风光带处处都浸透着低碳、环保、生态的现代气息与浓厚的人文气息。

沅江风光带这座新建成的城市公园，实现了城市建设、民生建设、水利建设的完美结合，实现了合理利用水资源与满足群众需求的高度统一，实现了经济效益、社会效益与生态效益的和谐共存，不能不说是生态水利的样板工程、经典之作。

一簇响亮的城市名片诠释的是"民生水利"之魂

江南沅江风光带是区委、区政府着力改善江南城区人居环境的民生工程，也是江南江北同步发展的标志性项目，更是常德一张崭新的城市名片。这张名片包含了以人水和谐、人人共享为追求目标的民生水利的全部意义，演绎着保障民生、服务民生、改善民生的精彩篇章。

沅江风光带成为展示鼎城形象的荣耀之地。每有重要领导、珍贵客人来鼎城，总要引到沅江风光带走一走、看一看，美丽风光总是使客人们赞不绝口。每当这时，我们总是不失时机地向客人们介绍：江南沅江风光带要比江北诗墙公园的外滩平台宽阔很多、设计理念先进很多、滨水风光漂亮很多……大有江南压倒江北之势。

沅江风光带成为市民健身养身的首善之地。沅江风光带使江南城区告别了没有大型城市公园、没有大型活动场所的历史。自开园以来，每天接待游客都在一万人次以上，已经成为江南市民休闲娱乐的首选必选场所。每当夜幕降临，市民们似乎要倾巢而出，公园里马上就人气爆棚，运动的、驻足的、观看的、静听的、嬉乐的、依偎的……置身这人流的海洋，你就会明白什么是最大的民生。

沅江风光带成为江南城区发展的腾飞之地。沅江风光带一建成，便带动临江片区房价持续上扬，适逢临江棚改拆迁的居民们，根本利益得到了最大化。这个全市最大的临江棚户区改造项目，总投资 100 亿元，将建成常德首个开放式样板街区，成为常德经济新引擎。沿着常德城市中轴线向南，是即将开发建设的阳明水城，这里将是常德城市新中心、泛湘西北科技创新资源汇集平台、湖南产城融合示范区、国家级海绵城市建设示范点。

沅江风光带成为人们爱水乐水的向往之地。爱水是人的天性，婴儿一生下来就喜欢在水中游。滨水而建的沅江风光带秉承亲水理念，让人们可以近距离亲水，亲近大自然，尽情释放爱水乐水天性。来此运动锻炼，流动的水和活动的人相互映衬，令人心旷神怡；来此休闲娱乐，迎着江上清风，看着江边美景，令人乐不思蜀；来此消愁解闷，眺望着缓缓东去的江水和白云飘飘的天空，令人豁然开朗。

“日出江花红胜火，春来江水绿如蓝”。大诗人白居易从苏杭离开十多年后，在洛阳写下了著名的《忆江南》三首，当时正值唐朝“开元盛世”时期。这句诗写出了人们对美丽江景的无限赞叹与眷恋，也写出了人们对太平盛世的由衷赞美和祝福。这不正是今天现实生活的真实写照吗！

（王成猛系鼎城区水利局局长、曾世平系鼎城区党史办主任）

沅江风光带赋（一）

皮立戈

序

丙申孟春，三阳启泰，政和年丰，沅江风光带竣工，目睹其盛，百感于怀，遂作赋之。

沅有两源，北为麻江，南为贵定，天开一堑，连山叠岭，险峡急弯，河流潋滟，青黛画屏。嗟乎，控黔川入洞庭，衔远山定荆楚。自古地僻族混，群蛮百濮，各安其居。楚天瀚波，千帆竞发，迤逦东去。春望桃花艳，秋来稻粱熟。

鼎州文运昌盛，春申珠履三千，屈子朝发枉渚，陶潜千古隐逸，刘郎陋室浅吟，从文梦醒舟楫，真谓魁星如雨。仰观禅宗祖庭、卷藏二酉、巫傩戏舞、城头遗韵，思古悠悠；缅怀辛亥诸杰、喋血孤城、抗击洪患之武陵旧事，不胜唏嘘。

忆往昔，南岸荒滩野草，凋敝凄瑟。志士萦怀民生，起鸿猷夙民愿，聚贤谋绘美图，乙未奠基，丙申竣工。抬望眼，今朝绿水绕城，百顷亭台融古蕴，一江两岸皆锦绣。

若夫呼朋引伴，拾阶登楼，远眺穷览，孤峰云影，天光水色，丛林掩映，琼宇环列。极娱游于暇日，听丝弦于画墙，迎江风拂面，赏四时之花，十里堤岸，栈桥回廊，鹭汀凫渚，曲折曼妙，仿佛兮若晨光凝照，明媚兮若佳人回眸。舞者、钓者、歌者、骑者俱得其乐，盖游目骋怀、心旷神怡，忘置身于尘世矣。

赐君芷馥兮，浩浩乎德流，江南崛起之新城，旖旎之风光带，依江而筑，揽河而兴，巍然于沅水之滨！ 噫，秀哉！美哉！惠泽乎宇内，物阜而民康！天下万物，惟善待之亦长相守也，临江作赋兮，抚水以祈福。

丙申年辛卯月

（作者系鼎城区司法局纪检书记）

沅江风光带赋（二）

■ 张天夫

自古潇湘，江河汤汤。曲水三千，十万文章。知沅江独秀，涛声远扬。春日作序，笔随江水流芳。

远眺水天一色，江水澄明。河带四野，江纳百川。群山垒螺，两岸卧眉。春敷桃花，碧波不皱。夏薰香芷，急流拂尘。大河放舟，白云争先挂帆。晚风推潮，楚山乘势波澜。朝出黔贵，暮宿洞庭。晨夕往来，青罗互赠。舀长江一勺，伊水独清；钓千河之月，沅江最明。

水清如此，瑞气生焉。雪峰倒影，玉捧秀眼。武陵环列，花献桃源。凤凰啄浪，沱江吐文。河浇花溪，青出于蓝。更有陶潜来斯，梦划渔船。屈原涉江，涛声问天。善卷结庐，天下访贤。大河吹箫，尽是名士之曲；目光剪影，满目光明波澜。水何乃清？川上清风灌浪；波何以长？德山曦光铺江。嘻嘻哉！山随青烟化雾，江牵秋月步天。

看今日沅江，满腹斯文，诗书画廊，文采赋墙。鹤山振羽，新城过江。楚人呼日，紫气踏浪。晚风漫步，夕阳流觞。观万物之更新，慕沅水以导游。瞟千秋之邈远。挽涛声以何求？浩浩兮！乘明月之扁舟，泛长河以天外。

2016年4月

（作者系石门县政协副主席）

高水赋

■ 萧磬昉

在鼎城东北部，有一条九曲回肠、蜿蜒北来的小河。这河不大，也不长，中国地图上根本找不到它的影子，省级地图上也没有它的踪迹，只有在10万分之一的区级地图上，才能看到它那一点点纤细的线条。

然而，就是这条小河，却胜似大江大湖大海，令鼎城人民为之牵肠挂肚、黯然神伤，以致人们谈它色变、百般诅咒，是一条千夫所指的“害人河”。

它，就是高水河。

高水河原名苏家吉（音yue）河或冲柳河。它发源于太阳山东麓和与津市交界的双福校，流经民主阳城垸、冲柳垸、八官崇孝垸和乌黄垸，然后从苏家吉(音yue)注入沅江，全长45公里,流域面积约500平方公里。因与马家吉河毗邻并有调节闸相通，且水位堤岸相悬两米多，人们便将这两条河称之为高低水了。

其实，历史上的高水就是一条命运多舛的河。它在西洞庭湖的水系中是条主河，与众多湖泊河流一道，共同担负着排泄洪水、灌溉农田的任务，庇护滋润着两岸儿女和无垠的田畴。只是那时的所谓庇护、滋润完全是一个梦想。据《常德县志》记载，未治前的西洞庭湖河汊交错、水系紊乱，每值汛期，往往相互顶托，溃垸不断，是个“淼茫千里白”的地方。就拿1931年大水来说吧，鼎城141垸溃决120垸，死亡2963人。1954年又发大水，境内26垸溃决20垸，淹没农田36万亩，死亡31人，灾民13万人。然而，即使洪水如此肆虐，生灵如此涂炭，可人们并不诅咒高水，因为他们知道，那不是高水的错。

那么，是什么原因使高水千夫所指，成了一条害人河呢?

让我们把时间的指针倒转到西洞庭湖治理时期，看看那时围湖造田的情景吧。

1954年大水后，湖南省委、省政府决意对洞庭湖全面治理。是年冬，调集80万民工，开赴洞庭湖区，常德地区也打响了治理西洞庭湖的战役。轰轰烈烈的填堵河口、培修大堤、改挖河道，使得沅、澧二水彻底分流，支离破碎的堤垸得以合并，汪洋恣肆的洪水不再横行。

洞庭湖得到了治理，但鼎城区内的冲天、柳叶二湖仍然是全区的心腹之患。每值汛期，太阳山一带的山水和发源于临澧的渐河无情注入，沅水高洪的死死顶托，湖内渍水难泄，沿湖10余万亩农田常年受灾，而且直逼常德市区的安全。

为了消除这一隐患，当时的县委作出了一个大胆的决策，采取撇、蓄、挤、排相结合，将原注入冲天、柳叶二湖的洪水和上游来水全部纳入高水河，再经苏家吉闸挤出沅江。此项工程，历时6年有余，共调集民工30余万名，开挖土石方4400多万立方米。工程完工后，沿湖农田得以保收，常德市区的危险得到基本解除。

然而，冲柳和常德市区的危机解除了，但高水河的负荷增加了！压力增大了！危险增多了！高水河从此成了一条多灾多难的河。

应该说，西洞庭湖的治理、冲柳高水的改造，其决策都是正确的，功绩也是明显的，在鼎城的历史上，是一项前无古人、后无来者、荫及子孙的工程。

然而，我们也勿庸讳言，由于当时的人们缺乏科学论证，在治水过程中，众多的湖泊被过度围垦、交错的河道被废弃，严重违反了自然规律，打破了原有的生态平衡，旧的问题解决了，新的问题却横空出世！

为了更清楚地说明这一问题，还是让我们再次打开《常德县志》，看看当时湖泊被垦的数字吧：

八官崇孝垸：1958年前湖泊面积22万余亩，占全垸面积的57.4%，现存零星小湖16处，面积1.46万亩，占全垸面积有3.8%，余已垦；

冲柳垸：原有湖面8.86万亩，现存1.12万亩，余已垦；

护城丹洲垸：柳叶、沾天二湖原有湖面5万余亩，现存2.54万亩，余已垦；

民主阳城垸：原有湖面11.65万亩，现存3.8万亩，余已垦。

够了，够了！上述数字已够惊心动魄的了，我们无须再摘引赘述。我们应该明白这样一个道理，那就是：在自然规律面前，人类永远是弱者，谁要是违背了它，谁就会受到惩罚！试想，在冲柳高水流域，集雨面积还是原来的集雨面积，集雨量还是原来的集雨量，当汛期如期而至的时候，原本众多湖泊河流调蓄的洪水，现在几乎全部泄入高水，它能承受得了么?更令当时决策者们始料不及的是，随着时间的推移，沅水河床不断淤塞，洪水水位不断提高，且滞留时间成倍增长，原本设想将各垸洪水假借高水挤出沅江的，现在成了沅水倒灌！每值汛期，苏家吉闸不得不下闸拦洪。上游的洪水不断涌来，下游的沅水又死死顶托，高水的水位只能不断地上涨、上涨！

高水在挣扎！高水在呻吟！高水在哭泣！终于，在1980年的8月和1988年的9月，它两度撕开血盆大口，将满腹忿懑化作冲天怒涛，渲泄给了八官崇孝垸，顷刻间，广袤的田畴、美好的家园，顿时变成了一片泽国……

为了防止高水肆虐，每值汛期，鼎城几乎要举全区之力，动员几万民工，上千名干部上堤巡逻查险排险，少则半月，多则数月之久，花费的人力、物力、财力不计其数，那种黯然、那种神伤、那种精疲力竭和苦辣辛酸，只有鼎城人民和高水两岸的儿女才能体会明白。不仅如此，为了排出两岸垸内的渍水，每年还要支付上千万元的电费。有人说，鼎城最大的忧患是水患，水患最大的是高水。这是一点不错的。高水，就象一把达摩克利斯剑，高高地悬挂在鼎城人民的头上！

如何才能安澜高水，让其物阜民安？人们在不停地思考，也在不停地探索。在经过种种痛苦和教训之后，新一届区委、区政府终于作出了明智的选择：遵循自然规律，恢复历史本来面目，实行退田还湖。2002年，区委、区政府向国家争取到了2000多万元的移民资金，将八官崇孝垸的新建、建设等7个村的村民全部迁移，重新安置，退田还湖2万余亩，增加调蓄能力3000万立方米。如遇较大洪水，可以撇洪削峰，将洪水调入湖内，降低高水水位。

但是，这一措施仍然只能缓解高水河的压力，并不能从根本上解决问题。经过专家论证，只有在高水河苏家吉闸旁修建一座大型电排站，才能一劳永逸。为了使宏图变成现实，区委、区政府成立了专门班子，组织了专门力量，深入调查踏勘，周密筹划部署，跑北京、跑武汉、跑省城……终于在1998年得到了长江委和国务院的同意，将修建苏家吉大型电排站列入了洞庭湖治理的总体规划，并于1999年破土动工，2003年竣工运行。

该项工程总投资5400万元，设计功率6400千瓦，排水流量156立方米/秒，也就是说，每昼夜能排泄洪水1348万立方米，受益面积70万亩，受益人口50万人。它在鼎城水利史上，无论是投资、规模、效能，还是技术设备，都刷新了纪录，创造出了无数个第一。

如果你有幸来到高水，你就会发现，那座高大雄伟、现代化气息浓郁的大型电排站，已经矗立在了你的面前。如果洪水再度肆虐，只要启动这座大型电排站，其威力、其效能将是何等惊人！我们可以自豪地说，有了这座电排站，高水已不再是高悬在鼎城人民头上的那把达摩克利斯剑！

啊，高水！曾几何时，你是一条多灾多难的河，你是一条千夫所指、万人诅咒的河！但你几经蹉跎，几经磨难，终于在鼎城区委、区政府的正确领导下，经过几代人艰苦卓绝地努力，用自己辛勤的劳动和智慧的汗水，把你从恶梦中解救了出来：昔日的龙宫将变成闾里，昔日的泽国水乡将变成流金淌银的河流！我们有理由相信，在你的两岸，将是阡陌交通、稻浪翻滚、碧荷相接、珍珠闪光、鱼儿欢唱、永远安澜……

2004年9月6日

（作者系鼎城区档案局原局长）

高低两水随愿走

■ 李汇明

在鼎城东部，有一条九曲回肠、蜿延北来的人工小河。这河不大，也不长，只有在10万分之一的区级地图上，才能看到它那一点点纤细的线条。

然而，就是这条小河，却胜似大江大湖大海，令鼎城人民为之牵肠挂肚、黯然神伤，以致人们谈水色变，百般诅咒，真是一条千夫所指的“害人河”。

它，就是冲柳撇洪高河。

高水河原名苏家吉河，经1973年治理冲天、柳叶湖，苏家吉河变为两条河，一条是马家吉至新五甲拐闸为冲柳低河，又名马家青河；另一条是津市八宝湖至苏家青闸为冲柳高水河。冲柳高河它发源于太阳山东麓和与津市交界的八宝湖，由北向南流经濠口、石公桥、泥港口、崇河、韩公渡至苏家吉注沅水，河长55公里，流域面积约500平方公里。马家吉河与冲柳高河有新五甲拐闸调节相通，且冲柳高水堤与低水堤顶高程相差两米，人们便将这两条河称之为冲柳高、低水了。

其实，历史上的高水河就是一条命运多舛的河。它在西洞庭湖的水系中是一条主河，与众多湖泊河流一道，共同担负着沅澧大垸排泄洪水、灌溉农田的任务，庇护滋润着两岸儿女的无垠的田畴。不过那时的所谓庇护、滋润只是一个梦想而已。据《常德县志》记载，未治前的西洞庭湖河湖交错，水系紊乱，每值汛期，往往相互顶托，溃垸不断，是个“淼茫千里白”的地方。然而，即使洪水如此肆虐，生灵如此涂炭，人们也并不诅咒高水。因为他们知道，那不是高水的错。

那么，是什么原因使高水变成了千夫所指呢？

让我们把时间倒转到西洞庭湖治理时期，看看那时围湖造田的情景吧。

1954年大水后，湖南省委、省政府决定对洞庭湖进行全面治理。使得沅、澧二水彻底分流，支离破碎的堤垸得以合并，汪洋恣肆的洪水不再横行。

洞庭湖得到了治理，但鼎城区内的冲天、柳叶二湖仍然是全区的心腹之患。每值汛期，太阳山一带的山水无情的注入，沅水高洪死死顶托，湖内渍水难泄，严重威胁着常德城区的安全。

为了削除这一隐患，当时的常德县委作出了一个大胆的决策，采取撇、挤、排相结合的办法，将原注入冲天、柳叶二湖太阳山的洪水和上游来水全部纳入高水河，再经苏家吉排水闸挤出沅江。

工程完工后，沿湖农田得以保收，冲柳地区的洪水威胁得以解除。但高水河的负荷增加了！压力增大了！危险增多了！高水河从此成了一条多灾多难的河。

每当“高水告急”就意味着冲柳地区的洪水蛟龙又在咆哮了，它将吞噬冲柳地区数十万人民的生灵，危及着沅澧大圈和常德市城区的安全。这是因为时世变迁，河床的淤塞，沅水上游的建设，造成了沅水中、下游中、高水位持续的时间拉长，使得原来“高水高排”的计划时而错位。1998 年，苏家吉闸外河水位 39.81 米，冲柳高水 36.22 米，也就只好关起苏家吉大闸，把太阳山脉的水，冲柳地区的水都死死地“盛”在高水河里，等待沅水回落后再伺机开闸挤出。这期间周边数十个乡镇的数万干部群众也就只有无奈而又紧张地日夜守候在长长的高水河堤上，巡着、查着、护着、抢着，你说这不费神吗?

二

随着自然条件的变化，冲柳撇洪工程的生命力显得越来越脆弱的主要原因:一是江、湖、河关系发生变化，长江之水进入洞庭湖带了大量泥沙，使洞庭湖淤积严重。二是五强溪水库的建设，虽对中下游的防洪保安起到很大作用，但由于积低水为中水，变小水为中水，因而造成沅江中高水位时间延长，这对撇洪工程有弊而无利。三是围湖造田，内江内湖调蓄水能力降低。

我们也勿庸讳言，由于众多湖泊被过度围垦，纵横交错的河道被废弃，严重违反了自然规律，打破了原有的生态平衡，汹涌的洪水失去了归宿，迫使它四处流溢泛滥，给我们带来了新的威胁!

然而，我们应该明白这样一个道理，那就是在自然规律前面，我们永远是弱者，谁要是违背了它，必然要受到惩罚。试想，在冲柳高水流域，集雨面积还是原来那么大，降雨量还是原来那么多，当汛期如期而至的时候，原本由众多湖泊河流调蓄的洪水，现在却几乎全部泄入高水河，难道能承受得了么?更令人始料不及的是，随着时间的推移，沅水河床不断淤塞抬高，洪水水位已上串几米，而且滞留时间成倍增长。原本设想将各垸洪水凭借高水挤出沅水的，现在却成了沅水倒灌!每值汛期，苏家吉排水闸不得不关闭拦洪。上游的洪水不断涌来，下游的沅水又死死顶托，冲柳高河的水位只能不断地上涨、上涨！高水在挣扎！高水在呻吟！高水在哭泣!终于，在1980年的8月和1988年9月，它撕开冲柳大堤，将满腹的忿懑化作冲天的怒吼，渲泄给了八官崇孝垸。顷刻间，广袤的田野，美好的家园，顿时变成了一片泽国……

当我们再次打开《常德县志》，历年汛期的数字便一目了然：

1980年7月，常德地区连降暴雨，河水猛涨，冲柳高水河达警戒水位。为防止沅水向冲柳高水河倒灌，苏家吉排水闸被迫关闭，致使八官垸张家嘴大堤溃决，淹没农田约11万多亩，倒塌房屋1700多栋，直接经济损失1300多万元。

8年之后的1988年汛期，洪水再次降临八官垸。8月9日，大雨滂沱，沅水猛涨，苏家吉水闸关闭，致使冲柳高河迅速上升到36.62米的危险水位，冲柳大堤经过一个月的雨水浸泡，险情不断恶化，危机四伏，冲柳高水河洪水终于在郑家湾打开缺口，致使八官垸再遭灭顶之灾，倒塌房屋8000多栋，淹没耕地面积12万亩，直接经济损失6000多万元。

冲柳地区8年中的两次溃垸，使人们认识到自然条件已发生较大变化，因洞庭湖蓄水面积的缩小与河床的逐年淤积，致使沅水水位不断抬高，苏家青排水闸在汛期已失去了排洪能力，必须为冲柳高河洪水另辟蹊径，寻找出路。

最让人棘手的就是在冲柳河沿堤所有机埠“停排”。当冲柳高河水位不断上涨，沅水又顶托着，苏家吉又不能开闸，老天爷还继续下雨时，为防止高水河“盛”满而漫堤、决口，政府就要下禁令：高水沿河机埠、电排一律停止向高水河排水。这可不是一件易事，因为电排本身就是排渍的，老百姓要“虎口夺粮”，你不仅不支持，还要制止，强行停排，工作难做极了，好在我们老百姓通情达理，讲风格，讲大局，讲奉献……因此也就有了年复一年的垸内的一片汪洋，也就有了年复一年的“没有溃垸的溃垸”“没有决口的溃淹”。

1996 年 8 月，洞庭湖区又发生了全流域性的大洪水，沅水苏家吉达到 38.80 米的历史最高水位，苏家青水闸关闭 60 天，冲柳大堤险象环生。为了降低高河水位，避免再次溃垸，市、区防汛指挥部采取了三项措施：一是冲柳内垸所有机埠停止向高水河排水；二是向土硝垸分洪 1600 万立方米；三是由小河口电排抢排洪水 2000 万立方米。这样，冲柳大堤才勉强安全渡过汛期。但是付了了很大的代价，由于电排停机，致使垸内群众的房屋浸泡在水中，本来要收割的稻谷被水淹没。土硝湖蓄洪后，被淹没面积达 7000 余亩。冲柳大堤防汛 81 天，防汛抢险开支 1300 多万元。

1995 年、1996 年，虽说未溃垸，但为确保堤垸安全，沿岸外排机埠被迫关机，垸内损失也相当惨重。

1998 年的洪水比 1996 年更大，苏家吉闸外沅水水位达到 39.81 米，苏家吉水闸被迫关闭 39 天，当年冲柳地区的溃淹灾害十分严重。

够了，够了！上述数字已经惊心动魄了，我们无须再引赘述。自然规律再一次向我们发出了警告。

二

为了防止高水再度肆虐，每年汛期，鼎城几乎要举全区之力，动员几万民工，上千名干部上堤巡逻查险，少则半月，多则数月之久。花费的人力、物力、财力不计其数，那种黯然，那种神伤，那种精疲力竭和苦辣辛酸，只有鼎城人民和高水两岸的儿女才能体会深刻。不仅如此，为了排出冲柳的渍水，每年还要付出上千万元的电费。有人说，鼎城最大的忧患是水患，水患最大的是高、低水，这是一点也不错的。而高水，就像一把达摩克利斯剑，高高地悬挂在鼎城人民的头顶之上！

因而，冲柳之水使鼎城区委、区政府牵肠挂肚，成了一块心病，如何才能安澜高水，让其物阜民康？人们在苦苦思索这一问题。痛定思痛，一定要消除冲柳水患，防止溃垸悲剧重演。经过专家论证，只有在高水苏家青水闸旁再修建一座大型排洪站，才能解除心头之患。

为了使梦想成真，1998 年，鼎城区委、区政府成立了苏家吉排洪工程建设指挥部，广大工程指挥人员和建设者仔细踏勘，周密筹划；为了使梦想成真，多少人废寝忘食，上北京，跑武汉，下省城；为了使梦想成真，多少人奔走、呼号，献计献策……。在省、市政府的直接关怀下，2000 年年初，省水利厅终于将苏家吉大型排洪站的建设工程作为 2000 年 1 号文件下发，批准立项，纳入洞庭湖二期工程和全省以工代赈重点水利工程计划。按照文件要求：工程建设必须实行项目法人制、招投标制和工程监理制，经过科学周密的计划，区委、区政府决定 2000 年 11 月工程破土动工。

百年大计，质量第一。严格落实“三制”，强化管理，用一流的设计、用一流的施工队伍、用一流的机械设备、用一流的工程监理，按照建设高标准的要求，在工程技术人员忠于职守、不怕疲劳努力工作的同时，不仅使工程质量标准有了保障，而且加快了施工进度。主体工程于 2003 年 6 月基本竣工。

苏家吉大型排洪站规模宏大，共完成土方 20 万立方米；基础加固粉喷桩进尺 6 万余米；浇筑混凝土和钢筋混凝土 1.8 万立方米；钢筋制安 1500 吨；金属构件 180 余吨；架设 35 千伏线路 4.5 公里。安装大型电机 4 台，装机容量 6400 千瓦。安装斜 15° 水泵 4 台，排洪总流量 156.4 立方米 / 秒。泵站出水箱涵底板高程 30.50 米，共 8 孔，单孔净高 4 米，净宽 3.5 米。泵站南北长 112.2 米，东西宽 58.3 米，总建筑面积 3227.6 平方米。总投资 5500 万元。受益面积 67.5 万亩、人口 50 万。它在鼎城水利史上，无论是投资、规模、效能，还是技术设备，都刷新了记录，创造出了无数个“第一”。

三

农民苦，农民穷，农民好，农民盼……如今，装机 6400 千瓦、耗资 5500 万元的苏家吉排洪站在各级党委、政府高度重视下，在各级职能部门的大力支持下，通过广大民工与工程技术人员历时三年的昼夜奋战，一座现代化的、高标准的大型泵站出现在洞庭之滨，沅水之畔。它为鼎城区、武陵区、汉寿县、津市市、西洞庭农场、贺家山农场共 67.5 万亩农田、50 万人民解除了冲柳高河洪水的威胁，确保了垸民安居乐业，憧憬着未来固若金汤、水旱无忧的丰收景象。

而今,苏家吉排洪站的建成,其抗灾威力巨大,泵站 4 台机组全部开启后,每昼夜能排泄洪水 1350 万立方米。实践证明:2003 年、2004 两年汛期排洪站的运行完全符合设计要求,达到了预期目标。2004 年,在市、区防指的统一调度下,排洪站又发挥了巨大威力,且没有动一兵一卒安全渡过了大汛。如再发生 1998 年那样的特大洪水,5 天左右可将冲柳高河从 36.68 米的危险水位降至 34.50 米的平防水位以下。不仅消除了冲柳地区的水患,而且缩短了冲柳地区的防汛时间,大大节约了冲柳高低水的防汛抢险开支。它的建成,标志着"高水告急"、汛期沿河"机埠停排"的历史从此结束。这个现代化泵站的建成之日,也就是鼎城人民心头之患的消除之时。它将成为一个利在当代,功在千秋的跨世纪水利工程。真是"利国利民,惠及子孙,功莫大焉"。

盛夏时节的一天,苏家吉排洪站建成庆典在热烈火爆的场面中进行。高飘的气球拖着大红的条幅,欢乐的锣鼓伴着喜庆的锁呐,雄劲的军乐合着悦耳的礼炮,盛妆的湖乡妹跳着多姿的秧歌舞,省、市、区的领导来了,常德县的历届老书记、老领导、老"水利"来了,四里八乡的父老乡亲也来了。来庆祝这造福一方、惠及子孙的德政工程;来驱逐肆虐无情、遗恨百姓的洪水猛兽;来告别贫穷落后"水凶""人恶"的憎恶历史。这一天,人们欣喜若狂;这一天,人们期盼已久;这一天,憧憬未来,踌躇满志……

如果有幸来冲柳高水河,你就会发现,那座高大雄伟、现代化气息浓郁的大型泵站,高高地耸立在你的面前。如果洪水再度肆虐,只要启动这座大型泵站,其威力、其效能将是何等的惊人!我们可以自豪地说,有了这座泵站,冲柳高水已不再是高悬在鼎城人民头上的那把达摩克利斯剑!

啊!高水!曾几何时,你是一条多灾多难的河,你是一条千夫所指、万人诅咒的河!但你几经蹉跎,几经磨难,终于在鼎城区委、区政府的正确领导下,经过几代人艰苦卓绝的努力,用自己辛勤的劳动和智慧的汗水,把你从噩梦中解救了出来,如今,高低两水随了人的心愿。我们有理由相信,昔日的海底龙宫将变成沃野闾里,昔日的水乡泽国将变成流金淌银的河流!在你的两岸,将是阡陌交通、稻浪翻滚、碧荷相接、珍珠闪光、鱼儿欢唱的鱼米之乡。

(作者系鼎城区冲柳排水处副主任)

回望枉水

——写在枉水灌区工程兴建50年和枉水灌区管理局组建之际

■ 刘忠祥

题记：谨以此文献给五十年前参加枉水水利工程建设的前辈，及那个年代所有为常德县水利工程做出历史贡献的建设者们！

我曾是花岩溪旅游开发建设的第一批“拓荒”人，作为一个“拓荒”者，深知这里的旅游资源特点是她的秀山丽水。秀山，是因为大自然的恩赐而得天独厚；而丽水，则是由于境内后天而成、梯级相连的超美、五溪、跃进三座人工湖（水库）似明镜般蜿蜒镶嵌期间。修建于“大跃进”年代“赶英超美”的“三库”，原本是因为农业灌溉的需要，没曾想到无心插柳柳成荫，三十多年后带出了花岩溪旅游开发的佳话。

几年后，我又调到了水利部门工作，继续演绎有关花岩溪水资源和枉水三库的故事。只不过这个时候我是以一个水利人的眼光去翻阅历史、去审视打量枉水工程了。当我通过水利史志和水利前辈陆陆续续了解到五十年前修建三库所发生的许多故事后，我被我的先辈——枉水水利工程建设的“拓荒者”们陷入了不尽的感动之中。

让我们将历史的眼光回寻五十年，沿着水利前辈走过的深深足迹，重拾昨天，重忆那如火如荼的年代，那激情燃烧的岁月。

三库建设动工于1958年，距今正好半个世纪。那时农业的收成、百姓的温饱差不多全看老天爷的脸色。为改变山区农民种田“望天收”的历史，共产党又一次发动“人民战争”，当时常德县委的共产党人振臂一呼，这年的冬天，蒿子港、冲天（今石公桥一带）等湖区公社的数万农民大军汇聚到百里之外雪峰山余脉九龙山的深处扎起营盘，响应共产党团结协作打总体战的号召，以“大跃进”的精神实施水利大会战。当时全常德县人口六十万，而仅调遣到前河枉水、后河渐河两处水利工地的劳动大军达16.8万人，其中前河的枉水工程10万人。

1958年11月1日中共常德县委员会、常德县人民委员会关于兴修水利工程的总动员令是这样发布的:“……要坚决贯彻自力更生,遇难不畏,以土代洋,土洋结合,依靠群众,勤俭治水的方针。要坚决克服个人主义、本位主义,破除迷信,解放思想,大胆革新,敢于独创,发扬我为人人,人人为我的共产主义风格,服从领导,搞好团结,保证兴修水利的20万大军思想统一,步调一致,为多、快、好、省地完成水利任务而奋斗!”

——没有政府补贴,湖区人民自掏腰包自备粮油柴米,且不是为本乡本土造福。

——没有著名的专家学者挂帅领衔,大都是农民中的土专家土技术员土法上马勘测设计。

——没有先进的测量仪器、计算工具,只是凭借破旧的水准仪和几把老式算盘。

——数万人集中在逼仄的山谷里没有安身之地,女民工连上厕所都是个麻烦事。

——整个冬春主食难吃饱,副食全为萝卜白菜,不见荤腥,却要承受连续的寒冷和高强度重体力劳动。

——连夜的春雨引发山洪向低洼处的工棚袭来,半夜里劳累不堪酣睡的人们被淹至床铺时才发现四周已被大水包围。

——为开展劳动竞赛寒冬腊月人们脱衣甩帽赤膊上阵。为抢工期关闸蓄水人们披星戴月日夜奋战。其中那些“右派”分子和出生不好的人白天要拼命晚上还要被革命(批斗)。

——没有机械施工设备,全靠手挖、肩挑、人扛、石夯。空间狭小施工展不开,便土法上马创造性地采取“空中飞、水上飘、平地推、坡上绞”的立体施工法移动数百万立方米土石方。

……

不知道出现多少困难,但困难一个个被克服;不知道遇到多少难关,但难关一个个被攻破。

经过短短五个月的艰苦奋战,三座梯级中型水库大坝便相继筑成,这即使是在采用各类大型机械化设备施工的今天也堪称奇迹。“大跃进”不仅仅只有“放卫星”的口

号，更有不容抹杀的功绩。尤其是水利工程，后来我们吃前辈的饭吃了几十年。

之后，建设者们又相继配套修建了枉水高低干渠、涵闸、隧道、渡槽等。最终使枉水水利工程形成了一个以灌溉为主，兼集发电、水面养殖、蓄水调洪、生态保护、旅游等功能为一体的水资源综合利用体系。其中灌溉使10个公社的20万亩农田受益，惠及人口20多万人，在历经五十年后的今天仍发挥着巨大效益。

枉水工程建成后，被评为全国优秀样板工程，受到中华人民共和国国务院嘉奖。其选址、设计、施工、复合效益、水资源综合利用模式堪称经典。

五十年前的条件下所发生的这一切，在今天看来，简直不可想象，不可思议，然而又是不争的事实。

建设者们也为此付出了鲜血和生命的代价，其中仅超美水库先后就有伍孝仁等10多人献出了宝贵生命，150人造成重伤，有许多的人因劳累冻饿积劳成疾。这些伤残和积劳成疾的人员大多过早辞世，如今活着的也已是风烛残年且大多伤病缠身。他们虽然参加的是国家建设，但他们是农民，没有社会保障和补偿一说。

还有一个不得不提到的人，他就是那场水利大会战的策划者、指挥者——当时的县委书记李新革。有老水利人如是说：没有李新革就没有枉水三库，就没有前河区半个世纪的农业，就没有后来整个常德县的农业。然而功不可没的他，在前些年的志书、史料中却很少提及，不得不提到时也是一笔带过，更别说树碑立传了。他是河北省南宫县桥村乡人，1949年南下来到常德。1957年7月至1960年12月在任中共常德县委第一书记时，正值大跃进期间，他领导制订了全县"农田水利化、排灌自流化、河渠船运化、荒山秃岭绿化、坡土梯田化和农村电气化"的"六化"规划。身为县委书记，他亲自与工程技术人员翻山越岭，察看地形，探访水源，走访群众和基层干部，历时数十天，提出了一系列水利工程的设想，并付诸于实施。单凭他指挥修建了枉水三库，常德县的人民就不会忘记他。水利界就要为他立一座丰碑！

枉水灌区工程也是一座所有水利建设者的无字丰碑！

……

时间如白驹过隙，一晃五十年过去了，抚今追昔，物是人非。因其枉水灌区的历史功绩，也因为枉水灌区明天发展的需要，五十年后的今天，枉水灌区被水利部升格为枉水灌区管理局(副县级)。机构升格昭示枉水灌区又将跨入一个崭新的历史发展时期。祝愿枉水灌区拥有更加辉煌灿烂的明天！

2008年5月

（作者系鼎城区水利局原副局长）

鹰湖四十年祭

——写在鼎城区生态水利建设时代

■ 熊先道

前不久，我收到了《鼎城水利纪实》征文函，心情非常激动，写点什么好呢？思来想去，还是祭奠一下四十年前的鹰湖吧。

我记忆中的鹰湖，它是由东边湖、七里湖和周家湖呈“品字”形相连而成。由于20世纪70年代开始的围湖造田，不到十年光景，一个偌大的淡水湖泊，连同湖泊里的生物，竟莫名其妙地消逝了，我现在只能凭借记忆拼凑此文。

东边湖，湖面宽广，水浅泥深，腐质丰腴，非常适宜水生植物生长。每每盛夏之季，茭白丛生、菱角浮生、刺莲簇生、莲藕群生。咬一口茭白，满嘴炭粉；采一回菱角，水蛭猖獗；要想采到刺莲果，可要大费周折，不光要防水蛭，还要防刺扎，只要采到了，吃起来野味无穷；更有甚的是连绵荷荡，有的怒放粉红，有的点缀洁白，有的则碧绿一片，开红花的结的“园粒”籽，开白花的结“橄榄”籽，碧绿一片的则只长莲藕。小时候，家里穷，我只好靠采摘莲籽凑齐学费，每到采莲时季，驾着莲船（两头尖的小船）驶入荷荡，婆娑的荷叶便会立刻淹没你，辨别方向也只能参照太阳了，倘若一时贪心，太阳落了，留宿荷荡那是必然的事情。

七里湖，水路七里，视野开阔，水草嫩、鱼虾多，是鸟类理想的栖息之地。深秋时季，大雁南迁，偶尔滑翔而下，吓着水凫鸟连跑待飞，象袅千仞的“水上漂”，在水面踩出了一长串的涟漪；白鹳则事不关己，一只腿插在水中，纹丝不动，似乎在打盹，又似乎在捕食，它的巢筑在茭白或毛腊草的丛中，卵有鸡蛋大，其壳淡绿，上面布满了褐瘢，母亲说女孩子吃了脸上会长出褐色瘢点；只有草丛中的褐麻雀，体形虽然娇小，但特别会煽情，为了求偶，雄雀往往会使出浑身解数，来获取雌雀的芳心，它们有的尽情地展示自己美丽羽毛，有的忘情地在草梗上翩翩起舞，有的则倾心地构筑玲巧鸟巢。

周家湖，湖面不大，水体较深，周边水草茂盛，水中浮游生物丰富，十分有利各种鱼类繁衍。已知名的有鲤鱼、青鱼、草鱼、鲢鱼、鳊鱼、鲫鱼、甲鱼、鳝鱼、黄牯鱼、蛇头鱼、刁子鱼等好几百种。倘若想吃鱼，就得捕，要想捕得到，就得采用好办法。我小时候捕鱼，用卡子夹麦粒诱捕鲫鱼、用油钩绑青蛙诈捕蛇头鱼、用中指穿穴道追捕鳝鱼、用衣针拽猪肝钓捕甲鱼……大量捕鱼，还得用网，丝网缠、拖网围、猪娘网套、撒网兜。其中撒网捕鱼最富诗意：每当傍晚时分，渔民们朝着洒满晚霞的湖面上撒开圆形或椭圆形网兜，似乎网着了将要沉入水中的夕阳。捕捞黄牯鱼，用手捉比网捕更有一番情趣：晌午时分，泛个小舟，搅动湖水，俯卧船头，待水面冒出气泡时，双手呈钳状朝水中掐去，连同水草一并拿下，油油的、滑滑的，足有七八两，倘若失手被刺，自己赶快朝伤口尿尿，这样既可以减轻疼痛，又可以防止感染。

20世纪80年代初，我毕业后回到了家乡八官垸，分配在牛鼻滩区公所工作。刚一上班就听说断港头乡有个鹰湖村，我很诧异，于是寻借下乡机会，着实进行了探访。鹰湖村的确存在，有房子、有田地、有沟渠、有道路，可是，东边湖没了，七里湖没了，周家湖也只剩下一片残水了，我虽有些快意，但更多的是惋惜，失落感驱使我匆匆地离开了。

记得刚参加工作的那段日子，我老是惦记周家湖的残水，儿时的捉鱼游戏肯定是玩不了了，但我还可以钓呀！于是，垂钓又渐渐成为我的嗜好。趁着工作后的头一个中秋节，我回了趟老家，一到屋就拎上渔具，径直朝周家湖奔去。此时的周家湖只是一口鱼塘，好在是我初中同学承包的，钓起来得心应手，或许是突然造访，或许是饵料对路，或许是密度很大，不到两三个小时，我居然钓上了二三十条，足足上百斤，况且鲤鱼居多。母亲说，钓了鲤鱼肯定会触怒鱼精，触怒了鱼精肯定会遭到报应。母亲又说，相传在远古的时候，周家湖就有鲤鱼修炼成精的说法，不知什么朝代有个叫什么的老翁在此钓鱼，不到一袋烟的功夫就钓了一满篓鲤鱼，毕竟出乎寻常，老翁心中发怵，于是赶紧收竿，就在掴线的时候，居然又掴上了一条，出于恐惧，老翁慌忙地将鱼全部放生了，可报应还是不期而至，不几日，老翁就无缘无故地猝死家中，其子会相术，还是麻衣的信徒，经过一番掐指卜卦，结论是鲤鱼精复的仇，好在放了它的子孙，老翁的香火这才得以传承。

如今，这个传说又传了三十多年，我也有五十六七，人嘛，只要上年纪，就特别念旧。上个月，恰逢儿时伙伴相约聚会，我在故地转了多半天，儿时的鹰湖现已面目全非，连最末次见到的周家湖也只能看到一些零星的水洼。在回城的车上，我老是在想：一个亘古不变的湖泊，有水域、沼泽、湿地，上苍的鬼斧神工；一个生机盎然的湖泊，有水草、鸟类、湖鱼，天赐的生命摇篮；一个调节雨水的湖泊，能蓄水、排涝、除旱，千年的水利宝库。它们全都消逝了，这或许是八官垸那么多次水旱伤痛的原因吧！想到这里，我沮丧至极。

鹰湖啊鹰湖，我儿时的鹰湖，我梦中的鹰湖，“今人不见古时月，今月曾经照古人”，我用李白的诗句祭奠你，但愿你在八官垸的原野上显显灵，给子孙们飘渺片刻的“海市蜃楼”吧！

（作者系鼎城区房产局原副局长）

关于综合开发利用枉水水资源的思考与建议

■ 徐政国 刘忠祥

水系现状

由超美、五溪、跃进三座梯级中型水库组成的枉水水系是目前常德市最大的中型灌区。库区地处常德市区以南约50余公里的九龙山北坡，集雨面积80.3平方公里，正常库容6800万立方米，年均产水量8270万立方米，正常水位时水域面积近万亩，库区涵盖花岩溪国家森林公园、花岩溪林场及港二口、逆江坪乡部分村组，尾岔与沧山乡、逆江坪乡接壤。灌区覆盖港二口、逆江坪、尧天坪、长茅岭、黄土店、斗姆湖、许家桥、丁家港及武陵镇等10个乡镇、128个村，约30万人，灌溉面积20.4万亩。

枉水库区兴建于1958年，自1960年开始逐步受益，其功用以灌溉农田为主，水力发电为辅，兼具调洪蓄水、水面养殖。小水电总装机容量2080千瓦，年发电量约400万千瓦时，自成体系，又并入国家大网。1997年，库区内的国有花岩溪林场被批准为花岩溪国家森林公园，1999年被批准为省级自然保护区，2000年被批准为国家"AAA"级旅游景区，生态旅游已经成为境内新型产业和新的经济增长点，库区内的水资源也赋予了新的生态旅游功能。

面临的问题

毋庸置疑，由于先辈的努力，灌区建成四十多年来，为区域农业生产发挥了基础作用，也产生了良好的经济效益和社会效益。但随着农村家庭联产承包责任制的实现，农村经济体制的变革和农业产业结构的调整，也出现了许多新情况，暴露出了许多新的矛盾。如旧的运行机制与新的农村经济体制的矛盾、供水服务难到位与水费收取困难的矛盾、面广点多线长与输水设施老化的矛盾、灌面受益不均与灌面萎缩的矛盾、灌溉与发电的矛盾、库内水资源共享与利益分配的矛盾、效益下降与人员包袱沉重的矛盾，特别是花岩溪生态保护和生态旅游开发与枉水传统利益之间的矛盾等等逐一凸现出来。

灌溉系统功能萎缩　现灌区内有干渠 3 条，长 72.6 公里；干渠渡槽 9 座，长 1070 米；隧洞 24 座，长 2603 米；暗涵 3 处，长 1074 米；潜水管 12 处，长 685 米。区内有小（一）型水库 2 座，小（二）型水库 17 座，河坝 6 座，山塘 2765 口。由于面广点多线长，加上这些设施逐渐老化，功能萎缩，水的利用率不足 50％，常常是，"炭又烧了，铁未打成"。水送了三天三晚，处于沟渠"末梢神经"的农田也还进不了水，深感"远水难解近渴"。农民难以受益或受益不直接、不明显，当然就会在缴纳水费的问题上发生争议和抵制。过去如有争议，灌区管理处面对的是公社、大队、生产队等集体组织，矛盾相对容易协调，而今天面对的却是主客观条件千差万别的千家万户，收费难度加大。灌区面积 20.4 万亩，按每亩每年收取 10 元水费计算，年水费收入应为 200 万元。2001 年度费尽千辛万苦，却只收取 38 万元，仅占 19％。水费收缴困难，直接影响了对设施维修的投人，影响了灌区的服务质量与效益，造成了老百姓的更多不满，加深了"取"与"予"的矛盾，形成了恶性循环。

重发电、轻灌溉，属不得已而为之　水费收取有困难，且主动权又不在管理者自己手中，要依靠乡镇、村组逐一向农户做工作，即使收起来交到枉水管理处的也是"毛多肉少"。而小水电的收益则有自主权，电发得多就挣得多。2001 年发电 430 万千瓦时，每千瓦时以 0.405 元计算，年发电收入为 162 万元，较之灌溉可以说是"立竿见影""起网见鱼"，含"金量"相对高。而且省心、省力。于是，千方百计想多发电也就是情理之中的事了。

水面水体养殖未成气候　正常水位时三库水域面积达万亩，最大水深分别为：超美 33.5 米，跃进 21.5 米，五溪 33.2 米。库内有鱼类 20 余种，最大个体重达 80 公斤以上，是不可多得的高山平湖水面养殖场。而实际上多年来三库区的水面水体养殖却不成气候。过去由枉水管理处自行实施养殖管理，主要是鱼类，采取人工投苗，自然生长的粗放模式，只是视为灌溉、发电以外的"副业"和"甩亩"。由于水面广阔、水湾悠长，管理鞭长莫及，当地群众也"靠山吃山，靠水吃水"，偷鱼（炸、钓、网等形式）的事件时常发生，防不胜防，造成虽然渔业资源丰富、养殖条件优越，但却不见效益，而被视为包袱。前些年试行由个人承包经营，但在运作过程中，一是经营者无权、无法对库内水量进行调节，水量时丰时欠；二是承包人对偷抢鱼者更欠缺有效的对应办法，利益难以得到保障。目前三库区的水面水体利用基本上处于撒手状态，类似于农田的抛荒。

传统职能与生态保护和旅游开发的矛盾日益突出　库区内的花岩溪林场森林面积 6 万亩，森林覆盖率达 95 %以上，山峦起伏，林海莽莽，山环水绕，如诗似画。更有一道数万只鹭鸟每年在这里繁衍生息、集居戏闹的独特生态奇观，享有“中华白鹭之乡”“湖南的千岛湖”的赞誉，先后被批准为国家级森林公园、省级自然保护区、国家 AAA 级景区。生态旅游突出的要求是生态保护和生态特色，因此库区内常年水丰林绿、鸟语花香就是旅游区发展的前提条件。这样一来，旅游开发与灌溉发电就有了冲突。为保证生态旅游，就要求境内常年丰水盈盈、山环水绕、山清水秀，因此认真协调好旅游保水与灌溉、发电放水的矛盾也是当务之急。

粗放经营，水资源利用低下　目解对杜水资源的利用只是停留在简单粗放的传统生产阶段，如单一灌溉、单一发电、水面闲置等等。其蓄水—调洪—灌溉—生态保护—旅游—水面养殖等诸多功用及潜能未能形成统一的一体化开发，未能实现水资源一条龙“深加工”后的附加值，未能做到综合利用和深度开发形成附加效益。加上灌溉、发电设施老化，水量“跑、冒、滴、漏”损失严重，使得水资源利用率不足四成，这样事实上造成了水资源的浪费。

收益下降与灌区管理人员包袱沉重的矛盾　灌溉系统如同长藤结瓜，灌区的管理机构与管理人员也如同长藤结瓜，目前已达 308 人（包括离退休人员），人员基本工资和机构运转费用等，一年刚性开支需 380 万元。而 2001 年的水费、发电实际收益只有 165 万元，实际差额 215 万元。这就是说，杜水灌区目前完全是负效益运作，如果不寻求新的解救办法，已难以生存下去，更谈不上发展。

几点思考与建议

杜水体系作为计划经济的产物今天表现出种种不适应，在情理之中。据悉，杜水灌区的改造项目最近又已列入了水利部的重点。如何抓住机遇，解放思想，与时俱进，高起点、高标准、大手笔地寻求新的发展思路，提几点意向性的思考建议。

因势利导，变革传统功能　据调查，在灌区20.4万亩灌溉面积中，确有相当部分（大约6万亩，占30%）因输水线过长或设备老化和损害而未能真正正常受益。有些农田的用水是否是枉水的水，概念也比较模糊。客观地说，有些地方原本水源就比较充足，历史上也曾经建有许多沟、港、河、塘、坝等引水、蓄水、保水设施，只要管用得好，一般是可以维持基本的生产用水的。如果能够因势利导，主动"萎缩"这部分灌区面积，一方面由政府出台政策，鼓励和奖励农民主动退出灌区，减少灌面；另一方面积极组织群众自力更生，重新清理、改造、恢复过去的那些老设施，同时还可以新加中小拦水设施、新添小型提水设施，这样就不仅可以实现保水、蓄水，在缺水时确保农业生产用水，还可以为区内拦洪、蓄洪，从而减少洪涝冲刷灾害。这样做，符合当前农村以户为生产单位的实际，既方便、适用，也经济合算。同时也有利于让农民群众对水利设施的兴建、维护形成自发、自组、自管、自用的自觉行为，有利于调动农民主动投入的积极性，也消除了为交纳水费扯皮的矛盾，有利于干群关系改善和农村稳定。

而对灌溉比较方便的和必须依靠枉水供水的地方，灌区可以与农户直接签定供用水合同，实行有偿服务，并用契约的方法将双方的权利义务确定下来。这样做，供水与用水就会得到根本改善。

调整产业结构，搞好节约用水　对枉水水资源利用价值的重新定位与现行生产关系的调整，可以从调整农业产业结构人手，做到"有所为有所不为""有所进有所退"。

一是"退一保二进三"。即适度退出一产业，主动减少灌面，在灌区的"细枝末节"处大力推广节水农业和旱作农业；合理配置二产业，保证常年正常发电。通过大力发展乡镇企业和个体私营企业，拓展供电面和供电量，协调好蓄水、调洪、发电与保持景区生态景观、保护水质、保护环境、促进生态平衡之间的关系；突出强化三产业，围绕旅游服务带动相关产业发展。

二是"退耕还林还草"。区政府可以出台政策，奖励、鼓励和号召灌区内结合农业结构调整，对供水得不偿失的山塝田、边远田因地制宜实行退耕还草、退耕还林、种草养畜。林区山地则可依托花岩溪旅游发展名贵花木、花卉、盆景、竹木工艺品等特色旅游产品加工业。

三是"退田还湖、退田还塘、退田还坝、退田还库"。鼓励农民大力恢复小山塘,兴建小拦河坝,新添小型拦水设备等拦水设施,实行谁建设谁维护、谁管理谁受益,形成若干个小集雨区、小灌区。

这样做会更符合客观实际,有利于发展三产业,形成新的经济增长点,有利于有效防止洪涝、干旱灾害,有利于促进生态平衡持续发展,有利于生产管理,节约生产成本,增加产出效益。

提升新型功能,培育新型产业　通过对灌区的合理规划、调整、改革与改造后,相对讲可供支配的水量得到增加,这样对提升发电、旅游、养殖功能就有了保障,通过科学调度可全面兼顾。从长远发展看,旅游的功能必将会一步步得到提升。旅游是朝阳产业,生态旅游是朝阳前的晨曦,极具发展前景。花岩溪生态旅游资源的特色之一就是山水兼得,山清水秀。如果说青山是花岩溪的精髓的话,那么水就是花岩溪的灵魂,其中玩水便有大文章可作。一是游湖观光,如利用游船、游艇、皮筏、竹筏、竹排、乌篷船、水上木屋、小木船等,建立水上旅游休闲乐园;二是水面养殖与旅游相结合,在环湖重点景区景点专门设立垂钓区,或在河岔水湾设立网箱养鱼区,供游人垂钓选择,或者建立供游人既可参观又可参与的喂鱼、观鱼、钓鱼、网鱼的"鱼乐"区域;三是依山傍水环湖修建若干农家茶庄、旅馆,以秀山丽水白鹭的自然景观和擂茶米酒锅巴粥的农家餐饮特色树立起花岩溪旅游品牌。

意向城市供水,拓展新的利用发展空间　增加枉水资源综合利用的效能、寻求水资源新的利用出路,其中向城市供给生活用水具有可行性。枉水水源为天然水,无污染,无杂质、是真正的"绿色"饮品,是常德市城区最近、最好的水源,作为城市生活用水最为理想,有助于造福城区人民、有助于进一步提升城市形象和品位。

武陵镇现每天所需用水约 3 万吨(立方米),全年约为 1000 万吨(立方米),占枉水现年产水量的 1/8 左右。正常水情下,枉水基本能够保证供给(如果不够,枉水还可引进外地水增加水量,后有详述)。因为发电的水可同时作为城市供水。从地势落差看,可采用涵管或封闭渠道直接输送，无须多级泵站提升；从供水距离看，不到25公里，其间已有多段涵管、隧洞封闭输水。武陵镇乃至德山开发区的城市供水如果改沅水的水为花岩溪的“原水”“源水”，较之常德市江北城区拟议中的取桃源黄石水库水要经济划算可行得多。

拓宽水源，增加可支配水量　调整水资源功能结构后，总的来说对水源水量的需求加大了，除灌区通过调整结构缩小灌面可节省部分水外，还需要尽量做好“引水入库”和“留水于区”的工作。

“引水人库”。目前枉水管理处做的“桃源车坪引水项目方案，具有一定的可行性。根据有关专家和工程技术人员现场查勘和论证，计划在灌区上游超美水库西岔末端的逆江坪乡柏叶坪村凿引水隧洞至桃源县车坪。车坪有集雨面积14 .4平方公里，可年引水量1200万立方米至超美水库。该工程只需开引水隧洞3.54公里，建长80米、高6米的砼滚水坝1座，即可实现拦水引水。据估算总投资800万元，该项目又可申请纳入国家大中型水库专项治理工程，争取国家投资。

“留水于区”。一是通过整修渠道涵闸、缩短渠道、减少渗漏提高水的利用率；二是部分灌区全面实施节节拦坝、扩塘，自行蓄水、拦水、节水。这样客观上也是拓宽了水源，增加了可支配总水量。通过整体实施上“接”下“节”方案，可支配总水量在现基础上可相对增加三分之一；发电量可新增加100万千瓦时，可新增收益60万元以上；以年城市供水1000万立方米，每立方米水价按0.5元计算（现武陵镇生活用水收费1.5元／立方米），可新创收益500万元以上。除开灌溉、旅游、养殖、生态保护等直接、间接经济效益外，仅上述两项收益就是现有收益的3倍左右。

探索新的管理体制和模式，建立新的运行机制　从长远发展看，还要从根本上协调好诸多功能方面的关系，变更现行运行机制和管理体制。可考虑组建产业集团公司，实施水、林、旅一体化管理，由水电、林业、旅游三大板块组成，分职能功用、项目等设分公司。由集团公司调节各部门利益，以山水资源形成产业链，实现山水资源产业化。

（原载湖南省水利厅《水利简报》2002年7月第32期，作者分别时任鼎城区政协主席、政协办公室副主任）

常年坚持营建命脉工程

——鼎城水利建设调查

■ 中共鼎城区委办公室

水利是农业的命脉。常德市鼎城区地处洞庭湖滨,最大的区情是水情,最大的灾害是水灾,这里多数年份水旱成灾。境内沅澧两水临洪大堤105公里,二线防洪大堤210公里,受旱面积21.5万亩。水旱灾害严重制约了鼎城社会经济的发展。为了根治水旱灾害,兴利除弊,鼎城区委、区政府把水利建设当作命脉工程,坚持常抓不懈,取得了可喜的成就。自1994年以来,三年多投入水利建设资金1.61亿元,投工3200万个,完成土石方3800万立方米,吹填140万立方米,加固临洪大堤105公里,整修病险水库183座,更新排灌设施394处,5.5万千瓦。

高度统一营建命脉工程的认识

大讲兴修水利就是保护人民生命安全、生活安宁。自光绪6年到新中国成立前,沅、澧两水在鼎城段先后溃决14次,灾后民户多绝;八官垸20世纪70、80年代先后溃垸两次,冲毁房屋数百栋,淹没良田数万亩,损失惨重;90年代初西北地区连续两年数月无雨,旱魔造成该地区直接经济损失数千万元,去年和今年全区人民死保善卷垸,物耗损失几千万元。水患一日不除,鼎城人民便一日不得安宁。

大讲兴修水利就是促进经济发展。要根除水旱灾害,必须大投入。区委、区政府连续两年带领乡村干部到受灾严重的沅江、汉寿等重灾区考察,引导乡村干部正确认识兴修水利与发展经济的关系,逢会必讲根治水患的重要性,逐渐形成了搞水利建设就是抓大农业,就是促进经济发展,就是为民造福的共识;大讲兴修水利就是保社会稳定。去年和今年的特大高洪又给鼎城人民深深的启迪,不常年抓水利建设,就不会有能抵御高洪的水利工程和保安大堤,什么时候放松水利建设,什么时候人们生命财产就得不到保障，社会就不得稳定。

科学建立营建命脉工程的机制

强化领导机制。从区到村建立了党政主职为首的防汛抗旱领导小组、水利建设指挥部、指挥营、指挥连，健全了抗灾和水利建设的领导体系。全区按水系和境区设立了总指挥部和七个分指挥部。区总指挥部由区委书记任政委、区长任总指挥长，七个分指挥部由区级领导分头挂帅。各个垸区成立了垸民代表大会，水库灌区成立灌区代表大会。代表大会负责垸区和灌区内水利建设的资金筹措、防汛抗旱的组织领导以及监督管理，弥补了行政管理所不能涉及的领导职能，调动了中央、省市驻垸企事业单位共同投入水利建设和参与防汛抗旱的积极性。为了提高水利管理部门的领导权威，1995 年区委、区政府决定将全区民主阳城垸等 5 个修防会和枉水灌区委员会升格为正科级单位，4 个水库灌区管理所和 2 个大型电排站升格为副科级单位，强化了水利部门的权威性和管理职能，从组织上保证了防汛抗旱和水利建设工作的顺利推进。

完善运作机制。第一，制定了系统的水利建设年度规划和中长期规划。从 1994 年开始，每年打一次总体战，搞 1—2 个大项目，投资 5000 万元以上，投工 1000 多万个，完成土石方 1300 多万立方米。至 1996 年年底区内 105 公里临洪一线大堤全部达到省定防洪标准。根治 183 座病险水库，更新超期服役机电设施 390 处，疏通排灌渠道 1000 多公里，在全区建立起旱涝保收的水利体系。第二，制定了总体战与分头干相结合、兴利与除害相结合的治水方针。全区性的工程，举全区之力打总体战；垸区工程，以垸为单位打整体战；乡属工程联村作战；村组工程联户作战。并实行整治堤垸与治理水库同步进行，疏通排灌渠道与更新电排设施同步进行，排涝、抗旱与治理水库同步进行，既兴利又除弊。第三，采取机械化施工与人民战争相结合的办法作战。全区大型工程总体战和垸区整体战以机械化施工为主，人力投工为辅；乡属工程以人力投工为主，机械化施工为辅；大堤建设以机械化施工为主，人力投工为辅；吹填工程以机械化施工为主，人力投工为辅；水库和电排建设以人力为主，机械化施工为辅。

建立投入机制。资金是水利建设的物质保证，没有足够的资金，一切都是一句空话。为了确保资金的投入，从 1994 年起，区里逐步建立起了完整的水利建设投入机制，三年来共筹措资金 1 亿多元，调用物资折款 5000 多万元，全部用于水利建设。具体作法是：发挥农民投入的主体作用，按人和按田亩收费同步进行，全区按平湖区、山丘区制定出不同的标准，每年提取一定的水利建设资金；发挥全民参与的主体作用，按单位及个人的资产、经营状况和收入水平，对农村以外的企事业单位和个体私营户征集全区性水利工程总体战以资代劳款；发挥垸民投入的积极作用，各垸按照垸内总体战规划向住垸单位和住垸非农业人口征集一定标准的费用，用于当年水利建设；发挥财政投入的辅助作用，从 1994 年开始，区财政建立了水利建设专项基金，每年对全区重点工程投入 200 万元以上，各乡镇财政也有一定投入，用于本乡镇重点工程；向上向外争取一点发挥补充作用，区水利主管部门每年向外募集一点，同时向上争取一点，以补充投入的不足。通过这样多渠道的筹资，按照年度规划，保证了水利建设投入的按期足额到位。

紧紧抓住水利工程整治的重点

构筑临洪大堤生命防线。鼎城视沅澧大堤为鼎城人民的生命防线，自 1994 年以来举全区之力集中进行了重点整治。去冬治理善卷垸投入机械 1200 余台套，投入资金 540 万元，投工 450 万个，完成土石方 496 万立方米，28.75 公里临洪大堤达到了省定防洪标准。治理民主阳城垸共投入资金 420 万元，投工 340 万个，完成土石方 370 万立方米，33 公里临洪大堤达到了省定防洪标准，得到了水利部的充分肯定。治理冲柳水系高低水二线防洪大堤投资 1000 多万元，灌浆 45 公里，较好地解决了渗漏问题。就这样连续 3 年时间，鼎城人打了三年整体战，完成了 5 处事关全局性的重点工程。鼎城人民用自己勤劳的双手构筑了一道又一道坚不可摧的生命防线。

搞好水库除险保安。对每一个垸子，每一座水库，每一处塘坝，以除险保安、防汛抗旱为目标，逐个诊断，分类而治。1994 年以来，对全区 100 多座中小型水库进行了全面整治，对 5 座大型水闸、5 座中型电排和 526 处共 5.5 万千瓦机埠进行了全面整修。投工 1200 多万个，完成土石方 1500 多万立方米，排除了病险，更新了超期服役设施，疏通排灌渠道4000多公里，治理调蓄湖泊3万多亩，建立起了旱涝保收的排灌体系。当年隐患当年排除。尽管水利建设年年抓，总体战年年打，但是水情在不断变化，每年汛期大险不断出现。对此，鼎城区坚持"汛期的险点就是秋冬修的重点""一剂药诊一例病，当年险情当年排"。采取"集中优势兵力打歼灭战"办法及时整治。先后排除了沅水流域善卷垸红云寺、八官垸社木铺、三合垸邱家硆、丹州垸叮当湖、河洑大闸以及澧水流域民主阳城垸仁和闸等数处溃垸性大险的险点，赢得了抗洪的主动，确保了防洪大堤安全。

大搞水源建设。旱灾也是鼎城的一大心患。1994年，区委、区政府决定，五年规划，五年治理，彻底降伏旱魔。现已建设高标准塘坝600多口，建成高标准渠道1000多公里，增大蓄水量2500万立方米，修筑防渗渠道100多公里，西部旱情基本得到缓解。

（原载1996年《湖南省委通报》）

水的往事（二则）

■ 牛　言

逝去的水车声

“吱吱嘎嘎”的水车声在作家诗人的笔下往往很怀旧、很抒情。但任凭他们如何煽情地描绘出一派田园牧歌式的原生态画图，于我都曾是一种隐痛。

三十多年前，水车并非是像现在这样呆在博物馆里作为收藏，或是农家休闲山庄作为招揽顾客的道具。水车实实在在就是农村农民生存生活不可或缺的劳动工具。在久旱不雨的炎炎烈日下，在为抗旱保苗通宵提水的夏夜里，那“吱吱嘎嘎”作响地负重声与踩水人粗重的喘气声交织在一起，让人感受到的只有艰难和沉重，何来美感？

我第一次上水车踩水时大概是十五岁吧，今天十五岁的孩子如果爬上水车肯定是作为游戏好玩罢了，而且可能还是付费游戏，而我则是为了生计出集体工挣工分。农村的学生不比城里的孩子，放寒暑假意味着服苦役。十五岁的孩子在家人和乡人的眼里已是多半大的劳动力了，自然是要像父辈一样世袭、开始熟悉所有的农活，从今往后总是要挑大梁的。

那时湘西北地区的水车有三种形式，一种是手摇式，可一个人也可两个人操作，用于落差较小的地方提水。一种是坐踩式，两至三人，用于落差中等的地方取水，适于中老年劳力。前两种都属轻型“车”。第三种则是四人站式车，是青壮年劳力在落差很大的地方提水使用的“重型车”。生产队长给我派的工是站式车，其理由是我即将成长为青年劳力，从今往后要挑大梁了。

这踩水车的活既是一项体力活，也是一项技术活。虽然我已是准青年劳力，但技术和体力都不如人，在分组时人家自然不太情愿与我搭成伙计。我是一个自尊心很强的人，为了表示不连累别人，踩水时我常常会表现得比他人更卖力。但即使这样还是常会遭人暗算，待我一上车他们就把水车踩得飞快，我便经常被双脚悬空吊在梁上，或者被

甩下来摔得鼻青脸肿，眼里噙满委屈伤心的泪水。而他们却毫无歉疚感，说多摔几次就好了，他们就是这样摔打出来的。这并非我的乡党无情，实则是一种生存需要的“魔鬼训练”，如同母鸟将快要长大的幼鸟强推出鸟窝练翅以尽快适应独立生存一样。

踩夜车则更残酷，凭的是技术、实力、感觉三者完美结合。对有经验的人来说是平常事，但对于我这号新手简直就是炼狱，磕磕碰碰不知道吃了多少苦头。尤其是遇天大旱需三级提水时，三架水车需保持同样的速度马不停蹄地连轴转到天亮，累得虚脱而趴下的我想死的心情都有。

然而少年的我认命，不埋怨任何人，也没理由埋怨，父辈们谁不是这样走过来的呢？只希望老天爷能风调雨顺就好了，只希望庄稼地能自流灌溉就好了，只希望有一天这水车能被抽水机取代就好了。

这不仅仅是我的梦，也是所有农民的梦想。

没曾想三十多年后，关于水车的梦还在继续，但已演绎成一种记忆的寻找和梦游。找不到后，我竟然也像孩子似地走进博物馆或农家休闲山庄，打量那业已珍稀成标本的水车，然后心情复杂的将这代表昨日农耕文明的千年水车收藏进记忆深处。

老去的山塘

离开老屋的那口山塘已是三十多年了,它的模样已渐渐从我脑海淡去,每次回老家到了家门口从它身旁走过时都视而不见。然而山塘似乎都未见怪于我,就像一位宽容的家族老人,晓得他的子孙在外生活得不易,几十年过去后既没有给乡党奉献什么礼物,也没给家族带来什么荣誉也不怪责一样。

然而有一天我忽然发现,山塘也像年迈的父母一样也正在老去,这使我猛的一个激灵。

夏日的一天,我回老屋履行看望老母的义务,看到邻居在给以前杀猪的腰盆里提井水,大热天又不杀猪——我不解。邻居说是给他七八岁的宝贝孙子放学回家后洇澡用,意即游泳用。我说怎么不到前面堰塘里去游?邻居说:嗨,那堰塘里还游得么得泳哟!

我这才仔细打量门口的这口曾经熟悉得不能再熟悉的山塘。

这口山塘于我,是我童年的天堂,盛满了我儿时许许多多的欢乐记忆。那种给与,我以为比公园予城里孩子的内容要丰富得多,精彩得多。每到春天,是塘里的鱼上水产卵的季节,晚上只要在田沟的流水处逆放一竹壕,早上去保准一竹壕的鱼,而且只要鱼,泥鳅鳝鱼之类统统扔掉。夏季,鱼走下水,只要把山塘泄水口断流,水沟里的鱼就相当于白捡。到了盛夏,山塘更是我们嬉戏的乐园,晒得黑不溜秋的我们赤条条犹如过江龙般游泳、跳水、潜水、踩藕根、摘莲蓬、摘野菱角,快活得不亦乐乎。到了冬季,塘里的水被放干,生产队要起鱼过年,当只剩半尺水时,大小不等的鱼们白花花一大片,平时捉不到的鱼此时都乖乖就范,打扫战场时,我们还能捡到许多的"野鱼"。

然而昔日的乐园今天是什么样子了呢?首先塘很小了,在我的记忆里山塘应该不只这般大呀?是我长高长大了还是它缩小了?塘很浅,几十年过去后它已严重淤积,塘底抬高;水很混很浊,且漂浮着塑料袋、泡沫饭盒、废拖鞋胶鞋、可乐瓶农药瓶等乌七八糟的东西,邻居说那水连牲畜也不愿喝了;塘里再无鱼虾莲荷菱角,却长满了不知名的外来物种,僻静的山塘不知怎么竟与世界接了轨;再看堤坝既显单薄更显千疮百孔且呈锯齿状……

山塘已完全老去了、衰败了，而我竟然浑然不觉。

山塘是什么时候变成这样?怎么会变成这样的呢?山塘就这般衰败老去，我童年的记忆也会老去甚至会死去的。没有了童年的记忆，我还有什么根可言？当老母百年走后，我再回到老屋还有什么值得寻觅、遥想和追思的呢?

由山塘我想到了当前湖区的沟港河汊不也是如此吗？湖区人虽身处水乡，却已无水可吃，无水可用。悲乎！是什么时候起，我们把水糟践成了这样?

我们穷怕了，太想发展了，太想急功近利了，于是我们顾不上善待哺育我们生命的水；我们一味索取，却未曾意识到水作为一种资源是需要予以保护的，作为水资源的载体——水利设施是需要予以投入养护的。

……

澡盆里游泳的孩子啊，如果你长大后不能在大江大河搏风击浪，那将是一种莫大的悲哀，而这种悲哀是源于我们这一代人的错。

作为水利人，水资源保护、水利设施养护、乡村安全饮水于我们任重而道远！为了未来，为了可持续发展、为了下一辈、为了孩子，我们有责任让老去的山塘重又年轻。

（作者系鼎城区湖湘文化交流协会副会长）

洞庭湖——母亲湖

■ 麻建明

序曲：颂歌

—哦洞庭湖
那穿越时空的洞庭湖
那多愁善感的洞庭湖
那柳浪闻莺的洞庭湖
那鸟啾虫鸣的洞庭湖
那浩浩汤汤的洞庭湖
那魂牵梦萦的洞庭湖
仿佛你多情的滥觞恣意纵横
仿佛你慈恩的母性绵绵无期
你的云蒸霞蔚是一匹五彩的织锦
你的包容恢宏是一曲万象的和鸣
如同一部交响诗的起奏
那一刻，一支冰河的号子划破长空
大河开始流动
十万年的一滴朝露从宇宙的眼睑
滑落
滑落
那便是生命的前奏
那便是万物的母腹
那便是我亲爱的洞庭湖
那便是我亲爱的母亲湖
没有赞歌没有音乐没有祭祀的早晨
绿色而古老的地球上一条大湖静静流淌……
就象一股殷红的母血
在漫长之后的某个时刻骤然生产
于是
一些初始的生灵开始生长
一些年轻的生灵在你波峰浪谷
之间沉浮起伏
我是一张悬印在湖心的帆影
总想倾听你的心跳
总想读懂你的深沉缠绵
那柔情的烟波浩渺就是你的母性
那渔港的嘈杂忙碌就是你的母性
我在朝霞万丈的时刻把你歌颂
我在风雷激荡的时刻把你歌颂
我在去国还乡的时刻把你歌颂
啊 洞庭湖哦母亲湖
你是湖湘的灵魂吧
你是母亲的乳汁

你的母性是那岸边的缕缕炊烟
你的灵魂是那湖上的点点归帆

2009.2.25

1.古云梦泽咏叹

也许 就在黎明诞生的瞬间
就在云水相连的地方开始孕育
森林 草甸 芦荡 无边无际的鸟语天堂
一条鱼的骨架开始从湖底游出 梦的水乡
原野被星辰和月光装饰成一把竖琴
在古云梦泽的怀抱
王冠是众生的共享
也许 就在黎明诞生的瞬间
一切开始骤然改变
一串脚印被清晰的印在河滩的软泥上
一粒火种被雷霆击发
后来 炊烟袅袅升起
在黑夜边缘徘徊的是希望走出大泽的众生
也许就在黎明诞生的瞬间
大泽的众生开始渐行渐远……

2009.2.27

2.水葬·天问

洞庭湖的水是天上水吧
一圈走完后一个渔人就奔向他的母亲
点燃长明的灯
放响震天的铳
在夕阳西下时候吹响法螺
在洒满花瓣的木筏上献上祭牲
祭文是一段虔诚的巫辞
就象湖光帆影中归来的
敲响法器扬起幡幢
祈祷波涛汹涌的洞庭湖能象母亲般呵护
他的子嗣
呜咽呜哦呜呜哦……
放下这洞庭湖的有形吧放下这硕大无朋的先知先觉
洞庭湖的灵气只存在于母性的神圣
洞庭湖的灵气只存在于它的生生不息
在洞庭 在天堂 在无边无际的湖滨
水葬仿佛是一曲光怪陆离的颂歌
去吧 去吧
让吊殇的曲音回荡在洞庭的水乡
上路的纷纷行走在麻风细雨之中 那么执着
香火一代代繁衍
在水边把各路神君的情绪安抚好
于是 众神开始共生共荣
呜咽呜咽呜呜哦……
洞庭湖的水是天上水哦
在洞庭 深秋的丰腴已经熟透
于是 我把瘦瘦的渔网收拢

送别一个奔向母亲怀抱的渔人
行船走马在波谷浪尖的汉子是一个行吟诗人
他的忧虑就象洞庭的哀怨
他的祭诗是一行迈向深秋的脚印……

2009.3.1

3.皮影艺人与围鼓艺人

后来 众神共荣共生
一些成为我们灵魂的守护神
一些成为我们要永远守护的神灵
在若隐若现的湖岸线上
我仍能听到叮叮咣咣的锣鼓声
我的那些唱着皮影或是围鼓的兄弟哦
是洞庭湖的精灵
他唱盘古开天的洞庭湖
他唱波澜不惊的洞庭湖
他唱的围鼓是用洞庭的渔火煨出的一碗浓汤
他演的皮影是用洞庭的清波酿出的一坛醇浆
在若隐若现的湖岸线上
唱皮影的与唱围鼓的擦身而过
在各自的曲谱里
唱一些欢喜
唱一些艰辛
唱一些江河湖海的悲怆人生
在一个黄昏
演皮影的眼神已经浑浊了 浑浊了
唱围鼓的嗓门已经干涸了 干涸了
就象洞庭湖的寂寞隆冬
有形的繁华早已退去
我的演皮影和唱围鼓的兄弟哦
我记住了你和你的锣鼓
你的皮影是一幅永远不会消失的剪影
而我 仍将在若隐若现的湖岸线上
踯躅前行……

2009.3.2

4.湖边的油菜花开了

在三月 就在春寒乍暖的三月
洞庭湖的热烈悄悄蔓延
在湿淋淋雾蒙蒙的清晨
仿佛羞涩的少女情窦初开
油菜花一朵二朵无数朵地在湖边盛开
赤脚的牧童手指沾满金黄的花瓣
一只小蜜蜂飞上花蕊
那么迷茫而贪恋
在三月 在停止了朔风肆虐的洞庭湖平原
油菜花开在屋前屋后的田野
小路上的泥泞湿润而温软
湖边的油菜花开了 在三月
花间的姑娘笑声象银铃般清脆
油菜花开在了她的心上……

2009.3.3

5.洞庭渔歌·天堂

哟嗬哟嗬哟嗬 哟……天堂
哟嗬哟嗬哟嗬 哟……姑娘
踏浪行哟踏浪行
八百里洞庭踏浪行
把渔网收好把帆张开把船往水天深处摇
过芦荡闯险滩
芦荡是洞庭的青纱帐
哟嗬哟嗬哟嗬 哟……天堂
哟嗬哟嗬哟嗬 哟……姑娘
芦荡是洞庭的青纱帐哟
芦荡是洞庭的青纱帐
三天三夜的水路太漫长
三天三夜的水路湿透了衣裳
哟嗬哟嗬哟嗬 哟……天堂
哟嗬哟嗬哟嗬 哟…… 姑娘
洞庭湖的渔歌是烈酒做成的汉子
洞庭湖的渔歌是月光下的诱惑
哦 天堂

2009.3.5

6.诗人的洞庭湖

那桃花盛开的三月是谁的诗章呢
那气象万千的诗章是谁的吟唱
那朦胧空灵的村舍是谁的图画呢
那水墨胭脂的图画是谁的笔墨
洞庭湖哦诗人的洞庭湖
你的横无际涯你的浩浩汤汤
你的千秋不朽的岳阳楼
你的如梦如幻的汨罗江
这波光潋滟的旖旎妖娆中
一切都是诗的灵光
那飞奔的马 展翅的鹏鸟
张扬的船帆 嘹亮的号子
在洞庭的湖底已经沉淀为一页化石
哦 洞庭湖
一首诗就是一湖明月
一首诗就是一湖春光
伤怀的诗行是你伤怀的感叹
浪漫的天性是你浪漫的诗章
请允许我在你的诗行中摘取吉光片羽
请允许我在你的感叹中读懂诗人的忧伤
有些诗要用生命的代价去拜读
有些诗要用千年的时光去吟唱

2009.3.2

（作者系区政协原秘书长）

湖之恋

■ 娄文娟

我爱湖，恋湖。

我家附近有一湾人工湖，她的名字叫跃进水库。从小，我就喜欢在这湖里嬉戏。我喜欢水的清亮，也喜欢它的变化无穷。那时我觉得水是最神奇最有魔力的东西，因此，长大后便有了与湖的无数次相邀相伴。

湖是醉人的。在草长莺飞的春季，或是在霜叶满山的金秋，拿一本书，坐在湖岸，便开始了与湖的约会。连绵的绿茵，是湖的裙幅；绽放的野花，是湖的装饰。望着碧蓝如镜的湖，我不由自主地放轻了呼吸。没有一丝波澜，没有一丝声音，如同小憩的少女，静得不容许你发出任何声响去惊扰她。于是世间所有的东西都远去了，天地间只有我和这片静谧的湖。山用宽广的怀抱拥着湖，湖用宽广的怀抱拥着我。乏了，我放下书，聆听着湖的低语；困了，我躺在花丛中，感受湖的脉搏。湖静静地躺在山的怀抱里，我静静地躺在湖的怀抱里。有时，我与湖对视着，于是我的生命便溶进了湖里。

湖是神秘的。月色朦胧的夜晚，去湖边散步，我能感受到她的呼吸，看到湖的生命中的奇异之景。月亮也是那么爱湖，她把柔情洒进湖里，湖就腼腆地笑了，但我读不懂她，如同蒙娜丽莎的微笑。一波波的水纹是湖多情而美丽的笑靥，一切是那么和谐，就像从琴弦上飘出的乐曲。我又从微微拂面的轻风里，嗅到了她芳香的气息，于是我的心醉了。

假日里，我便独自驾上小舟去亲近湖。霞光熹微，湖穿上了轻纱，这是人间没有的轻纱。微风拂过，轻纱便飘动起来。湖真早!我听见小鸟轻轻地唱着歌儿伴她梳妆。岸边还有垂钓的渔翁，横笛的牧童。渔翁一甩手，把长长的希翼投进了湖的怀里，湖面漾起圈圈涟漪，算是湖的回答；牧童把满腔的喜悦装进短笛，于是短笛里便蹦出一串串欢快的音符，湖脆脆地笑起来，山也脆脆地笑起来。水波荡漾开去，船行了。湖是绕着山的，山几重，水几重，似美人“犹抱琵琶半遮面”。湖把座座青山绵绵翠岭都搂在了怀里。山更青了，水更绿了，让人弄不清是湖在画中还是画在湖中。湖又是豁达的，它能包容一切。于是，湖成了我的知己。面对湖，我用不着矫饰，可以毫无顾忌，真实地面对自己的灵魂。成功了，我告诉湖，让她分享我的喜悦；失败了，我去见湖，向她倾诉我的忧伤；疲惫了，我去找湖，让她抚慰我的心灵。面对湖，我感受到了自己的渺小。渐渐地，我读懂了湖，湖也读懂了我。湖有生命，有灵魂。湖深邃，那是她的成熟；湖清澈，那是她的坦荡。她含蓄但不乏激情，她能包容万物却不袒护污浊。她是无私的，无论对谁，她都毫不保留地展示她的真实；她是平和的，无论你对她诉说悲伤还是倾吐喜悦，她都会告诉你：“不以物喜，不以己悲。”“心静如水，心清如水。”

做人，就应该像湖。

生命的湖啊，教我如何不恋你！

（作者系鼎城区长茅岭乡人，初中时代在港二口度过，留学韩国中央大学，韩语硕士，本文写成于鼎城一中读高中时）

江南外滩夏夜小记

■ 刘本猛

天气真的很热，应是入夏以来最热的日子。吃过晚饭便带着小孙女直奔沅江外滩新建成的风光带，想借河风纳凉。

月亮早早露出笑脸悬在西边的天空，冲我和小孙女微笑。而太阳仍不愿离去，继续抛洒着它的余热，与几丝云彩交织成霞光，给天空镶上金边，给河两边的高楼披上霞衣，给来河边漫步的人们抹上红妆，霞光里，小孙女像小宠物般一路撒着欢。

几天前还咆哮的江水，此时已经温柔地像小姑娘，波光潋滟，缓缓东流，与周边宁静环境形成一种默契。霞光里，归来的渔舟，拖着一天的疲惫，更载着一天的收获和喜悦。

太阳渐渐西沉，霞光和彩云慢慢褪去，西边地平线只剩下小块鱼肚白，月亮开始尽情放亮，星星一个个露了出来，美丽的夜晚要正式登场了。此时此刻，太阳与月亮，蓝天与夜晚的交接与更替呈现出一种祥和宁静。

江边隐约有一丝河风拂来，很快外滩上就聚满了散步、健身、休闲、纳凉的人群，热闹的江南外滩夏夜也随之拉开帷幕。

最引人注目的要数大妈广场舞，一条五公里长的沅江风光带，广场舞群随处分布，人数之多，气场之盛盖过击剑的、打拳的、玩滑板的、打球的、跳绳的……舞者们和着音乐节奏或踏地击掌，或手舞足蹈，时而铿锵有力激情澎湃，时而舒展飘逸婀娜多姿。

激烈的亮点自然莫不属球场，依河滩而排开的足球场、蓝球场、排球场、网球场、羽毛球场、乒乓球桌上，人们大汗淋漓，队员的吼声、啦啦队的呐喊声尖叫声、裁判的哨声连成一片。

相对安静的场地莫不属太极运动，各式太极拳、太极剑，太极扇在或黄或白或红装的映衬下，在轻柔舒缓的音乐韵律里似行云如流水。

还有手持微型音响边走边咿咿呀呀京剧吊嗓的、或几个人围着歌谱认真视唱练耳的、或独自游走哼歌调腔的、或拿着五花八门的乐器十分认真“不着调”的、或是几支不同的队伍不期遇,各吹各的号各吹各的调闹腾得像一锅粥的……总之一个词:热闹!两个词:真的热闹!哈哈!!

看那清凉的江水里还有一群群的“湖鸭”,游泳的人把偌大的沅江河差不多塞满了。狗刨式、自由泳、蝶泳、蛙泳、仰泳、潜泳者各显其能,男男女女老老少少,泳装赤膊充气的车胎花花绿绿的救生圈可谓五花八门。

人多就有商机,做生意的人他们也不甘落后,或流动或摆摊设点叫卖不停,一晚上恐怕收获不小。

小孙女则沉浸在沙滩儿童娱乐城玩疯了,全然不要我管了,也全然不服我管了,许久后数次提醒她该回家了,也全当耳旁风。

沅江随波光缓缓流淌,外滩公园夜景犹如一幅美轮美奂的跃动的巨画,人们既是画里面的风景,又是风景里面的画。

我沉浸在了这画里……“爷爷我们回家吧!”终于,小孙女玩尽兴了,银铃稚嫩音清脆悦耳唤醒了我。

（作者系区委党史办干部）

水利概况

■　罗明福

自然环境

位置　鼎城地处湘北，西洞庭湖滨，东临汉寿，南接桃江、安化，西抵桃源，北与临澧、津市接壤，东北与安乡隔水相望。地处北纬 28° 3′ 55″ 、东经 111° 27′ 10″ ，南北长 88.5 千米，东西宽 69 千米。全区地势自西南向东北倾斜，由山地、丘陵、岗地过渡到广阔的滨湖平原。南有雪峰山余脉的插角、九龙、沧山、古城、盘古诸山延伸，重峦迭嶂。西北有武陵山余脉的太阳、白云等山绵亘，山崖峻峭。西、南、北群山起伏，冈峦盘环；东北湖河网结，水陆间错。中部沅水曲形切割，将区境分为南北两部。南部俗称“前河”“前乡”，枉、沧二水蜿蜒而下，形成若干冲岔与沿河平地。北部俗称“后河”“后乡”，澧水绕区东北边境向东流入洞庭湖，中有渐水、冲柳、马家吉诸河流淌其间，牛屎、白芷、土硝等湖点缀其内。

全区最高点为插角山（又名插角殿），主峰插花岭海拔 716.2 米；沅水两岸、澧水之西地势低平，海拔 30 米左右。全区地势高差 686.2 米，比降率为 1.5%。

气候　全境地处中亚热带向北亚热带过渡的季风湿润气候区内，以大陆性气候为主，兼有湿润的滨湖气候。具有冬冷夏热，四季分明；热量充足，雨水集中；春温多变，夏秋多旱；严寒期短，暑热期长的特征。

春季自 3 月下旬开始，约 60 天。气温 10.9℃ ~ 22.2℃，冷暖空气交替活跃，气温多变，阴雨天多，寒潮频繁，时有冰雹、大风。夏季自 5 月下旬开始，约 120 天。气温 23℃—28.9℃，日照强，蒸发大，降水多而集中，是洪涝多发期。夏末雨水较少，干旱时有发生。秋季自 9 月中旬开始，约 65 天。气温 12.1℃ ~ 23.9℃，降温快，日热夜凉。早期雨量少，时有秋旱；后期“一场秋雨一次寒，连绵秋雨入寒秋”。冬季自 11 月下旬开始,约120天。气温2℃—5.13℃,低温少雨,前冬干旱,后冬多雨、雪、冰、霜。

气温　1988—2003年平均气温17.38℃,较1951—1980年平均气温16.7℃高0.68℃。1月最冷,月均气温5.13℃。7月最热,月均气温28.9℃。最低气温为零下43度,出现于1990年1月23日。最高气温为39.3℃,出现于1989年7月22日和1995年7月23日。2003年8月1—2日,平均气温达34℃,极端最高气温39.5℃。地域不同气温稍有差异,黄土店、港二口等山区冬暖夏凉,牛鼻滩、蒿子港等平湖区夏热冬冷。

日照　鼎城区地处中纬度,日照时间长。1988—2003年16年间,年均日照数为1708.8小时,日照率为38%;日照时数最多的2002年为2137.9小时,最少的1999年为1416.4小时。16年内各月日照时数,7月最多,平均230.1小时,1988年7月达304.7小时;2月最少,平均67.3小时,1992年2月仅28.3小时。

降雨　1988—2003年,年均降雨为1397.6毫米。最多的1998年为1803.2毫米,最少的1996年1109.0毫米。蒿子港、牛鼻滩一带年均降雨量1271.5毫米,黄土店、港二口一带年均降雨量1868.9毫米,太阳山、大龙站一带年均降雨量1190毫米。降雨量集中于春夏两季,春季约占30%,夏季约占40%,秋季约占20%,冬季约占10%。4—9月汛期,雨量占70%以上,其中4—6月为雨季,占全年雨量的45%。

风向　鼎城区风向具有明显的季节变化。冬季以偏北风为主,频率为20%左右;夏季盛吹西南风,频率为20%;春秋两季为季风转换季节,偏南风开始增多,仍以偏北风为主。秋季,澧水沿岸以北风为主,沅水流域以偏北风为主。

历年平均风速为2.1米/秒,湖区大于丘陵区;3~4月风速最大,平均风速为2.2~2.3米/秒;12月风速最小,平均风速为1.9米/秒。

水情水系

河流　区境除沅、澧两水外,有大小河流68条,分属沅水、澧水、西洞庭湖3大水系。其中一级支流9条,二级支流39条,三级支流20条。按河长计:5千米以下17条,5—10千主29条,10—50千米21条,50千米以上1条。流域面积2322.47平方千米。

沅水水系　沅水源出贵州省都匀市云雾山鸡冠岭,全长1033千米,其中区境河长

32千米。古称朗江。支流23条，渐水、南阳河、甘潭河及逆江坪河为一级支流；流域面积420平方千米。

渐水在区境西北，源出临澧太浮山麓，自雷公庙杨家坪入区境。经雷公庙湖海坪、黄潭桥，蔡家岗灵泉寺，灌溪岗市至河洑闸注沅水。全长44千米，其中区境河长34.5千米，流域面积212.75平方千米。古称澹水、潜水（泉水）、鼎水、鼎江、兴水等。故道千变万化，历经兴废。

南阳河在区境西南，系1968年开挖的人工河，自许家桥经斗姆湖临沅村注沅水。河长6.6千米，流域面积22平方千米。甘潭河在区境西南，源出长茅岭枫树坳，经白洋坪达桃源县境，于甘潭注沅水。区境河长7.5千米，集雨面积57平方千米。

逆江坪河在区境西南，源出插角山，经逆江坪，于三板桥入桃源县境。区境河长25千米，流域面积93平方千米。

澧水水系　澧水源于桑植县杉木界，全长388千米。于中河口下林家滩入区境，区境河长33.12千米，流域面积101平方千米。

沙溪河在区境北面，系道水支流。源于太阳山西麓石板滩镇拾柴坡，经长岭岗坛坪、双桥坪大桥、李家铺至丁家坪入临澧县境。区境河长13公里，流域面积61.5平方千米。其支流有大桥水和谢家冲水。

西洞庭湖水系　区境支流41条，枉水、沧水、谢家铺河、石门桥河、冲柳河为一级支流，另有二级支流24条、三级支流12条。流域面积1872.62平方千米。湖区河网水系隶属其中。

枉水在区境南，东西二源均出自九龙山麓至草坪镇两汉港汇合，经陡山、草坪、斗姆湖镇响水蛸、二里岗、茅湾至德山注沅水。德山原名枉山，因枉水而得名。屈原第二次流放时经枉水去辰溪、溆浦，留下了“朝发枉渚兮，夕宿辰阳”的名句。枉水全长56.7千米，流域面积482.4平方千米。

沧水在区境东南，其西源在沧山桃花溪（汪家坳），东源在钱家坪沙田溪（罗家冲），两源由南向北至袁家湖汇合，经马鞍头、铁炉坪，再沿鼎城、汉寿边界经黄土店镇金城堡、唐家铺乡庙潭、谢家铺镇官桥坪至牛路滩入汉寿县境，与浪水相合，故称沧浪水。由沧港注围堤湖。区境河长 48.5 千米，集雨面积 187.59 平方千米。

谢家铺河在区境东南，源出唐家铺乡，经关门洲至谢家铺入汉寿县境。区境河长 14 千米，集雨面积 43 平方千米。

石门桥河系 1973 年开挖的人工河，起于石门桥镇青龙坝，经樟木桥至苏家渡注沅水。河长 10.8 千米，流域面积 64 平方千米。

冲柳河在区境北，起自津市八宝湖，由北向南，经濠口、夹堤口、石公桥、泥港口、韩公渡、谈家河至苏家吉闸注围堤湖。河长 55 千米。上有田溪、樊溪等 5 条支流，共长 29.65 千米，集雨面积 249.48 平方千米。

湖泊　区境湖泊属西洞庭湖范畴，分布于中部、东部和北部。清代以前，诸湖相连，湖面广阔，随着围修堤垸，湖面渐次缩小。民国期间，湖面再度缩小。沾天、柳叶等五湖相连，东通马家吉河。冲天、土硝二湖相连，北通东湖河，南通马家吉河。白芷、毡帽等三湖相连，东北经麻河、青茅港通澧水，西南经马家吉河注沅水。涂家、牛屎、文殊等五湖相连，西南通北小河。鹰湖在八官障内。黄花湖、亭子湖在乌黄垸内。河湖相通，带来了舟楫之利。而沅、澧两水顶托，湖水上窜，又造成了水患之虞。

1954 年治理西洞庭湖后，实现沅、澧分流，诸湖不再直通外河，湖面缩至 49.9 万亩。20 世纪 60 年代大力兴建电力排灌站，大片湖泊被排干垦殖，湖面缩至 30.8 万亩。20 世纪 70 年代治理三湖（冲天、柳叶、肖家湖）和修建沙河口、谈家河等大型电排站后，湖面缩至 73800 亩，仅占湖区总面积的 5.19%。

1995 年 9 月，护城丹洲垸划归常德市和武陵区管辖，划出沾天湖、柳叶湖面积 25400 亩。至 2003 年，区境仅有大小湖泊 85 个，总面积为 56376 亩。

水资源　鼎城区地处洞庭湖畔，湿润多雨，山丘区植被好。平原区湖河稠密，水系发达，又有沅、澧干流过境，地表水丰富。区内地层历经多次地质构造运动，各类岩层出露，地下水有较好的径流交替和储存条件。

地表水　区内地表水总量为 23 亿立方米，人均 2695 立方米，耕地亩均 1868 立方米。

全区集雨面积 2322.47 平方千米。据多年降水量测算，年均降水量达 33 亿立方米，地表径流为14.5亿立方米，蒸发和渗入地下18.5亿立方米。经频率分析，丰水年20亿立方米，平水年15亿立方米，枯水年8亿立方米。

汇入区境客水集雨面积700.76平方千米。其中桃源、临澧流入澌河69.85平方千米。津市毛里湖、八宝湖流入冲柳河246.58平方千米。省、市农林场及武陵区流入区境384.33平方千米。年均客水径流量3亿立方米。

过境沅水干流，年均径流量700亿立方米；澧水干流，年均径流量350亿立方米。

全区灌溉还原水，按回归系数0.35计算，还原水量为3.8亿立方米。

另外，区内中小型水库171座，常年蓄水26557万立方米。大小堰塘1.58万处，蓄水量1500万立方米。固定河坝和行水河坝900多处，实蓄水量3000万立方米。主要湖泊41处，可蓄水1亿立方米。

地下水　全区地下水面积2250平方千米，占总面积的96.9%。动储量1.5亿立方米，静储量3.5亿立方米。

区内地下水中部充沛，南北部贫乏。湖区处于洞庭湖尾间，地基为淤积层，水量丰富，埋藏深度为5～10米间，孔隙涌水量一般在5000吨/日。山丘区地下水在底层10米以下，孔隙涌水量一般在300吨/日。

水能资源　区境河流短，落差小，水能资源贫乏。多年平均理论蕴藏量为15835.8千瓦。其中枉水6214千瓦，占39.24%；逆江坪河3023千瓦，占19.09%；沧水2144千瓦，占13.54%；澌水1360千瓦，占8.59%；冲柳河1334.8千瓦，占8.43%；甘潭河1045千瓦，占6.6%；石门桥河478千瓦，占3.02%；沙溪河216千瓦，占136%；南阳河21.7千瓦，占0.31%。实际可开发的水能资源不足6000千瓦。已开发利用（发电）2661千瓦，占理论蕴藏量的16.8%，占可开发的44.4%。

地热水资源　地热水，又名温泉，分布在蔡家岗镇、石板滩镇境内，流量小，温度不高。

水利工程

防洪工程　1988年，全区防洪堤垸由1949年冬的113个逐步合并为6个大垸。

其中民主阳城垸、八官崇孝垸、护城丹洲垸和冲柳内垸属沅澧大圈。1995 年因行政区划调整,护城丹洲垸划归武陵区管理。至 2003 年,其余 3 个临洪堤垸有一线防洪大堤 64.91 千米,保护人口 33 万人,保护面积 118.96 万亩,其中耕地 58.17 万亩。属沅南大圈的有善卷垸和三合垸,共有一线防洪大堤 44.50 千米,保护人口 16 万人,保护面积 15.74 万亩,其中耕地 9.58 万亩。1988—2003 年,全区投入近十亿元资金对 6 个防洪堤垸的临洪大堤采取加高培厚、帷幕灌浆、填塘固基、块石保脚、吹填压浸、混凝土护坡、翻修穿堤建筑等措施进行全面维护加固。共完成土方 3429 万立方米、投放保脚块石 43100 立方米、大堤灌浆 11300 米、护坡 18130 米、翻修和新建穿堤涵闸 102 处。通过以上措施,堤垸防洪保安能力大为增强。民主阳城垸达到了抗御 100 年一遇的防洪标准,其余各垸均达到或超过抗御 50 年一遇的抗洪标准。

民主阳城垸　位于区境东北，距区治 55 千米，保护面积 51.50 万亩，其中耕地 28.07 万亩。垸内人口 15.20 万人,澧水大堤从林家滩至三角堤。全长 53.12 千米,堤顶高程由上至下 43.20 米—41.10 米,面宽 10 米,达到可抗御 100 年一遇的防洪标准。20 世纪 70 年代末至 21 世纪初，区人民政府对 53.12 公里澧水大堤实行全面加高培厚、总土石方达 900 多万立方米。其中 1988 年冬。上劳动力 30000 人,用肩挑背驼在三角堤堤段完成土方 105 万立方米。1989—1995 年分别在蒿子港、沙河口、麻河、汪家洲、陶家湾、胜利桥等 23 公里长的堤段完成土方 480 万立方米。1996 年大汛之后,动用少量劳力,实行大量机械作业,出动各种动力机械 110 台,完成土方 400 多万立方米,另外,填塘固基除险加固 3000 米,堤内吹填堤段 1000 米,堤外用混凝土护坡 5000 米,在牛望嘴、陶家湾、信阳湖等险段用块石护脚 1900 米。大堤防洪标准由 50 年一遇提高到 100 年一遇的抗洪能力。

八官崇孝垸　位于区境东部，距区治 30 千米，保护面积 38.2 万亩，其中耕地 16.66 万亩。人口 12.3 万人。大堤长 31.79 公里,堤面宽 8 米,堤顶高程从上至下 42 米—39 米,可抗御 50 年一遇的洪水。1988 年 4 月,芷湾至牛鼻滩镇长 5000 米沅江大堤加高培厚,完成土方 36.5 万立方米。同年 12 月,采用挖泥船在苏家潭子填塘固基长 340 米，宽 50 米，吹填土方 8000 立方米；在云托山堤段保脚丢块石 13100 立方米。

八官垸河道

1989年9月从芷湾至大观庙堤段加高加厚长5730米，完成土方72万立方米。毛坪里至藕湖堤段长10000米，完成土方60万立方米，在该处还完成填塘固基土方13.5万立方米。在郑家湾等地高水堤用混凝土护坡3000米。1990年11月，在藕湖堤以下堤段加培土方98000立方米，护坡580米。1991—1995年间，先后在大湾头、社木铺、小河口等堤段培修大堤长13.2千米，完成总土方91.5万立方米，护坡4000米，险点固基投块石8500立方米。1996年沅水高洪过后，在芷湾和牛鼻滩镇加修防洪安全平台，规格分别为长185×80米，150×60米，共完成土方4.7万立方米。1997年又修压浸平台长1200米，宽100米，土方11万立方米。1998—2001年用机械吹填，在贺家山、上林拐、观音庄堤段共完成土方230万立方米。

冲柳内垸　位于区境东北，距区治30千米，全垸面积29.26万亩，其中保护耕地13.34万亩。人口14万人。垸内有石公桥、镇德桥、周家店、白鹤山等4个乡镇和万金障农场，由五福、冲天、北大、中大、南大、大砖、天门、团坪、荷花、万金、土硝湖等12个内湖垸组成。该垸防洪间堤主要有高水堤9条81.62千米，低水堤8条41.2千米。1988—2003年，共完成间堤培修土方300万立方米，重点加固林家汉、蒋家眼、黄公嘴、三港子、文家坪、万金障、沾天湖、沙港等共28千米长堤段。在五甲拐、唐家嘴、马鞍湖、唐家湾等地用混凝土护坡长2900米。1999年在冲柳撇洪河堤上帷幕灌浆长10300米，沿堤翻修进出水闸5处，即东风、吴家口、肖家坪、朱家桥、三百三，共耗资179万元，沿堤修建大小进出口硒闸94座，担负全垸排涝和抗旱任务。

三合垸(2008年划属德山经济开发区) 在区境东部，属沅南大垸，距区治18千米，该垸由芦洲、保护、外缘障合并而成。全垸保护面积94400亩，其中水田26870亩，旱地6010亩。垸内有区属石门桥镇，汉寿县的新兴嘴乡，聂家桥乡和德山开发区，总人口4万余人。垸境有国道319线、常长高速公路和石长铁路通过。1988年三合垸从雷家河至伍家嘴3600米长大堤培修，完成土方11.3万立方米。1989—1991年在康家吉、狮子堤、苏家渡险点加固堤长5540米，完成土方40万立方米。1992—1995年先后在杨家私硒、范家潭、七星庵、新兴嘴3400米险段加固土方13万立方米。1996—2003年全垸11千米大堤全面加高培厚，完成土方170万立方米，特别是1998年、1999年两年，动员劳力和两艘挖泥船同时作业，完成土方140万立方米，耗资1100万元。还在危险堤段雷家河、公堤、狮子堤、苏家渡三处水潭内投入扩脚块石21500立方米。在伍家嘴、苏家渡、蔡家河三处护坡长2250米。改建新兴嘴、黄市岗、邱家硒三处排水闸，耗资250万元。拆除了20世纪60年代兴建的老电力排灌站。加修后的三合垸大堤堤顶高程42.7米，面宽6米，达到可抗御50年一遇的抗洪标准。

善卷垸 位于沅水南岸，与常德市江北城区隔江相望，面积135平方千米，境内有武陵镇、斗姆湖镇及许家桥乡部分村组，总人口近12万，耕地6.3万亩。319国道横贯全境，常张、常吉高速公路在境内交会并通过，常德桃花源机场也座落在垸中，是鼎城区政治、经济、文化、交通中心。全垸临洪大堤由原来长28.75千米延至33.50千米，堤顶高程从上至下为45.90米—44.20米，面宽8米，超过了抗御50年一遇的防洪标准。1988年冬，加高培厚德山大桥至茅湾砖厂长2700米的大堤，完成土方32万立方米。1989年、1990年冬天全区出动10万劳力打总体战，加固8千米长堤段，完成土方111万立方米。从1993年开始动用挖土机、推土机、碾压机196台对33.50千米大堤实行全面培厚加高，重点加固猪尾巴、西站、康家嘴等地段。至1998年6年间共完成大堤土方570万立方米，并在红云、福广、汪家湖、雷家潭、腰堤用挖泥船填塘固基，共长4500米，完成吹填土方180万立方米。大堤从猪尾巴至杨兰桥26公里堤段中设有内平台，宽5米。1999年在大禾场堤段护坡700米，2000年在康家嘴护坡800米，2001年康家嘴至二里岗大堤帷幕灌浆长10千米。

蓄水工程

1988年，全区共有水库184座，其中：中型水库7座，小（Ⅰ）型水库38座，小（Ⅱ）型水库139座。总库容量为26557万立方米，灌田共43.9万亩。至2003年，小（Ⅰ）型水库增加1座，小（Ⅱ）型水库减少2座。灌溉面积增至60.4万亩。1988—2003年，主要是进行水库大坝加固除险和防汛公路等配套设施建设。

中型水库　区境有中型水库7座，其中沅水以南有逆江坪、五溪、港二口、沧山、金陵水库，沅水以北有五里溪、肖伍铺水库。

逆江坪水库　原名超美水库，位于逆江坪乡境，距区治63千米。在浪岭山下，大坝长220米，高38.5米，坝顶高程129.5米，为土石混合坝。集雨面积44平方千米，建库淹田1967亩，蓄水面积2652亩，库容2100万立方米。

五溪水库　位于花岩溪风景区，距区治55千米。库坝在蒋家巷处，库坝长360米，高36.3米，坝顶高程126.3米，系土石混合坝。集雨面积23.8平方千米，淹田3188亩，蓄水面积3900亩，库容3000万立方米。

1996年，省水利厅对逆江坪、五溪两水库进行大坝安全勘测分析，两坝均被评定为“三类坝”，需除险加固。1997年列入省病险水库除险加固基建项目，所需900多万元资金，主要由国家投资，不足部分由地方自筹。1996年10月—2000年3月，对两库大坝进行两期除险加固施工，其中逆江坪水库完成土石方10600立方米、混凝土2586立方米、土石膜铺设9589平方米；五溪水库完成土石方12400立方米、混凝土1827立方米、土石膜铺设27150平方米、帷幕灌浆926.8米、高喷灌浆1042.6米。两库大坝除险加固后安全系数大大增加，工程效益明显提高。

港二口水库　原名跃进水库，位于港二口乡境，距区治45千米。库坝在桅子岗处，高 25 米，坝顶高程 93.5 米，并筑有防浪墙。集雨面积 12.5 平方千米，建库淹田 3362 亩，蓄水面积 4590 亩，库容 1700 万立方米。

上述三库首尾隧道相接，灌区内逆江坪、五溪、港二口 3 条主干渠道联通，共长 71 千米，主要支渠 8 条，共长 72 千米，合计灌田 20.39 万亩。

沧山水库　位于沧山乡境内，距区治 45 千米。在水库东、东南、西 3 处各有一座大坝，其长和高分别为 178 米、38 米，100 米、24 米，280 米、23.5 米，坝顶高程均为 123 米。集雨面积 26.7 平方千米，建库淹田 1987 亩，蓄水面积 4590 亩，库容 3360 万立方米。灌区内孙家冲、金霞、凉水井、团岭 4 条干渠，长 72 千米，还有 7 条支渠，灌田 60000 亩。1998 年 11 月—1999 年 1 月在沧山乡沧浪坪村靠 207 国道修筑一条沿山防洪公路直通沧山大坝脚，长 1600 米，耗资 78 万元。

金陵水库　位于唐家铺和赵家桥交界处，距区治 27 千米。水库大坝座落在金陵桥处，坝长 800 米，高 26.5 米，坝顶高程 89 米。集雨面积 20.8 平方千米，其中接引面积 5 平方千米，建库淹田 1800 亩，蓄水面积 2620 亩，库容 1765 万立方米。灌区内有东、西两条干渠，共长 31 千米，灌田 33000 亩。

五里溪水库　位于蔡家岗镇境，距区治 24 公里。有两座大坝，主坝在宝林寺山北，长 798 米，高 16.6 米；附坝在山南，长 147 米，坝顶高程均为 63 米。集雨面积 50.25 平方千米，建库淹田 1730 亩，蓄水面积 4138 亩，库容 1380 万立方米，灌田 44000 亩。灌区内有总干渠一条，即渐水河，该河旱时蓄水灌田，涝时撇洪保田，确保护城丹洲垸水旱无虞。水库溢洪道由于堰底坍塌，流坡空洞，1991 年冬采用水泥高压帷幕灌浆浇筑底板 1111 平方米。1997 年列该库主、附坝渗漏和洪道空损部位再一次高压帷幕灌浆，主坝造孔 149 个，进尺 723 米，耗用水泥 1164 吨，挖除大坝内白蚁穴 960 个，共投入资金 204 万元，其中国家投资 80 万元。

肖伍铺水库　原名红旗水库，位于太阳山麓肖伍铺境内，距区治 20 千米。水库边有大坝两座，主坝在东，长 450 米，高 13.5 米，坝顶高程 65 米；附坝在南，东端与主坝相连，长 466 米，高 5 米。集雨面积 7.12 平方千米，建库淹田 1589 亩，蓄水面积 1636 亩，库容 1030 万立方米，灌田 33000 亩。1998 年重新对溢洪道三级消力设施进行加固，加修洪道桥1座。

小（Ⅰ）型水库　全区有关门洲、西洋陂等小（Ⅰ）型水库39座，常年总蓄水量8694万立方米，分布在区境西南、西北方向丘陵区。总灌田16.5万亩。

小（Ⅱ）型小库　区境内有仙羊、落子山等138座小（Ⅱ）型水库，总蓄集量3529万立方米，共灌田65500亩。

塘　坝

堰塘　1988年有堰塘17563口，蓄水1500万立方米，且可多次复蓄，随着乡村用水体制变革，大多数农户对小堰塘的养护和管理有所加强，但亦有个别村组的个别堰塘无人看管，废塘现象依然存在。据统计从1988—2003年，全区堰塘减少到17420口，其中骨干堰塘在原有75处的基础上增加2处。

河坝　1987年有各类河坝994座，蓄水量3000万立方米。河坝集水水源充沛，水流长而活，水量足，水能大，且每年复蓄次数多，积蓄量远远超过固定塘、库。至2003年，全区有固定河坝694处，行坝300余处，其中主要骨干河坝14处，如吴家坝、叶家桥、金刚、陡山、响水岿、青龙坝、庙潭、同心坝、李家桥、黄石挡、王家嘴、南阳坝等。

排灌工程

1988年，全区已有电力排灌站428处，装机623台，总容量53500千瓦。其中湖区42690千瓦，山丘区10800千瓦。1988年以后，投入6774万元新建两座大型排灌站，另投入2000多万元资金对原有各型电排站进行改造扩容，还修建小型电排站5处。至2003年，全区电排站增至435处，其中大型电排站4处、中型电排站6处、小型电排站425处，装机总容量66845千瓦。

大型电力排灌站

谈家河电排站　1975年建，1977年投产。装机总容量为4000千瓦，排渍24.2万亩，灌溉70000亩。

沙河口电排站　位于民主阳城垸澧水大堤沙河口处，1974 年动工，1975 年建成。1993—2002 年，国家用以工代赈形式又投资 337 万元，新建中控室和高压室 120 平方米，改造防洪门 4 块、启闭机 4 台，新增水位监测仪 1 套，更新电动启闭设备 1 套和 35 千伏断路器 4 套，改造电机定子线圈 4 台、水泵叶体 1 副、叶片 2 套，供、排水泵 1 套、散热水箱 2 套等。装机容量由 3200 千瓦增至 3600 千瓦。排渍 23 万亩，灌溉 50000 亩。

牛鼻滩泵站　亦称小河口电力排灌站，位于八官垸小河口处。1989 年 11 月动工修建，1993 年 5 月投入运行。主机 TL1250—24/2150 型，装机 4 台，单机 1250 千瓦，排水量 54 立方米 / 秒，扬程 8.5 米。主变压器 1 台，ST—6300 千伏安，砺磁变压器 1 台，ST—315 千伏安，高压输电线路从谈家河至小河口，长 6.5 千米，电压等级 35 千伏。总投资 1374 万元，排渍面积 24 万多亩。

苏家吉排洪站　位于鼎城区与汉寿县罐头嘴乡接壤的高水河出口处。2000 年 11 月 8 日开工兴建，2003 年 5 月 18 日试车响水，工程基本竣工。安装大型电动机 4 台，容量为 6400 千瓦。排水量 156.4 立方米 / 秒，24 小时可排水 1350 万立方米。土建挖填土方 28 万立方米，浇筑钢筋混凝土 20000 立方米，浆砌块石 3500 立方米。架设 35 千伏线路 4.5 公里。建有 8050 千伏安降压站 1 座、日供水 300 吨水厂 1 座。总投资 5400 万元。该站承担鼎城区、武陵区、汉寿县、津市市、西洞庭农场、贺家山原种场 6 个区(县、市、场)共 67 万亩农田及 50 万人口居住区的排洪任务。

中型电力排灌站

汪家洲电排站　位于民主垸澧水大堤旁，1965 年建成，原装机总容量 1085 千瓦。1993—2002 年对该站进行工程改造，新增中控室 102 平方米，老机房改造 140 平方米，更新抗旱闸门和启闭机 2 台、电机水泵 7 台(套)，装配电屏、控制屏、补偿屏共 14 块。改造后总装机容量为 1190 千瓦，耗资 143 万元。排渍 73000 亩，灌溉 21000 亩。

沙河口中电排　又名少河口老电排，1965 年建成，原装机总容量为 1085 千瓦。1993—2003 年，新增中控室 102 平方米、机房 14 平方米；电机水泵更新 7 台；7 台单机 155 千瓦改造为四台单机 180 千瓦、三台单机 170 千瓦。总装机容量 1230 千瓦，国家投资 163 万元。排渍 86200 亩,灌溉 2890 亩。

茅坪电排站　1978 年动工,1980 年响水。装机总容量为 1085 千瓦,排渍 20000 亩。

天井硚电排站　1978 年冬动工,1980 年建成。装机总容量 1085 千瓦,排渍 20000 亩。

邱家硚电排站　1979 年冬开工,1980 年春建成。装机总容量为 1240 千瓦，排渍 43600 亩,灌溉 25000 亩。

芷湾电排站　装机 8 台,容量 1530 千瓦,排渍面积 20000 亩,灌溉 15000 亩。

小型电力排灌站

全区共修建小型电排站 425 处、装机 569 台、40735 千瓦。其中,湖区 236 处、368 台、29088 千瓦,山丘区 189 处、201 台、11647 千瓦。

退田还湖工程

根据党中央、国务院 1998 年关于“封山植树,退耕还林;平垸行洪、退田还湖;以工代赈、移民建镇,加固干堤、疏浚河湖”的精神,从 1998 年起在全区实施平垸行洪、退田还湖、移民建镇工程。分四期进行,工程涉及 12 个堤垸 11 个乡镇(场、厂),至 2003 年共计还湖 46232 亩,移民 2850 户、9001 人,国家投人移民建房材料补助和配套基础设施建设资金 4734.5 万元。

自然灾害

旱灾　1998—2003 年发生旱灾 12次。1988 年 5—8 月遭遇百日大旱,沅、澧两水为冬枯水位,176 座小型水库有 91 座干涸,万口堰塘枯竭,沧水断流,38 万亩农田开拆,10 万亩农田过白。1992 年 6 月干旱,580 个村民小组人畜饮水困难。2001 年 7 月 15 日—9 月 17 日,降雨仅 47.3 毫米。1996 年 9 月 1—30 日,降雨仅 16.4 毫米。2003 年 7 月中旬后,高温少雨,1870 多口堰塘干涸,10 万亩农田受旱,逾千个村民小组人畜饮水困难。

涝灾　1988—2003 年发生涝灾 7 次。1988 年 8 月,连降暴雨,八官崇孝垸冲柳河水位高达 36.62 米,超危险水位 0.12 米。9 月 4 日上午 10 点 40 分,郑家湾堤段决口,淹没稻田及其他农作物面积共 11.4 万亩，倒塌房屋 8200 间，灾民 42437 人。直接经济损失 5800 多万元。

1996 年 7 月，连降暴雨，山洪暴发。7 月 15 日，南碚水位高达 42.49 米，超 1954 年最高水位 2.8 米。善卷垸有 12.2 千米大堤洪水漫过堤顶，最深处 1.5 米。区直机关干部与防汛民工一道昼夜死守，保住了大堤。同月 15—16 日，斗姆湖镇的南阳子垸、八官崇孝垸的毛坪、大尾洲、梅家切等小垸漫溃或破堤行洪。淹没 9458 亩。湖区其他各垸因洪水不能外排而大面积受灾，仅农作物绝收面积就达 10 万亩以上。

1998 年 6—8 月，高洪持续 50 多天。仅 6 月 22—29 日，就有南阳、肖家湖、张家堆、团坪、大砖、百家湖 6 个堤垸相继漫溃。杨李、蚂蝗溶两垸被迫蓄洪。以上共淹没农田、鱼池 10500 余亩。直接经济损失 1480 余万元。

1999 年 4 月，降水 447.5 毫米，其中 24 日降雨 251.1 毫米。

低温寒潮　寒潮平均每年出现 15 次，日气温≤4℃的年均 6 ~ 7 次，最多 10 次，11 月至次年 3 月居多。“倒春寒”的机率为 35%，3 年一遇，出现在 3 月下旬至 4 月上旬。5 月上旬平均气温低于 15℃，10%左右年份出现连续 3 天阴雨天气；5 月中旬≤20℃，连续 3 天阴雨天气机率 35.7%。“九月寒露风”出现日期为 9 月 23—26 日，最晚出现在10 月 3 日。

风灾　一般出现在 3、4、8 月。1992 年 4 月 20 日 23 时 40 分左右，中河口、蒿子港、十美堂、黄珠洲、黑山嘴、冲天湖、断港头、白鹤山等乡镇刮 10 级以上龙卷风，伴有冰雹、雷雨。2002 年 4 月 3 日 10 时 30 分左右，蒿子港镇、十美堂镇、黄珠洲乡一带刮 10 ~ 11 级龙卷风。十美堂镇 7000 亩油菜失收，倒塌房屋 250 余栋；互助、胜利两村电力中断，死 1 人，伤 80 多人；直接经济损失 3000 多万元。

雹灾　集中在 3—4 月。1992 年 4 月 20 日晚，蒿子港镇、十美堂镇、断港头乡、冲天湖乡一带降雹 10 多分钟，农作物损失严重。

雷击　发生在 3—9 月，4 月、5 月、7 月、8 月 4 个月较频繁。1992 年 2 月，出现雷暴 15 次，属例外。严重地区有康家吉、长茅岭、周家店等乡镇。1995 年 5 月 14 日 15 时左右，周家店镇九岭村 12 组丁开先母女雷击身亡。1998 年，全区 6 人雷击身亡，25 台变压器被毁，直接经济损失 435 万元。

水库除险加固纪实

■ 余昭绪

鼎城区的中型水库，大多是1956—1959年建成的，属“三无”（无设计图纸和设计依据、无设计批文和施工方案、无资金和施工准备）工程，是典型的“大跃进”产物。由于采用大兵团作战方式施工，受人力、物力限制，又有材料繁多、土质不够、夯实不严、坝基清理不彻底、施工方法原始、检测手段不全等诸多原因，给工程留下了许多隐患。诸如主坝防渗效果差、坝基渗漏、溢洪道未作衬砌、输水隧洞闸门启闭操作不安全、不止水等，致使水库多年处于带病运行状态，工程效益得不到正常发挥。同时，杜水枢纽群中，上游两库渲泄的洪水，直接进入跃进水库。杜水下游有常德市城区、鼎城区治武陵镇等重要城镇，还有常德飞机场，207、319国道及长石铁路，常长、常张高速公路等重要交通设施，有几十万亩耕地和鼎城区的20多万人口的生命财产安全，水库一旦失事，将会造成极大损失。加之工程老化，年久失修，各种险情明显暴露，并逐年加剧，到了非保安、改造不可的地步。

鼎城区杜水灌区管理处于1996年1月聘请湖南省水科所对超美、五溪、跃进3座中型水库进行安全分析研究。同年，省水利厅主管部门对这3座水库进行大坝安全鉴定，其鉴定结果为3座水库大坝均为“三类坝”。1996年7月，杜水管理处又委托湖南省水科所完成超美、五溪水库除险加固的初步设计。2001年3月，委托武汉大学设计研究总院完成跃进水库除险加固初步设计。经市、区分管领导及市、区水利部门的共同努力，2001年4月5日，湖南省水利厅下达《关于杜水水库枢纽群水库除险加固的初步设计的批复》，同意初步设计中的设计标准和工程项目设计，审定3座水库工程总投资为1879.08万元（其中跃进水库869.80万元、五溪水库498.98万元、超美水库510.20万元）。根据省水利厅的批复，杜水管理处委托常德市水利勘测设计院于2001年12月完成了技术施工设计，根治水库病险总投资1897万元（其中国债资金945万元)。湖南省水利厅按2001年度、2002年度分两期下达实施计划:2001年度实施计划于2002年7月2日下达,文号为"湘水计〔2002〕29号",下达总投资1070万元(其中国债资金535万元);2002年度实施计划于2003年1月17日下达，文号为"湘水计〔2003〕1号",总投资827万元(其中国债资金410万元)。

实施计划下达后,枉水灌区管理处迅速开展工程筹备工作,于2002年8月获准项目法人批复。10月,与常德市正平招标代理公司签订合同并委托负责招标工作。11月17日,委托利安监理公司进行项目建设监理。为了保证防汛、灌既、施工三不误,工程分两个年度分别下达实施计划,将工期定在冬季开始施工,水下工程在4月初以前完工。工程分别于2002年11月8日、2003年9月举行公开招标,由常德市华纬水电工程建设公司中标,并签订施工合同。为保证水库除险加固工程建设顺利进行,鼎城区人民政府2002年8月1日批准成立《枉水灌区枢纽三库除险加固工程项目法人》(常鼎政函〔2002〕64号),枉水灌区管理处设立项目建设经理部,经理陈学文、副经理姚登文。经理部下设工程技术部(5人),主任姚登文;财务部(4人),主任皮杰清;综合部(4人),主任熊志平、副主任章廷珍。工程技术部负责质量、进度管理,工程技术交底,与监理、设计、施工方进行衔接,督促检查监理、施工单位的工作是否列位,对水库进行科学调度,保证施工正常有序进行。财务部负责基金筹措,对项目资金进行管理、调度,控制资金的拨付及监督使用。综合部负责有关文件上传下达及收集整理、重大事件的记录,治安综合治理,后勤保障。项目法人负责对工程建设全过程按法定程序进行全面组织和管理。整个工程由常德市水利工程质量监督站负责进行监督、评定。

各级水利主管部门负责工程安全鉴定,设计文件批准,建设投资实施的下达,重大技术问题的处理,建设过程中的监督管理,工程的竣工验收等。政府计划、财政部门分别监督投资计划和资金的支付管理。施工过程中,建设单位多次与主管部门——鼎城区水利水电局组织设计、质监、监理单位到现场指导施工,检查质量、督促进度,发现问题及时纠正。

超美水库除险加固

第一次除险加固

1996年1月,省水利厅水管处专家对超美水库大坝进行鉴定,结论是:(1)防洪复核:溢洪道泄槽和消能口不能安全渲泄;(2)抗震复核:能满足抗震要求;(3)渗流稳定评价:多年来实测地表渗流量为每秒150-370升,渗漏问题十分严重,不能正常运行;(4)结构稳定评价:上游坝坡稳定安全系数不能满足规范要求,麻家溪泄洪输水隧洞部分地段围岩软弱,长期处于水下,崩垮淤积严重,急需处理,确认水库大坝为"三类坝"。

1998年6月16日,省水利水电厅向常德市水利水电局下发《关于鼎城区超美水库大坝除险加固工程初步设计批复》(湘水电管字〔1998〕42号)。批复称:"你局常水电报〔1997〕78号《关于报送超美水库除险加固初步设计》初审意见的请示及设计文件均收悉,经研究,批复如下:(1)超美水库除险加固的重要性(略)。(2)工程设计标准及洪水复核。①工程设计标准:根据国家《防洪标准》(GB50201-947)和部颁《水利水电工程等及划分及设计标准》(SDJ12-78)补充规定和水利部、能源部《溢洪道设计规范(SDJ341-89)等有关规定,同意超美水库枢纽工程按三等工程、主要建筑物按3级、次要建筑物按4级进行除险加固设计;同意超美水库正常运用洪水标准为100年一遇,非常运用洪水标准为1000年一遇。②洪水复核:同意采用水库还原洪水资料推求设计洪水及其计算成果。"省水利水电厅的批复还附有"超美水库大坝除险加固工程概算审核表",工程五个部分共计投资510.20万元。

1997—1998年,省、市投入395万元对大坝进行除险加固,对坝基进行帷幕灌浆、坝身进行高喷灌浆和土工膜防渗及砼方块护坡,并对溢洪道的进口段及溢流堰进行了改造。

第二次除险加固

2001年度工程于2002年11月25日开工,2003年3月底全部完成。

该水库除险加固工程:(1)大坝防渗护坡工程,完成工程投资85.86万元;(2)麻家溪隧洞衬砌工程,完成工程投资65.02万元。

水库护坡工程施工内容有土石方开挖、混凝土预制、粗砂垫层、土工膜防渗、预制混凝土护坡、土方回填、现浇混凝土。施工队 2002 年 11 月 22 日进场，开始各项准备工作，按设计进行放样等。11 月 25 日正式施工，进行砼拆除、土方开挖施工及混凝土六角块预制。11 月 30 日开始土方回填及土工膜铺设施工，12 月 8 日开始安装混凝土预制块。2003 年 3 月 31 日全部完工。

麻家溪隧洞衬砌工程，施工队 2002 年 11 月 22 日进场，完成各项准备工作。23 日按设计进行放样，25 日开始土方开挖工程施工。12 月 7 日，开始进行石方开挖施工，10 日开始进行出水渠边坡砌混凝土施工，22 日开始进行隧洞衬砌侧墙混凝土现浇，2003 年 1 月 2 日结束。2002 年 11 月 3 日开始安装混凝土预制拱肋，2003 年 1 月 24 日完成。2 月 8 日进行进水渠混凝土护坡栏污栅体安装，18 日完成。

跃进水库除险加固

跃进水库的主要病险为：(1)大坝坝基、左坝肩及坝身渗漏；(2)输水发电隧洞多次爆裂，渗水严重，且尾端旁通阀开闭失灵；(3)溢洪道严重水毁。2000 年 8 月，省水利厅水管处专家对该水库大坝进行鉴定，主要结论是：(1)防洪复核：溢洪道泄槽和消能口不能安全渲泄设计和校准洪水；(2)抗震复核：不能满足抗震要求；(3)渗流稳定评价：未发现明显的渗漏破坏现象；(4)结构稳定评价：上游坝坡稳定安全系数不能满足规范要求。

第一次除险加固主要工程　**溢洪道加固**：主要施工内容有土石方开挖、浆砌石隧洞拱背回填、现浇混凝土边坡、拱肋预制、现浇混凝土边墙及老导墙改造。施工队 2002 年 11 月 21 日进场，22—24 日进行施工准备及施工放样，11 月 25 日开始土石方开挖及老混凝土拆除，12 月 26 日开始混凝土现浇，2003 年 5 月 10 日完工。**输水涵洞加固（回填灌浆及新增灌浆叉管）**：施工队 2002 年 12 月 9 日进场，做好施工准备并完成施工放样，10—11 日进行土石方开挖施工，12—15 日进行浆砌石施工，12 月 18 日—2003 年 1 月 7 日进行回填灌浆，1 月 19 日进行混凝土垫层施工。2002 年 12 月 27 日—2003 年 1 月 3 日安装钢管，1 月 2—22 日进行土方回填施工，1 月 23 日全部完工。**防汛公路桥**：主要施工内容为土石方开挖、土方回填、混凝土浇筑、M7.5 浆砌石。2003 年 6 月 24—25 日完成各项准备工作及施工放样，6 月 25 日—7 月 4 日进行土石方开挖施工，7 月 5 日开始进行混凝土施工,7 月 30 日完工。**防汛仓库、房屋改造工程**:施工队 2002 年 11 月 25 日进场,作好施工准备,11 月 26 日基础工程开始施工,12 月 7 日主体工程开始施工,2003 年 1 月 19 日主体装饰、水电工程开始施工,2003 年 2 月 23 日全部完工。

第二次除险加固主要工程　**主坝防渗处理**:施工项目有帷幕灌浆、坝坡土石方开挖、C15 砼预制块制作、粗砂垫层、土工膜防渗、C15 现浇混凝土、混凝土预制块护砌等。施工单位 2003 年 10 月 30 日进场准备,设计高程、坡度,进行放样,11 月 1 日开始帷幕灌浆工程,2004 年 1 月 16 日该项目完工。2003 年 11 月 22 日开始大坝土石方开挖、块石拆除工程施工,11 月 24 日开始制作砼预制块,12 月 11 日开始整理坡面,14 日开始铺设土工膜及土方回填,25 日开始浇筑防滑槽混凝土及铺设混凝土块。2004 年 3 月 27 日全部完工。**输水洞改造加固工程**:主要施工项目有土石方开挖、回填、混凝土现浇、浆砌石、钢板内衬及启闭机房。2003 年 12 月 1 日开始混凝土拆除及土石方工程施工,2004 年 1 月 1 日开始混凝土施工,2 月 25 日完工。**金属结构及启闭机安装**:该项目包括螺杆式启闭机安装、铸铁闸门安装及拦污栅制安。2003 年 12 月 26 日开工,2004 年 3 月 10 日完工。

五溪水库除险加固

1996 年 2 月,省水利厅水管处组织专家首次对五溪水库大坝进行鉴定,其结论主要是**防洪复核**:大坝实际抗洪能力低于规模要求;**抗震复核**:能满足抗震要求;**渗流稳定评价**:主坝存在严重坝基渗漏;**结构稳定评价**:主坝内、外坡稳定安全系数符合规范要求。确认水库大坝为“三类坝”。1997—1998 年,省、市共投入资金 387 万元对坝基实行帷幕灌浆、坝身进行高喷灌浆和内坡土工膜防渗及混凝土方块护坡。

2001—2004 年,国家将水库除险加固纳入计划,按国债资金和地方配套资金各 50%进行除险加固。五溪水库拟投资 400.5 万元全部为地方配套,资金没有到位,工程未实施。水库存在的病险未得到彻底治理,原有病险继续发展,陆续出现了一些新的病险。只是在 2005 年对水库左坝肩实施了冲填灌浆工程。

2011 年 9 月,常德市水利水电勘测设计院对五溪水库大坝安全进行评价,结论主要存在以下问题:(1)大坝左坝肩坝前大面积渗漏,存在多处渗漏点,出渗点高程 107

米左右，且渗漏有逐步加大的趋势，经测算最高达每秒 22 升；外坝无排水沟及坝坡整修。(2)溢洪道自建成以来，仅靠自然哑口泄洪，跌水处冲毁严重，影响泄洪。(3)输水隧洞存在渗漏现象；输水隧洞后接二级电站，底阀和控制灌溉管的旁通阀已坏，进口启闭设施老化，运行困难。

以上 3 座水库部分年份除险加固工程完成工程量情况见下表：

3 座水库完成工程量统计

（2001 年度、2002 年度）

内容 项目		土方（m^3）	石方（m^3）	砼（m^3）	浆砌石（m^3）	帷幕灌浆		冲抓回填（m）	钢筋制安（T）	土工膜防渗（m^2）
						钻孔（m）	灌浆（m）			
2001 年度										
超美水库大坝防渗	设计	2887.1	1443.5	1198.9						10589.4
	完成	2887	1443.5	1198.1						10589.4
麻家溪隧洞衬砌	设计	1152	635.06	1239.3	685.5				38.1	
	完成	1152	635	1246.1	685.5				37.85	
跃进溢洪道加固	设计	2229	1447.4	2366.7		1356	1625.5		19.3	
	完成	2229	1447.4	2335.4		1356	1625.5		19.3	
输水洞加固	设计	1650		259.29	211				11.15	
	完成	1651		16.45	211				14.2	
防汛公路桥	设计	450		165.2	32.93				8.61	
	完成	450		173.99	33.93				8.61	
防汛仓库及房屋改造	设计	$1150m^2$								
	完成	$1150\ m^2$								
新增项目										
溢洪道老导墙改建	设计		1426	514.8					11.4	
	完成		1426	514.8					11.4	

内容 项目		土方(m^3)	石方(m^3)	砼(m^3)	浆砌石(m^3)	帷幕灌浆 钻孔(m)	帷幕灌浆 灌浆(m)	冲抓回填(m)	钢筋制安(T)	土工膜防渗(m^2)
货运码头	设计	577.5		61.2						
	完成	577.5		61.2						
2002 年度										
跃进大坝防渗	设计	4553		1272.0		6200.2	3937.7	5208		3742
	完成	4744.4		1464.8		6127.1	3864.9			3754.4
输水洞改造、加固	设计	260	334	147.1	70.5				7.64	
	完成	666	334	130.92	70.5				7.64	
金结及启闭机安装	设计								92.4	
	完成								92.4	
五溪左坝肩灌浆处理	设计					1083.2	1083.2			
	完成					1083.2	1083.2			

除险加固工程完工后，消除了水库的重大工程隐患，特别是水库大坝严重渗漏现象得到有效遏止，提高了抵御高洪的能力。

跃进、超美水库渗漏量对比表

单位：米

观测时间	跃进水库 水位	跃进水库 渗量	超美水库 水位	超美水库 渗量
1998 年 6 月 20 日	89.6	0.126	123. 2	0. 354
2003 年 7 月 25 日	88.35	0.0014(溢洪道)	121. 68	0. 0025
2004 年 7 月 24 日	89.1	0.0087（大坝）	123. 33	0. 0022

这对保护下游几十万亩农田及 20 万人民的生命财产安全以及常德市、武陵镇、桃花源机场、207 和 319 国道、常张等高速公路、常石铁路等重要设施起到了举足轻重的作用。根据测算，水库除险加固工程，使枉水年发电量增加 80 万千瓦时。为工农

业生产、乡镇企业、旅游观光等带来了很大的促进作用，产生了重大的社会效益和经济效益。

工程验收与审计

验收 验收除险加固工程完工后共进行了10次分部工程验收，每次分部工程验收均有项目法人、施工单位、监理单位、质量监督单位等有关人员参加，验收结果10个分部工程均合格。

2004年7月28日，验收2001年度项目的超美水库大坝防渗、麻家溪隧洞加固、输水隧洞(叉管)改造、防汛公路桥及防汛仓库、房屋改造6个分部工程。

2005年4月9日，验收2002年度项目的跃进水库大坝防渗、输水洞加固改造、金属结构及启闭机安装3个分部工程。2006年3月18日，验收五溪水库左坝肩灌浆分部工程。

2006年4月25日，由常德市、鼎城区水利主管部门、项目法人、施工、监理、设计等各方参加，对枉水灌区水库除险加固2001年、2002年度工程进行单位工程验收，验收结果均为合格。

审计 2006年上半年，鼎城区审计局对枉水灌区水库除险加固工程资金进行审计并于7月11日向区人民政府呈送《关于枉水灌区水库2001年、2002年度大坝除险加固工程项目的审计调查报告》，调查报告主要内容是：

"枉水灌区水库经省水利厅(湘水计〔2002〕49号)以及(湘水计〔2003〕1号)文件通知实施大坝除险加固工程，项目总投资1897万元，其中：中央财政945万元，地方配套952万元。经审计调查实际到位资金934.9572万元(全部为中央财政资金)，区财政局留质量保证金10.0428万元。截止审计之日已完成投资985.4874万元，其中：(1)工程直接投资864.2109万元(经常德鼎兴工程造价咨询有限公司认定)；(2)建设管理费10.8164万元；(3)设计费35.46万元；(4)监理费26万元；(5)质监费4.3万元；(6)审计费6.7万元；(7)其他38万元。财务收支情况：中央财政拨付区财政945万元，区财政实际拨付给项目单位934.9572万元，项目单位支付985.6284万元，账面余额705.01元，应付款 50.6007 万元。存在的问题：配套资金无来源，计划配套资金 952 万元，配套资金实际未投入。

鼎城区枉水灌区三座中型水库除险加固工程进展顺利，能按质按量按时完成施工任务，主要是省水利水电厅、市委市政府领导及区委、区政府和市水利水电局的领导高度重视和大力支持，鼎城区水利系统的通力合作；此外，人员安排得当，措施得力，材料、设备供应及时，业主、监理、质监等部门工作认真负责，对工程进展起到了促进作用。另外，还有 5 点主要经验：①做好前期工作，收集好工程资料情况，积极主动向上汇报，争取上级支持，使工程尽早立项建设；②推行建设"四制"（项目法人制、招投标制、建设监理制、质量责任终身制），不搞暗箱操作，充分发挥业主的主导作用，搞好上下联系，协调好建设各方的关系；③建立健全建设管理机构，健全各项制度，做到管理规范化、制度化、专业化，做好施工记录，搞好技术资料和档案管理；④建好工程专账，做到专款专用，不挤占、不挪用专项资金，加强资金使用过程的监督；⑤完善质量管理体系，实行质量"三检制"（施工队自检、承包单位复检、管理人员终检），充分尊重监理的工作，充分发挥监理的作用，搞好现场监控，把好材料关、工程关、验收关。

其他除险加固

除以上除险加固工程外，2004—2011 年，鼎城区的水库除险加固工程还有：

2004—2005 年，对沧山、金陵、五里溪三座中型水库进行除险加固。仅五里溪就进行了溢洪道加固、防汛公路建设、主坝加固、高涵翻修、输水底涵改造等工程。包括跃进、超美、五溪六座水库共利用国债资金 2600 万元。另外，区水利部门一方面争取区财政投入，一方面通过各种渠道向上级争取资金，共筹集到 500 万元，分年逐步对 72 座小型水库进行了除险加固。仅 2004 年就对 50 座小一型、小二型病险水库进行了除险。2005 年，完成了金陵、五里溪两座中型水库坝体冲抓、高喷、护坡，五里溪还完成了大坝护坡、防汛公路整修、泵站改造及洪道尾水成型硬化。沧山水库完成了竣工验收。还完成了 33 座小型水库的除险工程。

2006 年，完成 15 座小型水库的年度除险加固任务。

2007年，完成国家投资980万元的红旗水库（中型）除险加固工程。完成了省投资的3座小型水库（2座小一型、1座小二型）的除险加固。采取集中整治与以奖代投相结合的办法，用好区投资金，集中整治2座小型水库，以奖代投解决了10多座小型水库除险。

2008年，投资1200万元（中央投资600万元）实施金霞干渠混凝土防渗17.75公里。实施逆江坪乡末级渠系改造，完成渠道混凝土防渗6条共23.19公里，并改造渠系建筑物292处，投资439万元（中央投资210万元）。继续抓紧红旗水库国投工程。完成区投资五溪水库输水大闸整修加固等。共完成22座中、小型水库除险。

2009年，区财政投入100万元，并利用省、市投资完成10座小型水库除险。

2010年，春节刚过，区水利主管部门对全区各项水利设施进行全面检查，其中发现中小水库病险126处，采取措施及早作了应急除险处理。126处病险问题主要是大坝渗漏，有89座小型水库存在大坝渗漏现象。五溪中型水库左坝肩渗漏随水位升高而增加，渗漏流量每秒8.7升。超美中型水库大坝左端坝基渗漏流量同样随水位升高而有所增加。此外，当年进行的其他主要除险加固工程有：沧山水库大闸更新改造、黄土店镇尤家冲水库汛期险情处理、石板滩泉堰水库汛期险情处理、金陵水库水轮泵管道漏水处理、五里溪水库高硆渗漏处理。

2011年，全区完成40座水库（小一型、小二型各20座）的大坝防渗、输水建筑物改造、溢洪道加固等工程。完成杠水灌区五溪干渠11.11千米渠道衬砌，五溪、超美干渠建筑物改造。

（作者系副研究员、曾任鼎城区党史办副主任）

鼎城区区管河流河长名单

区级河长

第一河长：杨　易　　　总河长：朱金平

副总河长：王时雨　　李卫民　　王直华

办公室主任：王成猛

序号	河流名称	河长	副河长	河段长
1	高低排河	朱正权 区委常委、 政法委书记	王明东 区委常委、纪委书记	杨正全：斗姆湖镇镇长 李云华：许家桥乡乡长
2	冲柳高水河	王时雨 区委副书记	沈国华　区人大副主任 周伟建　区政协副主席 罗旺甫　区政协副主席 李润初　区人大副主任 洪振坤　区政府副区长 李湘建　区人大副主任 涂国祥　区政协副主任	黄晓英：牛鼻滩镇镇长 李成强：韩公渡镇镇长 易　凌：中河口镇镇长 陈　玮：周家店镇镇长 刘　波：石公桥镇镇长 李远书：区特养场场长 史道广：区园艺场场长
3	马家吉河	蒋宏武 区政府副区长	沈国华　区人大副主任 周伟建　区政协副主席 杨　凡　区政府副区长 洪振坤　区政府副区长 李湘建　区人大副主任	黄晓英：牛鼻滩镇镇长 李成强：韩公渡镇镇长 杨　蕾：镇德桥镇镇长 刘　波：石公桥镇镇长 李远书：区特养场场长
4	沧水河	李卫民 区委常委、 常务副区长	钟泽英 区人大副主任	李国辉：谢家铺镇镇长 蔡国平：黄土店镇镇长
5	朱家岗河 （老渐河）	熊辉 区政府副区长	杨学平 区政府党组成员、 高新区主任	梅小清：石板滩镇镇长 杨建初：灌溪镇镇长

鼎城区区管湖泊、水库河长名单

序号	湖泊、水库名称	河长	副河长	河段长
1	冲天湖	洪振坤 区政府副区长	刘波 石公桥镇镇长	张权 石公桥镇副镇长
2	土硝湖	李湘建 区人大副主任	李远书 区特养场场长	覃永先 区特养场副场长
3	鹰湖	沈国华 区人大副主任	黄晓英 牛鼻滩镇镇长	王昌华 牛鼻滩镇副镇长
4	超美	张静慧 杠水局书记	欧阳雁 花岩溪管委会主任	陈林茂 花岩溪管委会副主任
5	五溪	钟泽英 区人大副主任	欧阳雁 花岩溪管委会主任	陈林茂 花岩溪管委会副主任
6	跃进	林红华 区委常委、区委宣传部部长	叶欣平 花岩溪镇镇长	梁超祥 花岩溪镇武装部长
7	沧山	贺译 杠水局局长	蔡国平 黄土店镇镇长	袁建新 黄土店镇人大副主席
8	五里溪	韩才渊 区政协主席	彭正荣 蔡家岗镇镇长	刘平清 蔡家岗党委委员

后　记

编辑《鼎城水利纪实》,缘于几个文化情怀颇浓的人的一次偶遇。2016年7月的一天,鼎城区人大常委会原主任、区湖湘文化协会第一会长、区党史联络组组长徐政国、区党史方志办主任曾世平等人在一次工作联系中,遇区水利局局长王成猛,受邀到水利局一叙。成猛局长向几位介绍了近几年的水利建设情况,问计全区水利发展,感慨"没有人不说鼎城最大的区情是水情,最大的忧患是水患,中华人民共和国以来,建设投入最大的也是水利。但水利文化记载却十分单薄,唯有徐主任您这位老领导发表在网上的《那年七月好大水》百看不厌,读后令人兴奋不已。"徐政国会长接过话题:"我写《那年七月好大水》,是想给后人留下一些记忆,希望能记载时任鼎城区党政领导的那份为民情怀和担当勇气,是想通过讲故事为今天的社会增添一些正能量。成猛局长如此高看我的拙文,让我欣慰。其实我们鼎城不乏动人的故事,只是要有人来讲述,把鼎城的故事讲好了,就是文化,就是历史记忆,就是正能量。希望你们在任的领导能在各自的岗位上多留下一些鼎城历史的文化印记。"成猛局长感同身受,说水利局也正有此想法,我们何不就此动手,请你们出山,帮我们编一本讲述鼎城水利故事的书呢!曾世平主任接过话题,"编讲鼎城故事,记载水利发展史,也是我们史志部门义不容辞的责任,我们将把这项工作视为本职工作来做。"就这样,大家一拍即合。

此后,区水利局、区史志办分别向有关领导汇报,得到了领导的肯定。征求曾经在鼎城工作过的韩林安、刘春林、张先春、文承保、徐万发、郑景阳等一批老领导的意见,得到了积极支持。这些老领导有的拿出自已过去撰写的作品,有的亲手动笔写回忆文章。正是他们的重视支持、正是各位老水利人的参与、正是各位作者的精心采写和编创人员的精心策划，才使得本书能在较短的时间内结集出版，在此特表示诚挚的谢意。

《鼎城水利纪实》讲述的是鼎城怨水、治水、伏水、谋水、活水、咏水的故事。全书采用纪实手法，图文结合，力求故事性、趣味性、可读性和感染力。由于时间短，收集采写不充分，编辑水平有限，肯定还有很多的故事被遗漏或者没讲好，在此特表示遗憾和歉意。

《鼎城水利纪实》编委会

2017 年 8 月